BASIC NUTRITION 5판
기초 영양학

BASIC NUTRITION

5판

기초 영양학

장유경 · 박혜련 · 변기원 · 이보경 · 권종숙 지음

교문사

{머리말}

우리나라의 급속한 선진화는 식생활 패턴에 많은 변화를 가져왔고, 고령사회로 접어들며 만성 퇴행성 질환의 발병이 증가하면서 우리 국민의 질병 이환 양상도 변하고 있다. 한편, 식생활과 건강에 대한 일반인의 관심이 증가함에 따라 각종 매스컴과 인터넷을 통해 정보가 범람하고 있지만 올바르지 않은 정보의 확산도 우려할 만한 상황이다. 이에 올바른 영양교육의 필요성이 더욱 절실해지고 있는 상황에서 개인과 국민 건강을 위한 정확한 식생활 지침을 제시하는 영양학의 중요성도 함께 증가하고 있다. 이에 따라 영양학 전공자들은 커뮤니케이션기술을 습득하여 효율적으로 정확한 영양 정보를 전달하고 상담해야 하는 시대적 요청에 직면하고 있다.

이 책은 식품영양학 전공자들이 영양학에서 기본적으로 알아야 할 과학적 진리를 간결하게 요약하여 알려주되, 필수 영양소에 대한 정보를 빠짐없이 제공하도록 구성하였다. 학생들이 각 영양소를 공부하기에 앞서 자신의 기본 지식을 체크할 수 있도록 각 장의 앞부분에 간단한 문항을 제시해 놓았고, 배운 내용을 복습할 수 있도록 각 장의 말미에 질문과 답변 형식으로 주요 내용을 정리하였다. 다양한 최신 정보와 중요한 용어를 별도로 정리하여 제시하였고, 그림과 도표를 많이 수록하여 내용을 이해하는 데 도움이 되고 영양학을 공부함에 흥미를 잃지 않도록 하였다.

국내외의 최신 정보와 연구 결과를 토대로 수정과 개정작업을 진행하고 있지만, 여전히 미흡한 점이 있을 것으로 생각한다. 앞으로도 지속적인 수정과 개정작업을 통하여 보완하고 개선할 것을 약속드리며, 이 책을 통해 영양학 공부를 시작하는 식품영양학과 학생들의 발전을 기원한다. 5판까지 진행하는 동안 이 책의 출판과 개정을 위해 애써주신 교문사 대표님을 비롯한 직원 여러분께 진심으로 감사드린다. 항상 격려와 기쁨을 주고 있는 저자들의 가족들에게도 지면을 통하여 사랑을 전한다.

2022년 1월
저자 일동

{차례}

머리말   V

Chapter_**1**   **건강한 식생활**   1

1. 영양소의 역할과 종류 · 3

2. 영양소의 에너지 함량과 섭취비율 · 4

3. 영양과 성장발달 · 5

4. 영양과 건강 · 6

5. 식생활에 영향을 미치는 요인 · 8

6. 영양상태 평가 · 9
　1) 식생활 조사법 / 9　　　　　　　2) 신체 계측법 / 10
　3) 생화학적 평가법 / 11　　　　　4) 임상 평가법 / 11

7. 식사계획 · 11
　1) 식사계획의 기본원칙 / 11　　　2) 식사구성안 / 12
　3) 식사지침 / 17　　　　　　　　4) 식품의 영양표시제도 / 17
　5) 영양소 섭취기준 / 19　　　　　6) 식품교환표 / 21
　7) 식품의 영양성분자료 / 21

8. 우리 국민의 식생활 실태 · 23
　1) 식품섭취 실태 / 23　　　　　　2) 영양소섭취 실태 / 24
　3) 식습관 / 26

9. 신뢰할 수 있는 영양정보의 보급 · 26
　1) 영양보충제의 사용 / 27　　　　2) 올바른 영양정보의 보급 / 27

Chapter _2_ 소화와 흡수   31

1. 소화기계 · 33

2. 소화관의 운동 및 관련 호르몬 · 34

    1) 소화관 운동 / 34   2) 소화관 운동의 관련 호르몬 / 34

3. 소화과정 · 35

    1) 구강에서의 소화 / 35   2) 위에서의 소화 / 36

    3) 소장에서의 소화 / 37   4) 대장에서의 소화 / 39

4. 영양소의 흡수와 운반 · 39

    1) 영양소의 흡수부위 / 39   2) 흡수기전 / 40

    3) 순환계를 통한 운반 / 41

Chapter _3_ 탄수화물   45

1. 분류 · 47

    1) 단당류 / 47   2) 이당류 / 48

    3) 올리고당류 / 50   4) 다당류 / 50

2. 탄수화물의 소화 · 52

    1) 구강에서의 소화 / 52   2) 위에서의 소화 / 52

    3) 소장에서의 소화 / 53   4) 대장에서의 소화 / 54

3. 탄수화물의 흡수와 운반 · 54

    1) 흡 수 / 54   2) 운 반 / 54

4. 탄수화물 대사 · 56

    1) 포도당 대사 / 57   2) 과당과 갈락토오스 대사 / 65

    3) 혈당 조절 / 66

5. 탄수화물의 체내 기능 · 68

    1) 에너지 공급 / 68   2) 단백질 절약작용 / 68

    3) 케톤증 예방 / 68   4) 단맛 제공 / 69

6. 식이섬유의 체내 기능 · 70

7. 탄수화물 섭취와 건강 · 72

    1) 탄수화물 섭취와 관련된 질환 / 72   2) 탄수화물 섭취실태 / 74

    3) 탄수화물의 섭취기준과 급원식품 / 74   4) 알코올과 영양 / 79

Chapter_**4** 지질 85

1. 분류 · 87

1) 중성지방 / 87   2) 지방산 / 87
3) 인지질 / 94   4) 콜레스테롤 / 95

2. 지질의 소화와 흡수 · 96

1) 지질의 소화 / 96   2) 지질의 흡수 / 99

3. 지질의 운반 · 101

1) 혈청 지단백질의 종류와 특성 / 101   2) 지단백질의 이동 경로 / 103

4. 지질 대사 · 106

1) 중성지방 대사 / 106   2) 콜레스테롤의 합성과 대사 / 110
3) 케톤체 합성과 대사 / 111

5. 지질의 체내 기능 · 112

1) 중성지방 / 112   2) 인지질 / 113
3) 콜레스테롤 / 113   4) 필수지방산 / 114

6. 지질섭취와 건강 · 116

1) 지질섭취와 관련된 질환 / 116   2) 식용 기름의 지방산 조성 / 121
3) 지질의 섭취실태 / 123   4) 한국인의 지질의 섭취기준과 급원식품 / 123
5) 지질 대용품 / 132

Chapter_**5** 단백질 137

1. 단백질의 정의와 구조 · 139

1) 정 의 / 139   2) 아미노산의 구조 / 140
3) 아미노산의 종류 / 140   4) 단백질의 구조 / 142
5) 단백질의 변성 / 144

2. 기능 · 144

1) 체조직의 성장과 유지 / 144   2) 효소와 호르몬의 합성 / 145
3) 혈액 단백질 생성 / 146   4) 항체와 면역세포 형성 / 147
5) 포도당 신생과 에너지 공급원 / 147

3. 소화와 흡수 · 148

1) 위에서의 소화 / 148   2) 소장에서의 소화 / 149

3) 아미노산의 흡수 및 운반 / 150

4. 아미노산과 단백질 대사 · 151

1) 아미노산 풀 / 151 2) 단백질 합성 / 152
3) 불필수아미노산의 합성 / 152 4) 아미노산의 이화대사 / 154
5) 아미노산의 비단백질 생리활성물질의 생성 / 157

5. 식품단백질의 종류와 질 평가 · 157

1) 종 류 / 157 2) 질 평가 / 160

6. 질소평형과 단백질 필요량 · 162

7. 단백질의 결핍증과 과잉증 · 165

1) 단백질 결핍증 / 165 2) 단백질 과잉섭취 / 166

8. 단백질 급원 · 166

Chapter_6 에너지 대사 171

1. 에너지의 근원과 전환 · 173

1) 식품에너지와 ATP / 173 2) 인체 에너지의 이용과 저장 / 174

2. 인체 에너지 대사량 · 175

1) 기초대사량과 휴식대사량 / 175 2) 활동대사량 / 176
3) 식이성 발열효과 / 176 4) 적응대사량 / 176

3. 에너지 측정법 · 177

1) 단 위 / 177 2) 식품 에너지 측정법 / 177
3) 인체 에너지 대사량 측정법 / 178

4. 에너지 소비량 계산법 · 182

1) 기초(휴식) 대사량 산출 / 183 2) 활동대사량 산출 / 185
3) 개인 에너지 소비량의 예 / 186

5. 한국인의 에너지 섭취기준 · 187

1) 기초대사량 / 188 2) 활동대사량 / 188
3) 에너지 필요량의 추정 방법 및 활용 / 189

6. 에너지의 균형과 체중 관리 · 192

1) 에너지 섭취 불균형 / 192 2) 에너지 섭취 과잉 / 193
3) 에너지 섭취의 생리적 조절 / 198 4) 체중관리 / 199

Chapter_7 수용성 비타민 205

1. 비타민의 소개 · 207
1) 정 의 / 207 2) 비타민의 분류와 명명 / 207

2. 수용성 비타민의 특성 · 209

3. 티아민 · 210
1) 구조와 성질 / 210 2) 흡수와 대사 / 211

3) 생리적 기능 / 211 4) 결핍증 / 212

5) 영양섭취기준과 급원식품 / 213

4. 리보플라빈 · 216
1) 구조와 성질 / 216 2) 소화, 흡수, 대사 / 216

3) 생리적 기능 / 217 4) 결핍증 / 217

5) 영양섭취기준과 급원식품 / 218

5. 니아신 · 220
1) 구조와 성질 / 220 2) 흡수와 대사 / 220

3) 생리적 기능 / 221 4) 니아신과 트립토판의 관계 / 221

5) 결핍증 / 221 6) 과잉증 / 221

7) 영양섭취기준과 급원식품 / 222

6. 판토텐산 · 225
1) 구조와 성질 / 225 2) 소화, 흡수, 대사 / 225

3) 생리적 기능 / 226 4) 결핍증 / 227

5) 영양섭취기준과 급원식품 / 227

7. 비오틴 · 230
1) 구조와 성질 / 230 2) 소화, 흡수, 대사 / 230

3) 생리적 기능 / 230 4) 결핍증 / 231

5) 영양섭취기준과 급원식품 / 232

8. 비타민 B_6 · 234
1) 구조와 성질 / 234 2) 소화, 흡수, 대사 / 234

3) 생리적 기능 / 235 4) 결핍증 / 237

5) 과잉증 / 237 6) 영양섭취기준과 급원식품 / 237

9. 엽산 · 240
1) 구조와 성질 / 240 2) 흡수와 대사 / 241

3) 생리적 기능 / 241 4) 결핍증 / 242

5) 영양섭취기준과 급원식품 / 242

10. 비타민 B$_{12}$ · 246

1) 성 질 / 246
2) 소화, 흡수, 대사 / 246
3) 생리적 기능 / 247
4) 결핍증 / 248
5) 영양섭취기준과 급원식품 / 250

11. 비타민 C(Ascorbic Acid) · 252

1) 구조와 성질 / 252
2) 흡수와 대사 / 254
3) 생리적 기능 / 254
4) 결핍증 / 256
5) 과잉증 / 257
6) 영양섭취기준과 급원식품 / 257

12. 비타민 유사물질들 · 261

1) 콜 린 / 261
2) 이노시톨 / 262
3) 카르니틴 / 262
4) 타우린 / 262

Chapter_8 지용성 비타민 265

1. 비타민 A · 267

1) 구조와 성질 / 267
2) 소화, 흡수, 대사 / 268
3) 생리적 기능 / 269
4) 결핍증 / 270
5) 과잉증(비타민 A 독성) / 271
6) 영양섭취기준과 급원식품 / 271

2. 비타민 D · 275

1) 구조와 성질 / 275
2) 흡수와 대사 / 276
3) 생리적 기능 / 277
4) 결핍증 / 278
5) 과잉증 / 279
6) 영양섭취기준과 급원식품 / 279

3. 비타민 E · 282

1) 구조와 성질 / 282
2) 흡수와 대사 / 282
3) 생리적 기능(항산화 기능) / 283
4) 결핍증 / 284
5) 과잉증 / 284
6) 영양섭취기준과 급원식품 / 284

4. 비타민 K · 287

1) 구조와 성질 / 287
2) 흡수와 대사 / 288
3) 생리적 기능(프로트롬빈의 합성) / 288
4) 항비타민제 / 289
5) 결핍증 / 289
6) 과잉증 / 289
7) 영양섭취기준과 급원식품 / 289

Chapter_9 다량 무기질 295

1. 무기질의 소개 · 297

  1) 정 의 / 297   2) 분류 및 체내 분포 / 297

  3) 특성 및 기능 / 298

2. 칼슘 · 300

  1) 흡수와 대사 / 300   2) 생리적 기능 / 303

  3) 결핍증 / 305   4) 과잉증 / 308

  5) 영양섭취기준과 급원식품 / 308

3. 인 · 311

  1) 흡수와 대사 / 311   2) 생리적 기능 / 312

  3) 결핍증 / 313   4) 과잉증 / 314

  5) 영양섭취기준과 급원식품 / 314

4. 마그네슘 · 317

  1) 흡수와 대사 / 317   2) 생리적 기능 / 317

  3) 결핍증 / 318   4) 과잉증 / 318

  5) 영양섭취기준과 급원식품 / 318

5. 나트륨 · 321

  1) 흡수와 대사 / 321   2) 생리적 기능 / 321

  3) 결핍증 / 323   4) 과잉증 / 324

  5) 영양섭취기준과 급원식품 / 324

6. 칼륨 · 327

  1) 흡수와 대사 / 327   2) 생리적 기능 / 327

  3) 결핍증 / 328   4) 과잉증 / 328

  5) 영양섭취기준과 급원식품 / 328

7. 염소 · 331

  1) 흡수와 대사 / 331   2) 생리적 기능 / 331

  3) 결핍증 / 331   4) 과잉증 / 331

  5) 영양섭취기준과 급원식품 / 332

8. 황 · 332

  1) 흡수와 대사 / 332   2) 기 능 / 332

  3) 결핍증 및 과잉증 / 333   4) 영양섭취기준과 급원식품 / 333

Chapter_**10** 미량 무기질　337

1. 철 · 339
　1) 흡수와 대사 / 339　　　　　　2) 생리적 기능 / 341
　3) 결핍증 / 342　　　　　　　　4) 과잉증 / 343
　5) 영양섭취기준과 급원식품 / 344

2. 아연 · 346
　1) 흡수와 대사 / 346　　　　　　2) 기능 / 347
　3) 결핍증과 과잉증 / 347　　　　4) 영양섭취기준과 급원식품 / 349

3. 요오드 · 350
　1) 흡수와 대사 / 350　　　　　　2) 생리적 기능 / 350
　3) 결핍증 / 351　　　　　　　　4) 과잉증 / 352
　5) 영양섭취기준과 급원식품 / 353

4. 구리 · 355
　1) 흡수와 대사 / 355　　　　　　2) 기능 / 356
　3) 결핍증 / 357　　　　　　　　4) 과잉증 / 357
　5) 영양섭취기준과 급원식품 / 357

5. 불소 · 360
　1) 흡수와 대사 / 360　　　　　　2) 기능 / 360
　3) 결핍증과 과잉증 / 360　　　　4) 영양섭취기준과 급원식품 / 361

6. 셀레늄 · 362
　1) 기능 / 363　　　　　　　　　2) 결핍증과 과잉증 / 363
　3) 영양섭취기준과 급원식품 / 363

7. 극미량 무기질 · 365
　1) 망간 / 365　　　　　　　　　2) 몰리브덴 / 368
　3) 크롬 / 370

8. 물 · 373
　1) 체내분포 / 373　　　　　　　2) 수분 요구량 / 374
　3) 체내 기능 / 374　　　　　　　4) 수분 균형 / 376

참고자료 · 380
　1. 세계 각국의 기초식품군 모형 · 380
　2. 한국인 영양소 섭취기준 · 382

참고문헌 · 391

찾아보기 · 393

Chapter 1

건강한 식생활

배우기전에

Question

나는 식품과 올바른 식생활에 대해 얼마나 알고 있나요?
다음 질문에 ○, ×로 답하시오.

1 탄수화물과 단백질은 1g당 4kcal를 제공한다. ☐

2 심장병과 암 발병은 유전적인 요인에 의한 것으로 식사와는 무관하다. ☐

3 에너지 권장섭취량은 각 연령별, 성별 해당군의 평균필요량으로 책정한다. ☐

4 영양소 섭취기준(DRIs)은 개인의 신체적인 조건과는 상관없이 모든 사람에게 똑같다. ☐

5 과일, 채소, 곡류, 육류, 유제품별로 좋아하는 식품을 선택해서 매일 같은 음식을 먹는 것이 건강에 좋다. ☐

6 우유는 완전식품이어서 우유만으로도 사람이 필요한 모든 영양소를 제공할 수 있다. ☐

7 과자와 사탕 같은 식품들은 인체에 해롭기 때문에 건강식에는 포함될 수 없다. ☐

8 영양소는 항상 많이 섭취하는 것이 더 좋다. ☐

9 비타민과 무기질은 열량을 제공한다. ☐

 정답

1 ○

2 ×(심장병과 암은 지방과 상당히 관련된다.)

3 ○

4 ×(연령, 성별에 따라 다르다.)

5 ×(다양성이 부족하여 체내 필요한 모든 영양소를 제공해 주지 못한다.)

6 ×(우유는 칼슘과 단백질이 풍부하지만 철과 다른 영양소 는 부족하다.)

7 ×(건강에 좋고 나쁨은 개별 식품보다는 전체 음식을 놓고 평가해야 한다.)

8 ×(너무 많거나 너무 적게 섭취하여도 문제가 되므로 적절 한 섭취가 중요하다.)

9 ×(탄수화물, 지질, 단백질만이 열량을 제공한다.)

01 영양소의 역할과 종류

영양소란 식품으로부터 공급되어 체내에서 열량을 내주거나 신체를 구성하며 성장시켜주고 체조직을 유지, 보수하고 인체의 기능을 조절하는 성분들이다. 인간이 생명을 유지하기 위해서는 여러 종류의 다양한 영양소가 필요하다. 이들 영양소는 주로 식품 속에 함유되어 있지만 때로는 인체 내에서 합성되기도 하고 섭취된 영양소가 체내에서 다른 영양소로 전환되기도 한다.

영양소는 탄수화물, 단백질, 지질, 비타민, 무기질의 5대 영양소로 분류되며 표 1-1과 같이 인체를 구성하는 중요 성분인 물을 포함하여 6대 영양소로 분류하기도 한다.

최근까지 인간의 성장과 발달을 위하여서는 약 45가지 이상의 필수 영양소가 함유된 식사를 해야 한다고 알려져 있다. 이들 영양소는 인체 내에서의 역할에 따라 크게 3가지로 분류된다.

그러나 몇몇 영양소의 경우에는 그 역할이 아래에 분류된 3가지 중 한 가지에만 국한되지 않고 중복된 역할을 수행하기도 한다.

> **기능에 따른 영양소의 분류**
> 첫째, 주로 에너지를 내는 영양소들
> 둘째, 신체의 성장과 유지에 중요한 영양소들
> 셋째, 체내에서 기능을 조절하는 역할을 하는 영양소들

표 1-1 필수 영양소의 종류

탄수화물		포도당 (포도당으로 전환되는 탄수화물)
지 질		리놀레산, 리놀렌산
단백질 (아미노산)		히스티딘, 이소류신, 류신, 메티오닌, 라이신, 페닐알라닌, 트레오닌, 트립토판, 발린
비타민	지용성 비타민	A, D, E, K
	수용성 비타민	티아민, 리보플라빈, 니아신, 판토텐산, 비오틴, 비타민 B_6, 비타민 B_{12}, 엽산, 비타민 C
무기질	다량 무기질	칼슘, 염소, 마그네슘, 인, 칼륨, 나트륨, 황
	미량 무기질	요오드, 철, 아연, 크롬, 구리, 불소, 망간, 몰리브덴, 셀레늄, 코발트
	미확정 영양소	비소, 붕소, 카드뮴, 리튬, 니켈, 실리콘, 주석
물		물

영양소의 에너지 함량과 섭취비율

식품에서 얻어지는 에너지는 kcal 단위로 표시한다. 소화율을 감안할 때 식품 내의 탄수화물은 4kcal/g, 단백질은 4kcal/g, 지질은 9kcal/g의 에너지로 전환되며 우리가 자주 섭취하는 알코올은 체내에서 7kcal/g의 에너지를 제공한다.

예를 들어 단백질 65g, 탄수화물 300g, 지질이 50g 함유된 식사를 했다면 일일 총 에너지섭취량은 65×4=260, 300×4=1,200, 50×9=450으로 총 1,910kcal를 섭취한 것이 된다. 따라서 탄수화물, 단백질, 지질로부터 에너지 섭취비율은 아래와 같이 계산된다.

단 백 질 : (65×4)÷1,910×100 = 13.6%
탄수화물 : (300×4)÷1,910×100 = 62.8%
지   질 : (50×9)÷1,910×100 = 23.6%

2020년 한국인 영양소 섭취기준에 따르면 연령에 따른 에너지 적정비율은 표 1-2에 제시된 바와 같다.

표 1-2　2020 한국인 영양소 섭취기준 – 에너지 적정비율

성별	연령	에너지 적정비율(%)				
		탄수화물	단백질	지질[1]		
				지방	포화지방산	트랜스지방산
영아	0~5(개월)	–	–	–	–	–
	6~11	–	–	–	–	–
유아	1~2	55–65	7–20	20–35	8 미만	1 미만
	3~5	55–65	7–20	15–30	8 미만	1 미만
남자	6~8	55–65	7–20	15–30	8 미만	1 미만
	9~11	55–65	7–20	15–30	8 미만	1 미만
	12~14	55–65	7–20	15–30	8 미만	1 미만
	15~18	55–65	7–20	15–30	8 미만	1 미만
	19~29	55–65	7–20	15–30	7 미만	1 미만
	30~49	55–65	7–20	15–30	7 미만	1 미만
	50~64	55–65	7–20	15–30	7 미만	1 미만
	65~74	55–65	7–20	15–30	7 미만	1 미만
	75 이상	55–65	7–20	15–30	7 미만	1 미만

성별	연령	에너지 적정비율(%)				
		탄수화물	단백질	지질1)		
				지방	포화지방산	트랜스지방산
여자	6~8	55-65	7-20	15-30	8 미만	1 미만
	9~11	55-65	7-20	15-30	8 미만	1 미만
	12~14	55-65	7-20	15-30	8 미만	1 미만
	15~18	55-65	7-20	15-30	8 미만	1 미만
	19~29	55-65	7-20	15-30	7 미만	1 미만
	30~49	55-65	7-20	15-30	7 미만	1 미만
	50~64	55-65	7-20	15-30	7 미만	1 미만
	65~74	55-65	7-20	15-30	7 미만	1 미만
	75 이상	55-65	7-20	15-30	7 미만	1 미만
임신부		55-65	7-20	15-30		
수유부		55-65	7-20	15-30		

1) 콜레스테롤 : 19세 이상 300 mg/일 미만 권고

2020 한국인 영양소 섭취기준 - 당류

총당류 섭취량을 총 에너지섭취량의 10-20%로 제한하고, 특히 식품의 조리 및 가공 시 첨가되는 첨가당은 총 에너지섭취량의 10% 이내로 섭취하도록 한다. 첨가당의 주요 급원으로는 설탕, 액상과당, 물엿, 당밀, 꿀, 시럽, 농축과일주스 등이 있다.

자료 : 2020 한국인 영양소 섭취기준, 보건복지부·한국영양학회, 2020

03 영양과 성장발달

Note *
유전적인 요소
환경적인 요소

인간이 성장하는 데는 유전적인 요소와 환경적인 요소가 함께 작용한다. 키가 작은 부모에게서 태어난 자녀는 또래의 다른 아이들보다 키가 작은 경우가 많고 체형역시 부모와 비슷하다.

그러나 대부분 자녀의 체위가 부모보다 크고 같은 민족에서도 세대가 거듭될수록 평균 신장과 체중이 증가되는 것을 볼 수 있다. 그림 1-1과 같이 각 나라 7세 어린이들의 평균 신장을 비교하여 보면 선진국일수록 소득계층간의 편차가 작고 후진국

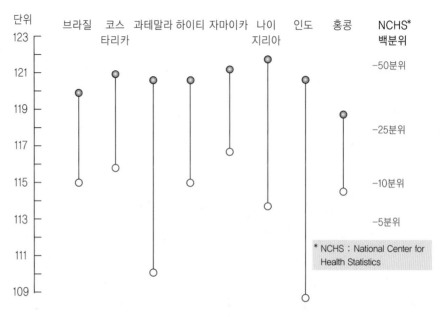

그림 1-1   세계의 7세 어린이들의 평균 신장 비교

자료 : Martorell R., 1985

어린이들일수록 편차가 크다. 또한 후진국의 어린이라도 자라는 환경이 양호한 경우에는 선진국 어린이의 평균 신장에 크게 뒤지지 않음을 알 수 있다. 즉, 질병 이환 등의 스트레스가 없다면 영양은 인간이 가진 성장 잠재력을 충분히 발현시키는 데 가장 중요한 요인으로 작용한다고 영양학자들은 주장하고 있다.

04   영양과 건강

영양소는 인간이 태어나고 성장하는데 필수적일 뿐 아니라 성인이 된 후에도 신체조직의 유지 및 조직과 세포의 활발한 기능을 위하여 필요하다.

그림 1-2에 제시된 바와 같이 인체 건강을 위해서는 영양소를 적정 수준으로 섭취하고 유지하는 것이 필요하다. 적정범위 섭취 수준보다 약간 많거나 적은 경계 수준으로 섭취할 경우에는 신체의 기능이 비례적으로 감소하게 되며 그 정도가 더 커

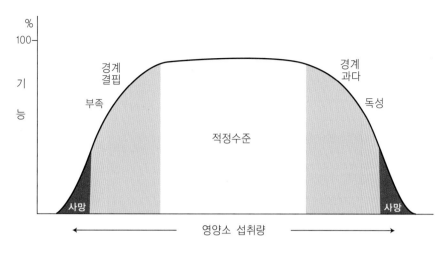

그림 1-2 영양소 섭취량과 건강상태

지게 되면 부족증이나 독성을 일으키고 결과적으로는 사망하게 된다. 과거에는 영양섭취의 부족과 의료혜택의 부족 등의 영향으로 폐결핵, 기생충 감염 등으로 대표되는 감염성 질환이 질병의 대부분을 차지하였고 에너지와 단백질을 비롯한 특정 영양소의 부족증으로 면역 능력이 저하되어 모성 및 영아 사망률과 취학 전 어린이 사망률이 매우 높았다. 따라서 국민의 평균 수명도 매우 짧았다.

그러나 현대 사회에서는 일부 극심한 식량부족 지역을 제외하고는 대부분의 경우 비만에서 비롯되는 질병과 과도한 체중감량 또는 거식증 등의 문제에 기인한 영양부족, 그리고 불규칙한 식생활에서 비롯된 특정 영양소의 불균형 내지는 경계결핍이 문제가 되고 있다. 특히 선진국에서는 만성퇴행성질환이 만연되어 있고 사망원인도 순환기계 질환, 악성 신생물 등이 수위권을 차지하고 있다. 따라서 인간의 건강한 삶에 있어서 영양의 역할이 과거와는 다른 의미로 더욱더 중요시되고 있다.

그림 1-3에 제시된 바와 같이 인간의 건강 증진과 질병예방에 영향을 미치는 위

Note*

경계결핍(marginal deficiency)
: 특정 영양소가 절대적으로 부족되지는 않으나 적정수준에서 약간 부족되는 수준으로 결핍된 상태

영양과 건강과의 관계
• 영양상태와 분명한 관련이 있는 건강문제 : 비만, 철 결핍성 빈혈, 영양부족, 성장지체, 충치 등
• 영양문제가 여러 위험요인 중의 한 가지로 작용 : 저체중아 출산, 선천적 대사 장애, 대사성 질환, 고혈압 및 몇 종류의 암, 골다공증, 뇌졸중 등
• 적절한 식사요법을 통하여 건강상태를 호전시키거나 조절할 수 있는 경우 : 에이즈, 당뇨병, 위장관 질환, 신장병 등

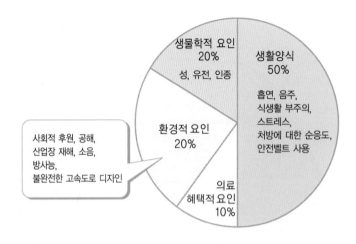

그림 1-3　건강에 영향을 미치는 위험요인

자료 : The Surgeon General's Report on Health Promotion and Disease Prevention, 1979

험요인 중에는 생활양식이 가장 중요한 요소로서 약 50%를 차지하고 있으며 그 중 가장 중요한 부분이 식생활인 것으로 학자들은 주장하고 있다.

05 식생활에 영향을 미치는 요인

각 개인이나 집단이 무엇을 먹을 것인지 결정할 때는 누구나 자신의 건강과 영양을 최우선적으로 고려하는 것 같지만 실제로는 많은 비영양적 요소들도 식품선택에 영향을 미친다. 생리적으로는 공복감이나 식욕과 같은 요인이 우선적으로 관련되지만 심리적으로 또는 사회적으로 관련되는 요인도 다양하다.

그림 1-4에 제시된 개념도와 같이 식품섭취에 영향을 미치는 요인은 다양하며 그 요인들이 상호 영향을 미치고 있다. 따라서 식생활을 하나의 문화로 인식하고 총체적인 문화를 이해하는 차원에서 접근하는 시각이 필요하다.

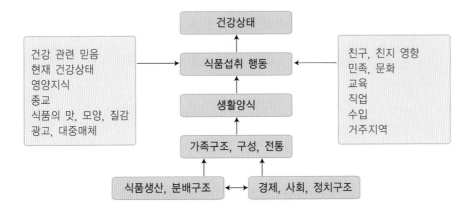

그림 1-4 식생활에 영향을 미치는 여러 요인

자료 : Terry, Introductory community Nutrition, 1993

06 영양상태 평가

영양상태를 평가하는 방법으로는 일반적으로 식생활 조사법, 신체 계측법, 생화학적 평가법 그리고 임상 평가법 등이 널리 이용되고 있다.

1 식생활 조사법

식생활 조사법은 표 1-3에 제시된 바와 같이 조사 자료의 활용 목적이나 대상자의 여건에 따라 다양한 방법이 이용된다.

개인의 영양 섭취량을 분석하는 일은 많은 시간과 노력이 소요되는 작업이기 때문에 이 작업을 컴퓨터를 이용하여 해결할 수 있도록 다양한 프로그램들이 개발되어 있다. 한국영양학회에서는 교육용과 전문가용으로 CAN-Pro를 개발하여 보급하고 있다.

Note *

영양상태 평가
(nutritional assessment)
• 식생활 조사법
  (dietary assessment)
• 신체 계측법
  (anthropometric
  measurement)
• 생화학적 평가법
  (biochemical
  assessment)
• 임상 평가법
  (clinical assessment)

Note *

식생활 조사법
(dietary assessment)
· 24시간 회상법(24-hour
  dietary recall method)
· 기록법
  (diet record method)
· 실측법
  (weighing method)
· 식품섭취 빈도법(food
  frequency method)
· 식사력 조사법
  (diet history)

표 1-3 식생활 조사법

조사법의 종류	특 성
24시간 회상법	지나간 하루 동안 섭취한 식품의 종류와 양을 기억해 보고하도록 하여 추정하는 방법으로 기억을 회상하는데 도움이 되는 보조수단들을 많이 이용한다.
기록법	자신이 섭취한 식품의 종류와 양을 스스로 기록하도록 하는 방법으로 특히 섭취한 식품을 양으로 환산하는데 어려움이 있으므로 기록 능력과 함께 목측량에 대한 지식도 필요하다.
실측법	개인의 식품 섭취량을 저울을 이용하여 측정하여 기록하는 방법으로 식사 후 남긴 음식의 양도 측정하여 섭취량에서 제외시킨다.
식품섭취 빈도법	긴 기간 동안의 특정 식품이나 영양소 섭취상태를 파악하기 위하여 식품의 목록을 섭취빈도와 함께 제시하여 조사하는 방법이다.
식사력 조사법	24시간 회상법으로 전체적인 식이섭취 형태를 조사하고 보조적으로 식품목록에 기호도나 구매빈도를 표시하게 하거나 식품섭취 빈도법을 병행하기도 한다.

② 신체 계측법

(1) 성장 정도를 측정하는 방법

신장, 체중, 머리둘레, 가슴둘레 등이 이용되고 발육 표준치와 비교하여 성장의 적정성 여부를 판정한다. 특히 성장기 어린이의 경우 신체계측자료가 가장 저렴하고도 정확한 영양상태 판정 자료로 이용될 수 있다.

피부두겹집기
(skinfold thickness) : 캘리퍼
(caliper)를 이용하여 삼두근,
견갑골하부 등을 측정
상완위(mid-upper-arm
circumference) : 줄자를
이용하여 왼팔의 가운데 지점
둘레를 측정
허리/엉덩이 둘레비(waist
/hip ratio) : 허리둘레를 엉
덩이 둘레로 나눈 값. 남자는
1.0, 여자는 0.9 이상이면 복
부비만으로 판정
체질량지수(BMI ; Body
Mass Index) : 체중(kg)/신
장(m²)으로 계산하며 성인의
비만도를 추정하는 값으로 가
장 많이 이용된다.

(2) 신체 구성 성분을 측정하는 방법

신체 구성성분에 관한 측정값은 특히 만성 퇴행성질환과 관련이 높은 것으로 알려져 있어 최근 들어 영양조사에서 많이 이용되고 있다. 간접적인 체지방량 측정법으로 피부두겹집기, 상완위, 허리/엉덩이 둘레비 등이 간편한 방법으로 이용되고 있다.

신장과 체중을 이용하는 지표로는 체질량지수가 주로 이용되고 있고 어린이보다 성인의 경우에 더 많이 이용되며 비만 정도의 간편한 추정치로 이용된다.

$$체질량지수(BMI) = 체중(kg) / 신장(m)^2$$

③ 생화학적 평가법

생화학적 검사에 이용되는 시료로는 혈액, 소변, 머리카락, 대변, 기타 신체 조직 등이 있다. 혈액의 조성은 영양 상태를 가장 잘 반영한다고 알려져 있으며 소변은 단백질, 수용성 비타민, 무기질 영양 상태를 조사하는데 많이 이용되고 특히 섭취량과 배설량을 비교하는 평형연구에 적합하다. 또한 대변은 단백질, 무기질, 섬유소 등 영양소의 흡수율을 확인하는 연구에 많이 이용된다.

④ 임상 평가법

영양결핍 상태가 장기간 지속되면 저장량의 고갈, 부족된 영양소의 혈중 농도 변화, 배설량 감소 과정을 거쳐 세포나 조직에 해부학적인 변화를 초래하고 결과적으로 신체의 기능에 장애가 오며 육안으로도 식별이 가능한 징후가 나타난다. 임상 조사법은 영양소 결핍정도가 극심한 단계에 가능한 조사방법이며 특별한 장비나 실험방법을 필요로 하지 않으나 영양부족 증상에 대한 표준화된 정의가 필요하고 전문가의 도움이 필수적이다.

07 식사계획

① 식사계획의 기본원칙

건강한 식생활을 위한 식사계획에는 균형, 절제, 다양성의 원칙이 지켜져야 하며 이들 개념은 각각 독립적이라기보다는 상호 연관적인 것으로 이해될 수 있다.

(1) 균 형

섭취하는 식품이나 영양소 면에서 특정한 것에 치우침이 없는 것을 의미한다. 예를 들어 우유나 유제품은 칼슘이 풍부한 대신 철을 부족하게 함유하고 있고 고기, 생선 등은 상대적으로 철이 풍부하나 칼슘은 부족하게 함유하고 있으므로 각 종류의

Note *
식사계획의 기본원칙
· 균형(balance)
· 다양성(variety)
· 절제/적절한 양
  (moderation)

식품을 충분히 그러나 너무 지나치지 않게 섭취하는 것을 의미한다. 또한 탄수화물, 단백질, 지질의 균형잡힌 섭취도 중요하다.

(2) 다양성

식품마다 다양한 종류의 영양소를 함유하고 있지만 어떤 영양소는 상대적으로 더 많이, 어떤 영양소는 아주 적게 함유되어 있는 경우가 많으므로 다양한 종류의 식품을 섭취하는 것이 영양소 섭취의 상호보완 효과를 위하여 필요하다. 각각의 기초식품군에 속한 식품들을 모두 섭취하되 특정 식품군 안에서도 역시 다양한 종류의 식품을 섭취하는 것을 말한다.

(3) 절제/적절한 양

식사에서 지질, 단순당 등이 차지하는 비율이 너무 많지 않게 배려하는 의미에서 사용된다. 이들은 음식의 풍미와 맛을 위하여, 또는 필수영양소의 섭취를 위하여 필요하기도 하지만 너무 많이 섭취할 때 비만을 유발하고 각종 질병 발생의 위험을 높이므로 절제하는 것이 필요하다. 특히 알코올 섭취와 흡연은 절대적인 절제를 요구한다.

잠깐! 영양밀도(Nutrient Density)란?

식품이 함유한 에너지량에 비교한 다른 영양소의 함량을 의미한다. 영양밀도가 높은 식품이란 같은 양의 에너지를 공급하는 식품이라도 비타민, 무기질 등의 미량영양소를 충분히 함유한 식품을 말한다.

예) 콜라 : 열량이 높고 다른 비타민이나 무기질은 없으므로 영양밀도가 아주 낮다.

② 식사구성안

영양학을 전공하지 않은 일반인들이 균형 잡히고 건강한 식생활을 영위할 수 있도록 도움을 주기 위하여
- 식품을 함유된 영양소의 특성에 따라 몇 개의 식품군(기초식품군)으로 나누고

- 각 식품군에 속하는 식품마다 일상적으로 1회에 섭취하는 1인 1회 분량을 정한 후
- 각 식품군에 속한 식품의 하루에 섭취해야 할 횟수를 정하여 건강한 식생활을 영위할 수 있게 도와주기 위한 도구가 식사구성안이다.

(1) 기초식품군

기초식품군은 균형 잡힌 식생활을 위하여 매일의 식생활에서 반드시 먹어야 하는 식품들로서 주로 식품이 함유한 영양소의 종류를 중심으로 하여 분류한다. 각 나라마다 국민 특유의 식생활을 감안하여 4~7개 식품군으로 다르게 정하고 있고 우리나라는 6가지 기초식품군을 정하고 있다.

일반인에게는 이들 6가지 기초식품군에 속한 식품들을 매일 골고루 먹도록 권장하고 있으며 식품군의 종류에 따라 여러 번 먹어야 할 식품군과 되도록 적게 먹어야 할 성격의 식품군이 있어 나라마다 이를 쉽게 이해시키기 위하여 다양한 그림이나 모형을 이용하고 있다. 우리나라에서는 식품구성자전거를 이용하고 있다.

① 곡류	② 고기, 생선, 달걀, 콩류
③ 채소류	④ 과일류
⑤ 우유 · 유제품류	⑥ 유지 · 당류

* 고기·생선·달걀·콩류에 견과류가 포함 .

(2) 식품구성자전거

식품구성자전거는 일반인들이 하루에 섭취하여야 할 식품의 종류와 중요성을 개략적으로 알 수 있도록 그림으로 제시한 것이다(그림 1-5). 과거의 식품구성탑에서는 기초식품군의 종류와 양을 강조한 반면 새로이 개정된 식품구성자전거는 균형잡힌 식품섭취 외에 운동의 중요성과 수분 섭취를 강조하였다. 자전거 바퀴 모양의 면적을 6개의 식품군을 이용한 권장식사패턴의 섭취 횟수와 분량에 비례하도록 배분하였고, 각 식품군의 상징색은 국제적인 영양교육의 통일성을 위하여 미국 푸드 피라미드의 식품군 색과 동일하게 사용하였다. 앞 바퀴의 물 이미지를 통하여 수분 섭취의 중요성을 나타내었고 전체적인 자전거 모형으로 운동을 권장하였다. 식품구성

Note *

식품구성자전거
(food balance wheels)

그림 1-5 식품구성자전거

자료 : 보건복지부·한국영양학회, 2021

자전거는 적절한 영양과 건강을 유지하기 위하여 권장식사패턴을 기준으로 한 균형 잡힌 식사와 수분섭취의 중요성을 나타내고, 적절한 운동을 통해 비만을 예방하자는 의미를 나타낸다.

(3) 1인 1회 분량 및 섭취 횟수

1인 1회 분량은 통상적으로 대부분의 국민들이 한 번에 섭취하고 있다고 추정되는 식품의 양으로서 최근 5년 동안의 국민건강영양조사 자료를 분석하여 정한다. 건강하고 질병이 없는 일반인들로 하여금 식사구성 계획을 쉽게 하도록 돕기 위한 수단으로 개발되었다. 섭취 횟수는 생애주기별로 1일 에너지 필요량과 1회 분량을 고려하여 결정되었고, 권장식사패턴은 영유아 및 아동·청소년기에는 우유·유제품을 2회 섭취하도록 권장하는 A타입을, 성인·노인에게는 우유·유제품을 1회 섭취하도록 하는 B타입을 권장한다.

1인 1회 분량과 섭취횟수를 이용한 식사 구성안 작성 순서는 다음과 같다.

```
┌─────────────────────────────────────────────────┐
│  1인 1회 분량을 이용한 식단 작성순서               │
│                                                  │
│  1. 자신에게 적합한 1일 에너지 필요량 확인          │
│              ↓                                   │
│  2. 에너지 필요량에 적합한 권장식사패턴 선택          │
│              ↓                                   │
│  3. 각 식품군별 식품의 섭취횟수 확인 및 배분          │
│              ↓                                   │
│  4. 식품 섭취량 계산 및 메뉴 결정                   │
└─────────────────────────────────────────────────┘
```

표 1-4에 식품군별 1인 1회 분량과 1회 분량에 해당되는 횟수를 제시하였다.

표 1-4 식품의 1회 분량 및 1회 분량에 해당하는 횟수

	품목	식품명	1회 분량(g)	횟수
곡류 (300 kcal)	곡류	백미, 보리, 찹쌀, 현미, 조, 수수, 기장, 팥	90	1회
		귀리, 율무	90	0.3회
		옥수수	70	0.3회
		쌀밥	210	1회
	면류	국수(말린 것)	90	1회
		국수(생면)	200	1회
		당면	30	0.3회
		라면사리	120	1회
	떡류	가래떡/백설기	150	1회
		떡(팥소, 시루떡 등)	150	1회
	빵류	식빵	35	0.3회
		빵(찐빵, 팥빵 등)	80	1회
		빵(기타)	80	1회
	씨리얼류	시리얼	30	0.3회
	감자류	감자	140	0.3회
		고구마	70	0.3회
	기타	묵	200	0.3회
		밤	60	0.3회
		밀가루, 전분, 빵가루, 부침가루, 튀김가루, 믹스	30	0.3회
	과자류	과자(비스킷, 쿠키)	30	0.3회
		과자(스낵)	30	0.3회
고기 · 생선 · 달걀 · 콩류 (100 kcal)	육류	소고기(한우, 수입우)	60	1회
		돼지고기, 돼지고기(삼겹살)	60	1회
		닭고기, 오리고기	60	1회
		햄, 소시지, 베이컨, 통조림햄	30	1회

	품목	식품명	1회 분량(g)	횟수
고기 · 생선 · 달걀 · 콩류 (100 kcal)	어패류	고등어, 명태/동태, 조기, 꽁치, 갈치, 다랑어(참치), 대구, 가자미, 넙치/광어, 연어	70	1회
		바지락, 게, 굴, 홍합, 전복, 소라	80	1회
		오징어, 새우, 낙지, 문어, 쭈꾸미	80	1회
		멸치자건품, 오징어(말린 것), 새우자건품, 뱅어포(말린 것), 명태(말린 것)	15	1회
		다랑어(참치통조림)	60	1회
		어묵, 게맛살	30	1회
		어류젓	40	1회
	난류	달걀, 메추라기알	60	1회
	콩류	대두, 녹두, 완두콩, 강낭콩, 렌틸콩	20	1회
		두부	80	1회
		두유	200	1회
	견과류	땅콩, 아몬드, 호두, 잣, 해바라기씨, 호박씨, 은행, 캐슈넛	10	0.3회
채소류 (15 kcal)	채소류	파, 양파, 당근, 풋고추, 무, 애호박, 오이, 콩나물, 시금치, 상추, 배추, 양배추, 깻잎, 피망, 부추, 토마토, 쑥갓, 무청, 붉은고추, 숙주나물, 고사리, 미나리, 파프리카, 양상추, 치커리, 샐러리, 브로콜리, 가지, 아욱, 취나물, 고춧잎, 단호박, 늙은호박, 고구마줄기, 풋마늘, 마늘종	70	1회
		배추김치, 깍두기, 단무지, 열무김치, 총각김치, 오이소박이, 우엉, 연근, 도라지, 토란대	40	1회
		마늘, 생강	10	1회
	해조류	미역, 다시마	10	1회
		김	2	1회
	버섯류	느타리버섯, 표고버섯, 양송이버섯, 팽이버섯, 새송이버섯	30	1회
과일류 (50 kcal)	과일류	수박, 참외, 딸기	150	1회
		사과, 귤, 배, 바나나, 감, 포도, 복숭아, 오렌지, 키위, 파인애플, 블루베리, 자두	100	1회
		건포도, 대추(말린 것)	15	1회
우유 · 유제품류 (125 kcal)	우유	우유	200	1회
	유제품	치즈	20	0.5회
		요구르트(호상)	100	1회
		요구르트(액상)	150	1회
		아이스크림	100	1회
유지 · 당류 (45 kcal)	유지류	참기름, 콩기름, 들기름, 유채씨기름, 옥수수기름, 올리브유, 해바라기유, 포도씨유, 미강유, 버터, 마가린, 들깨, 흰깨, 깨, 커피크림	5	1회
		커피믹스	12	1회
	당류	설탕, 물엿/조청, 꿀	10	1회

자료 : 보건복지부, 한국영양학회, 2020 한국인 영양소 섭취기준 활용 연구, 2021.

❸ 식사지침

Note *
식사지침
(dietary guidelines) : 국민
들이 건강한 식생활을 유지할
수 있도록 국민 특유의 식습
관과 건강문제를 감안하여 정
한 지침들

세계 여러 나라에서는 국민들이 건강한 식생활 패턴을 유지할 수 있도록 하기 위하여 자기 국민 특유의 식습관과 건강문제를 감안하여 다양한 식생활 지침을 제정하고 있으며 우리나라나 일본, 호주의 경우처럼 연령별로 생애주기에 따라 다양한 식생활 지침을 제정하는 곳도 있다.

보건복지부는 2021년 새로이 9가지 식생활 지침을 제정하였다. 9가지 지침 중 1, 2, 3은 식품 및 영양섭취 관련 지침으로 4, 5, 8은 식생활 습관 관련 지침으로, 6, 7, 9는 식생활 문화 관련 지침으로 구성되어 있다.

한국인을 위한 식생활 지침

1. 매일 신선한 채소, 과일과 함께 곡류, 고기·생선·달걀·콩류, 우유·유제품을 균형있게 먹자.
2. 덜 짜게, 덜 달게, 덜 기름지게 먹자.
3. 물을 충분히 마시자.
4. 과식을 피하고, 활동량을 늘려서 건강체중을 유지하자.
5. 아침식사를 꼭 하자.
6. 음식은 위생적으로, 필요한 만큼만 마련하자.
7. 음식을 먹을 땐 각자 덜어 먹기를 실천하자.
8. 술은 절제하자.
9. 우리 지역 식재료와 환경을 생각하는 식생활을 즐기자.

자료 : 보건복지부, 한국인을 위한 식생활 지침, 2021.

---

❹ 식품의 영양표시제도

(1) 영양표시제도의 필요성

영양표시제도
(nutrition labeling) : 소비
자들이 식품에 함유된 영양성
분이나 특수성분을 알 수 있
도록 표시하는 제도

소비자들이 식품이 함유한 영양성분이나 특수성분을 파악하지 못하여 불이익을 당하는 일이 없도록 하기 위하여, 또 자신에게 필요한 식사계획을 세우고 효율적으로 실천하기 위하여 식품에 함유된 영양성분을 표시하는 제도이다.

일반적으로 식품에 함유된 영양소의 종류와 양 그리고 영양성분 기준치에 대한 비율을 표기하고 있으며 미국에서는 지질, 식이섬유, 칼슘 등의 허용된 내용에 한하여 영양소와 질병에 대한 건강 강조 구문도 표기할 수 있게 허용하고 있다.

(2) 우리나라 영양표시제도 현황

현재 우리나라에서 의무적으로 영양성분 표시를 해야 하는 표시 대상 식품과 방법은 표 1-5와 같다. 또한 '가공식품 영양표시의 예(영양성분표 활용법)'를 그림 1-6에 제시하였다.

(3) 영양성분 기준치

영양성분 기준치는 소비자가 사용하는 식품에 함유된 영양적 가치를 보다 잘 이해하고 식사계획에 적용하며 유사 식품간의 영양가치를 비교할 수 있도록 식품의 영양표시에 사용하는 영양소의 평균적인 1일 섭취 기준량이라고 할 수 있다.

표 1-5 우리나라 영양성분 표시대상 식품 및 영양소

표시 대상 식품	대상	
	의무표시 영양소	임의표시 영양소
① 장기보존식품(레토르트 식품만 해당한다) ② 과자류 중 과자, 캔디류 및 빙과류 ③ 빵류 및 만두류 ④ 초콜릿류 ⑤ 잼류 ⑥ 식용유지류 ⑦ 면류 ⑧ 음료류 ⑨ 특수용도식품 ⑩ 어육가공품 중 어육소시지 ⑪ 즉석섭취식품 중 김밥, 햄버거, 샌드위치 ⑫ ①부터 ⑪까지 규정된 식품 외에 식품 중 영양표시나 그 강조표시를 하려는 식품(추가로 개정할 예정임)	① 열량 ② 탄수화물 ③ 당류 ④ 단백질 ⑤ 지방 ⑥ 포화지방 ⑦ 트랜스지방 ⑧ 콜레스테롤 ⑨ 나트륨 ⑩ 그 밖에 강조표시를 하고자 하는 영양 성분	식이섬유, 칼륨, 비타민 A, 비타민 C, 칼슘, 철분, 비타민 D, 비타민 E, 비타민 K, 비타민 B_1, 비타민 B_2, 니아신, 비타민 B_6, 엽산, 비타민 B_{12}, 비오틴, 인, 판토텐산, 요오드, 마그네슘, 아연, 셀린, 구리, 망간, 크롬, 몰리브덴

자료 : 식품의약품안전처 영양표시 정보 사이트(http://www.mfds.go.kr)

영양정보	② 총 내용량 90g 85kcal	
총 내용량당		1일 영양성분 기준치에 대한 비율
나트륨 60mg		3 %
탄수화물 14g		4 %
당류 13g		13 %
지방 1.7g		3 %
③ 트랜스지방 0g		
포화지방 1.0g		7 %
콜레스테롤 5mg		2 %
단백질 3.2g		6 %
1일 영양성분 기준치에 대한 비율(%) 은 2,000kcal 기준 이므로 개인의 필요 열량에 따라 다를 수 있습니다.		

다음 3단계를 따른다.

1단계 제품 앞면에서 총 열량을 확인한다. 본 제품은 90g(85 kcal)이므로 한 포장을 다 먹으면 85kcal을 섭취하게 된다.

2단계 영양성분 표시단위(총 내용량, 100g, 단위내용량, 1회 섭취참고량)를 확인하고, 내가 실제로 먹은 양과 비교한다.

3단계 현명하게 선택한다. 만일 지방이 적은 요구르트를 원한다면, 지방의 1일 영양성분 기준치에 대한 비율을 비교하여 낮은 제품을 선택한다.

그림 1-6 가공식품 영양표시의 예(영양성분표 활용법)
자료 : 식품의약품안전처 영양표시 정보 사이트
(http://www.mfds.go.kr/nutrition)

잠깐! 1일 수준(Daily Values ; DV)란?

미국에서 식품표시상의 영양정보(Nutrition Fact)에 사용되는 각종 영양소의 섭취기준
① 비타민, 무기질과 같이 해당 수준의 섭취가 권장되는 기준치
② 탄수화물, 섬유소, 불포화지방산, 칼슘과 같이 일정 수준 이상을 섭취하거나 유지해야하는 영양소 기준치
③ 지질, 포화지방, 콜레스테롤, 나트륨과 같이 일정 수준 이하를 섭취해야하는 영양소 기준치가 포함됨.

⑤ 영양소 섭취기준

최근에는 그 섭취가 부족되기 쉬운 영양소들을 대상으로 정했던 권장섭취량 외에도 영양소들의 다양한 섭취 기준을 제시할 필요가 대두되어 영양소 섭취기준 (DRIs)의 개념이 정립되었다. DRIs는 표 1-6에 제시된 바와 같이 권장섭취량 외에도 평균필요량, 충분섭취량, 상한섭취량을 포함하는 포괄적인 개념이다.

Note✱

영양소 섭취기준(dietary reference intakes ; DRIs)의 개념
• 평균필요량(estimated average requirement ; EAR)
• 권장섭취량(recommended intake ; RI)
• 충분섭취량(adequate intake ; AI)
• 상한섭취량(tolerable upper intake level ; UL)

표 1-6   영양소 섭취기준(Dietary Reference Intakes: DRIs)의 개념

영양소 섭취기준의 구성	영양소 섭취기준의 개념
평균필요량(EAR) Estimated Average Requirements	건강한 사람들의 일일 필요량의 중앙값으로부터 산출한 수치이며 인체 필요량에 대한 과학적 근거가 충분한 경우 제정
권장섭취량(RI or RNI) Recommended Intake	약 97~98%에 해당하는 사람들의 영양소 필요량을 충족시키는 섭취수준으로, 평균필요량에 표준편차 또는 변이계수의 2배를 더하여 산출
충분섭취량(AI) Adequate Intake	영양소의 필요량을 추정하기 위한 과학적 근거가 부족할 경우, 대상 인구집단의 건강을 유지하는데 충분한 양을 설정
상한섭취량(UL) Tolerable Upper Intake level	인체에 유해한 영향이 나타나지 않는 최대 영양소 섭취기준으로, 과량을 섭취할 때 유해영향이 나타날 수 있다는 과학적 근거가 있을 때 설정

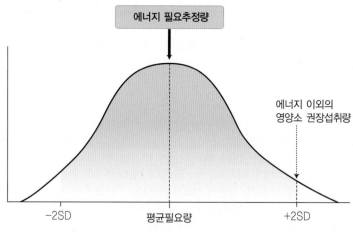

그림 1-7   영양소 필요량 수준의 분포와 권장섭취량

평균필요량과 권장섭취량과의 관계는 그림 1-7에 제시된 바와 같다. 통계학적으로 평균필요량에 2배의 표준편차 값을 더하여 준 값을 섭취할 경우 모집단의 97.5%의 사람들이 건강유지에 문제가 없게 된다. 그림 1-8은 영양소 섭취기준의 개념을 제시한 것이다.

한국인의 영양권장량은 1962년 세계 식량농업기구와 세계보건기구 한국위원회에 의하여 최초로 제정된 이후 2020년, 9차 개정까지 한국영양학회에 의해 5년마다 지속적인 개정을 거듭하여 왔다. 2005년부터 영양소 섭취기준의 개념이 도입되어 권장섭취량 외에도 영양소의 성격에 따라 평균필요량, 충분섭취량, 상한섭취량이 추가되었다. 개정된 2020년 한국인 영양소 섭취기준은 참고자료 380쪽에 제시된 바와 같다.

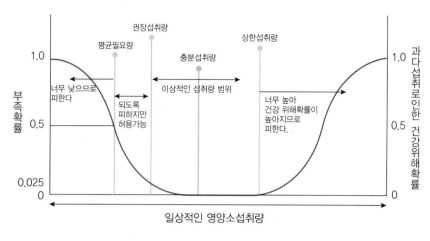

그림 1-8　영양소 섭취기준(Dietary Reference Intakes, DRIs)

❻ 식품교환표

식사의 내용을 구체적으로 계산하고 점검하여 식사요법을 실천할 필요가 있는 경우에 식품의 영양가표를 이용하지 않고도 편리하게 영양소 섭취량을 추정할 수 있도록 도와주기 위하여 대한영양사협회와 당뇨학회가 공동으로 개발한 식사계획 도구이다. 식품들을 영양소 조성이 비슷한 것끼리 묶어서 곡류, 어육류, 채소, 지방, 우유, 과일의 6가지 종류로 구분하고 같은 군에 속한 식품들은 자유롭게 바꾸어 선택하여 먹음으로써 처방된 열량범위 안에서 벗어나지 않게 도와주기 때문에 영양전문가가 아니더라도 간단한 교육을 통하게 쉽게 응용할 수 있게 고안되어 있다.

표 1-7과 같이 처방열량에 따른 식품군별 교환단위수가 함께 제시되므로 매 식사나 간식 때마다 자신이 어떤 식품군을 몇 단위 섭취하여 총 섭취열량은 얼마나 되는지 일일이 점검해 나갈 수 있는 장점이 있다.

Note＊
식품교환표
(food exchange system)

❼ 식품의 영양성분자료

식품을 분류체계에 따라 분류하여 함유하고 있는 영양소의 양을 가식부분 100g 단위로, 또는 1회 분량 단위로 제공하고 있으며 식품의 일반성분과 주요 영양소, 비타민, 무기질 함량이 제시되어 있다.

선진국에서는 다양한 가공식품은 물론이고 같은 식품이라도 조리방법에 따라,

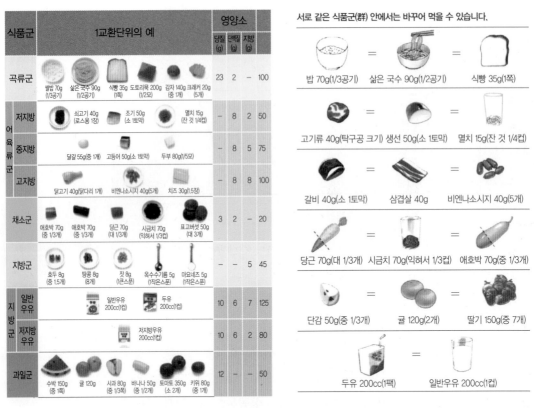

그림 1-9 식품교환의 개념

표 1-7 처방열량에 따른 식품군별 교환단위수의 예

처방열량(kcal)	곡류군	어육류군	채소군	지방군	우유군	과일군
1,500	7	5	6	3	1	2
1,800	8	5	7	4	2	2
2,000	10	5	7	4	2	2
2,500	13	7	7	5	2	2

자료 : 대한영양사협회 식품교환표

또는 1회 분량에 따라 다양한 정보를 제시하여 식사계획에 많은 도움을 받도록 하고 있다. 또한 식품영양가표가 제공하는 정보도 포화지방산, 단일불포화지방산, 다불포화지방산 등이나 나트륨, 콜레스테롤 등의 함유량을 포함하는 등 다양화되고 세분화되고 있다. 우리나라에서 이용되고 있는 식품영양가표는 농촌진흥청, 국립농업과학원에서 발행된 식품성분표 9개정판(2016)이 있다.

우리 국민의 식생활 실태*

❶ 식품섭취 실태

　2019년 국민건강영양조사 결과를 보면 우리 국민의 과일류, 채소류 섭취는 감소하는 반면 육류, 음료류 섭취 증가 추세는 지속되고 있으며, 이같은 경향은 20, 30대 젊은 연령에서 더 뚜렷하게 나타났다.

　과일류, 채소류 평균 섭취량은 2019년 141g, 284g으로 전년(과일류 134g, 채소류 276g)과 비슷하였다. 그러나 만성질환 예방관리를 위한 과일 및 채소의 권고 섭취 기준인 1일 500g 이상을 섭취하는 분율은 30% 수준이었다.

　반면에 당 과잉 섭취 우려로 그 섭취를 제한하고 있는 음료류 섭취량은 성별, 연령과 무관하게 지속적인 증가 추이(2009년 94g → 2019년 247g)를 보이고 있다.

　특히 20대의 경우 다른 연령군에 비해 과일류, 채소류 섭취량은 적고, 음료류 섭취량은 많아 과일, 채소류를 주요 급원으로 하는 비타민 C의 섭취량은 적고, 당 섭취량은 많은 것으로 나타났다.

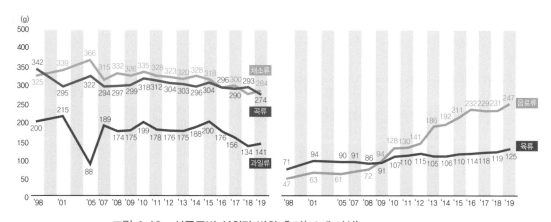

그림 1-10　식품군별 섭취량 변화 추이(19세 이상)

* 자료원 : 국민건강영양조사. 2019
* 섭취량 : 1인 1일당 섭취량의 평균
* 2005년 추계인구로 연령표준화

* 우리 국민의 식생활 실태는 2019년 국민건강영양소자결과에 대한 보건복지부의 보도자료를 참조하였다.

② 영양소섭취 실태

2019년 우리 국민의 1인 1일 평균 에너지 섭취량은 남자 2,338kcal, 여자 1,634kcal로 예년과 비슷한 수준을 유지하고 있다. 그러나 에너지를 적정수준으로 섭취하고 있는 분율은 2009년에 비하여 감소하고 있다. 이는 부족섭취분율과 과잉섭취분율이 증가했기 때문이다. 남자는 특히 30대에서 적정섭취분율이 감소하였고, 부족 및 과잉섭취분율이 증가하였다. 20대 여자는 부족섭취분율이 감소하였으나 부족섭취분율이 여전히 45.8%로 높았다(표 1-8).

이 같은 경향은 30대 남자의 높은 비만 유병율 및 20대 여자의 저체중 유병률과 높은 관련성을 보인다. 2019년 에너지 섭취량의 급원별 섭취분율을 보면 탄수화물 분율이 남자 60%, 여자 62%로 감소하는 반면 지방섭취분율은 남녀 모두 증가하여 23%를 차지하였다(그림 1-11).

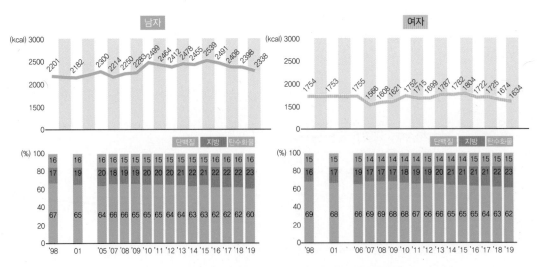

그림 1-11 에너지 섭취량 및 급원별 섭취분율(19세 이상)

* 자료원 : 국민건강영양조사, 2019.
* 에너지 섭취량 : 1인 1일당 에너지 섭취량의 평균
* 단백질 에너지섭취분율 : {(단백질 섭취량)×4+(지방 섭취량)×9+(탄수화물 섭취량)×4}에 대한 {(단백질 섭취량)×4}의 분율
* 지방 및 탄수화물 에너지섭취분율 : 단백질 에너지섭취분율과 같은 정의에 의해 산출
* 2005년 추계인구로 연령표준화

표 1-8 에너지 부족/적정/과잉 섭취 분율(19세 이상)

성 · 연령(세)		부족 섭취 분율			적정 섭취 분율			과잉 섭취 분율		
		'09	'19	'19-'09 차이	'09	'19	'19-'09 차이	'09	'19	'19-'09 차이
남자	19세 이상[1]	29.9	30.9	1.0	51.5	47.4	−4.1	18.6	21.7	3.1
	19–29	42.1	39.2	−2.9	41.0	40.4	−0.6	16.9	20.4	3.5
	30–39	21.7	26.6	4.9	57.0	45.8	−11.2	21.3	27.6	6.3
	40–49	26.6	29.7	3.1	53.1	50.0	−3.1	20.3	20.3	0.0
	50–59	24.3	24.9	0.6	55.1	54.5	−0.6	20.6	20.6	0.0
	60–69	28.0	27.4	−0.6	55.7	48.9	−6.8	16.3	23.6	7.3
	70+	42.7	38.8	−3.9	48.6	50.4	1.8	8.6	10.7	2.2
여자	19세 이상	41.1	41.5	0.4	48.1	45.7	−2.4	10.8	12.8	2.0
	19–29	51.5	45.8	−5.7	39.6	40.6	1.0	8.9	13.6	4.7
	30–39	39.7	41.9	2.2	47.8	43.3	−4.5	12.5	14.7	2.2
	40–49	36.0	38.0	2.0	54.0	50.7	−3.3	9.9	11.4	1.5
	50–59	34.9	38.2	3.3	51.8	48.0	−3.8	13.2	13.8	0.6
	60–69	36.7	37.5	0.8	51.8	49.9	−1.9	11.5	12.5	1.0
	70+	46.9	49.4	2.5	44.6	43.9	−0.7	8.5	6.7	−1.8

* 자료원 : 국민건강영양조사, 2019.
* 부족 섭취 분율 : 에너지 필요추정량의 75% 미만 섭취
* 적정 섭취 분율 : 에너지 필요추정량의 75% 이상 125% 미만 범위 내 섭취
* 과잉 섭취 분율 : 에너지 필요추정량의 125% 이상 섭취
1) 2005년 추계 인구로 연령표준화

각각의 영양소 섭취량을 한국인 영양섭취기준(2015)과 비교한 결과, 단백질, 인, 철, 비타민 A, 티아민, 리보플라빈, 니아신 등의 섭취량은 권장섭취량 대비 양호한 편이었으나, 칼슘의 평균섭취량은 남자 70%, 여자 63%로 가장 낮은 수준을 보였다. 칼슘은 전 연령대에서 섭취가 부족했고 특히 12~18세와 65세 이상의 권장섭취량에 대한 섭취비율은 60% 미만에 불과해 섭취량 증가를 위한 대책이 필요한 것으로 나타났다.

서구화된 식생활의 영향으로 가임기 여성층에서 중요시되는 엽산을 비롯하여 비타민 C, 식이섬유, 칼륨 등도 섭취가 부족한 것으로 나타나고 있다. 반면에 나트륨은 여전히 높은 섭취율을 보여 만성질환과 관련하여 전문가들의 우려를 자아내고 있다(그림 1-12).

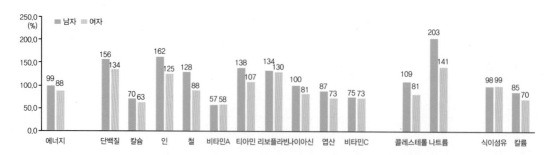

그림 1-12 영양소 섭취기준에 대한 섭취비율

* 자료원 : 국민건강영양조사, 2019.
* 영양소 섭취기준에 대한 섭취비율 : 영양소 섭취기준에 대한 개인별 영양소 섭취량 백분율의 평균값, 만 1세 이상 (나트륨 9세 이상, 콜레스테롤 19세 이상)
* 영양소 섭취기준 : 2015 한국인 영양소 섭취기준 (보건복지부, 2015) ; 에너지, 필요추정량 : 단백질 등, 권장섭취량: 나트륨, 콜레스테롤, 목표섭취량 : 식이섬유, 칼륨, 충분섭취량
* 2005년 추계인구로 연령표준화

❸ 식습관

2019년 만 1세 이상 국민의 '조사 1일전' 아침식사 결식률은 남자 32.2%, 여자 30.4%로 지속적으로 증가하고 있다. 19~29세의 남자 결식률은 51.0%, 여자의 결식률은 57.4%로 다른 연령군에 비해 가장 높았고 그 다음으로는 30~49세 남자(42.8%), 12~18세 여자(43.5%)순으로 높았다.

만 1세 이상 국민 중 하루 1회 이상 외식하는 분율은 남자 41.0%, 여자 25.3%로 전년보다는 소폭 감소하였다. 또한 소득수준이 높을수록 외식 비율이 높았다. 식이 보충제를 복용한 분율은 계속 증가 추세를 보이고 있어 최근 1년간 2주 이상 식이 보충제를 복용한 분율은 남자 52.4%, 여자 60.2%였다. 식이 보충제 경험률은 12~29세를 제외한 모든 연령층에서 50% 이상이었고 소득수준이 높을수록 높았다(2019 국민건강영양조사 결과기준).

09 신뢰할 수 있는 영양정보의 보급

경제적 여건이 향상되면서 현대인들의 건강에 대한 관심과 장수에 대한 욕구는 지속적으로 증대되고 있다. 따라서 식생활에 보다 많은 시간과 비용을 투자하게 되

었고 특별한 효능이 있다고 믿어지는 소위 건강기능식품을 선호하는 현상을 보인다. 유행식품과 식품의 효능에 관한 과대선전도 급속히 퍼져나가고 있고 일부 소비자들은 자연식품 또는 유기농 식품만을 고집하기도 한다. 이러한 때일수록 영양전문가의 역할이 중요하며 올바른 영양정보의 확산이 절실히 요구된다고 하겠다.

❶ 영양보충제의 사용

영양보충제는 필요한 소비자에게 필요한 양만큼 사용되도록 교육하는 것이 중요하다. 과학적 근거에 의하여 영양보충제의 사용이 필요하다고 알려진 경우는 몇몇의 경우에 국한되며 보충제의 남용 역시 경제적으로 때로는 건강상에 부정적인 효과를 가져 올 수 있다.

❷ 올바른 영양정보의 보급

사람들의 식생활 관심이 증대되는 만큼 많은 식생활 관련 정보가 범람하고 있고 그 속에서 올바른 정보를 구분해 내기가 점차 어려워지는 실정이다. 올바른 영양정보의 급원으로는 우선 각 대학의 식품영양학과나 각종 식품, 영양관련 학회를 들 수 있다. 이들 기관은 우선적으로 영양과 관련된 전문가를 양성하고 연구에 관한 정보를 교환하는 것이 목적이지만 대국민 영양서비스에도 관심을 기울이고 있다. 또한 식품의약품안전청, 보건복지부, 보건소 등의 정부기관이나 대한영양사협회도 신뢰할 수 있는 정보를 제공하고 있다.

식품영양학 관련분야의 웹사이트를 표 1-9에 소개한다.

영양 보충제의 복용이 필요하다고 고려되는 경우
① 생리주기 동안 출혈량이 많은 여성의 철 보충
② 일부 임신, 수유부 중에 철, 칼슘, 엽산 보충
③ 1,200kcal 이하로 섭취하는 경우 비타민, 무기질 보충
④ 채식주의자들의 경우 칼슘, 철, 아연, 비타민 B_{12} 보충
⑤ 신생아의 경우 의사의 처방이 있을 때 비타민 K 보충
⑥ 특정한 질병을 앓거나 특정한 약의 복용으로 관련 영양소의 흡수나 이용에 문제가 있다고 의사가 권할 때

잠깐! 유행식품과 자연식품

유행식품과 효능에 대한 과대선전이란?
유행식품이란 어떤 특정한 영양적 효능이 있는 것으로 일반인들 사이에서 회자되어 일시적으로 선풍적인 유행을 일으키는 것을 말한다. 특별한 다이어트 비법으로 상대적으로 고액의 가격으로 팔리고 선전되는 상품들이 그 대표적인 것들이다. 효능에 대한 과대선전 역시 의학적으로 특정 질병이나 증세에 효과가 있어 과학적으로 증명된 것처럼 선전되는 모든 식품이나 처방들을 통칭한다. 이들은 모두 영양학적인, 의학적인 임상실험 없이 또는 비과학적인 연구설계에 의하여 발견된 사실에 기초하여 그 내용을 과대포장하거나 때로는 부정적인 정보를 공개하지 않는 등의 방법 등을 이용한다.

자연식품과 유기농식품이란?
자연식품은 최소한도로 가공되어 식품첨가제나 인위적인 내용물이 전혀 가미되지 않은 자연 그대로의 식품이란 뜻으로 통용되는 식품들이다. 최근들어 불필요한 식품첨가제의 남용에 소비자들이 과민한 반응을 일으키는 현상에 편승하여 소비자들의 관심을 끌고 있다.
유기농식품은 식품이 수확되기까지 화학비료나 살충제를 이용하지 않고 재래의 퇴비만을 이용하여 재배한 식품이란 뜻으로 이해되고 있다. 그러나 실제로 완벽하게 화학비료나 살충제를 사용하지 않고 재배되는 농작물은 거의 없고 그 횟수를 얼마나 감소시켰느냐가 문제되며 이들 물질들은 비바람이나 물, 토양에 섞여서 생태계 안에서 순환되므로 이러한 농약성분이 절대적으로 감소된 식품을 찾기란 거의 불가능하다.

표 1-9   식품영양학 관련분야의 웹사이트

	웹사이트명	IP	특 징
국내	식품의약품안전처	www.mfda.go.kr	식품 관련 여러 정보(식품공전, 식품정보, 유전자 재조합 식품, 수입식품)와 식중독 지수 예보서비스 제공, 영양안전 관련 정부 정책, 생애주기 및 생활터별 대국민 영양교육 자료 제공
	대한지역사회영양학회 식생활정보센터	www.dietnet.or.kr	학회 부설 정보센터로서 식품영양관련정보 제공 및 상담 기회 제공
	대한영양사협회	www.dietitian.or.kr	질환에 따른 관리정보를 식사와 영양 중심으로 제공
	한국영양학회	www.kns.or.kr	식품영양학 관련 자료에 대한 다양한 정보를 체계적으로 분류, 제공
	한국건강증진개발원	www.khealth.or.kr	건강생활지원센터사업, 지역사회통합건강증진사업, 영양플러스사업, 아동청소년모바일헬스케이사업 등 관련 정책, 사업내용, 교육자료 등 공개
	어린이 급식지원관리센터	http://ccfsm.foodnara.go.kr	유아원 어린이와 어린이집 교사, 원장들을 위한 급식 및 식품영양정보 제공
국외	미국 영양사협회	www.eatright.org/public	일반인과 전문가들을 대상으로 식품, 영양, 건강정보 제공
	미국 질병예방통제 센터	www.cdc.gov	미정부 산하의 질병 조절 센터에서 발행하는 각종 정보문서와 NHANES Ⅲ의 통계자료를 제공
	미국 농무성의 식품영양 정보센터	www.nal.usda.gov/fnic	식품과 영양에 관련된 다양한 정보를 제공
	미국 식품의약안전본부(FDA)	www.fda.gov	식품위생, 식중독, 미국 가공식품의 영양표시제에 관한 정보를 제공

배우고나서

Question

자신이 얼마나 아는지 확인해 봅시다.

1. 수명에 영향을 주는 요인 중 음식을 제외한 3가지를 적어 보시오.

2. 과잉영양과 관련 있는 질환 3가지 이상을 적어 보시오.

3. 건강식의 특징 3가지를 적어 보시오.

4. 영양소 밀도에 대해 설명하시오.

5. 지방함량이 비교적 적은 간식 3가지를 예를 들어 보시오.

6. 열량 영양소 3가지를 적어 보시오.

Answer

1 절주, 금연, 이상체중 유지, 기타 규칙적인 운동, 7~8시간의 충분한 수면 등

2 심장병, 암, 뇌졸중, 당뇨병, 고혈압 등

3 식품과 영양소 섭취의 균형, 다양성, 절제

4 영양밀도가 높은 식품은 열량과 지질의 함량이 적고 단백질, 비타민, 무기질과 같은 다른 영양소의 함량이 풍부한 식품을 가리킨다.

5 과일주스, 저지방 요구르트, 과일, 채소, 전곡류의 크래커, 저지방 치즈 등

6 탄수화물, 단백질, 지질

Chapter 2

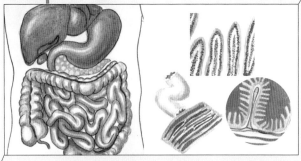

소화와 흡수

배우기전에

Warming Up

Question

나는 소화와 흡수에 대해 얼마나 알고 있나요?

다음 질문에 ○, ×로 답하시오.

1 대부분 영양소의 소화와 흡수는 위에서 이루어진다. ☐

2 가스트린은 장액분비를 촉진하는 호르몬이다. ☐

3 위액은 산성이다. ☐

4 소화는 치아의 저작작용으로 시작된다. ☐

5 위의 강한 수축작용으로 음식물은 고운 죽 상태가 된다. ☐

6 펩신은 소장의 단백질 분해효소이다. ☐

7 소장은 2~3m로서 십이지장을 말한다. ☐

8 소장의 흡수면적은 그리 넓지 않다. ☐

9 대장에서는 판토텐산을 비롯한 일부 비타민이 합성된다. ☐

10 단순확산이란 저농도에서 고농도로의 이동이다. ☐

 정답

1 ×(대부분 영양소의 소화와 흡수는 소장에서 이루어진다.)   **6** ×(펩신은 위의 단백질 분해효소이다.)

2 ×(가스트린은 위액분비를 촉진하는 호르몬이다.)   7 ×(소장은 6~7m로서 십이지장, 공장, 회장으로 구성된다.)

3 ○   8 ×(소장의 흡수면적은 영양소의 충분한 흡수를 위해 넓다.)

4 ○   9 ○

5 ○   10 ×(단순확산이란 고농도에서 저농도로의 이동을 말한다.)

01 소화기계

소화관은 구강에서부터 시작하여 인두, 식도, 위, 소장, 대장 및 직장을 거쳐 항문까지 총 7~8m에 이르는 튜브 형태의 탄력성 있는 근육 층으로 구성되어 있다(그림 2-1). 그 외 부속기관으로 치아, 혀, 담낭이 있고 타액선, 간, 췌장의 소화선들은 타액, 담즙, 췌액 및 소화효소 등을 생산 분비하여 소화와 흡수를 돕는다. 영양소는 소화관 튜브의 관강에서 소화 용해된 후 소화관 벽의 점막을 구성하는 상피세포 내로 이동하여 흡수된다.

Note[*]
관강(lumen)
타액선(salivery glands)
식도(esophagus)
위(stomach)
췌장(pancreas)
비장(spleen)
간(liver)
담낭(gallbladder)
소장(small intestine)
십이지장(duodenum)
공장(jejunum)
회장(ileum)
대장(large intestine)

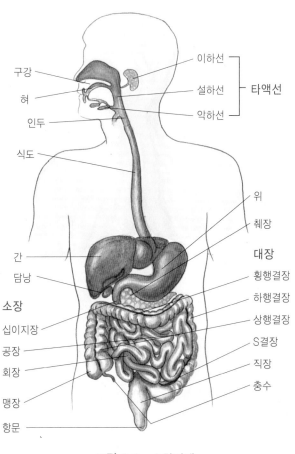

그림 2-1 소화기계

02 소화관의 운동 및 관련 호르몬

❶ 소화관 운동

소화관의 운동은 크게 연동운동과 분절운동으로 나뉜다(그림 2-2).

- 연동운동 : 소화관 벽 근육의 수축과 이완에 의한 파동으로 음식물이 위에서 아래로 이동하는 운동으로서 음식물이 인두로 들어가는 순간부터 반사적으로 일어난다.
- 분절운동 : 장관의 환상 근육이 수축해서 소화물이 잘게 부서지고 섞이도록 하는 운동이다.

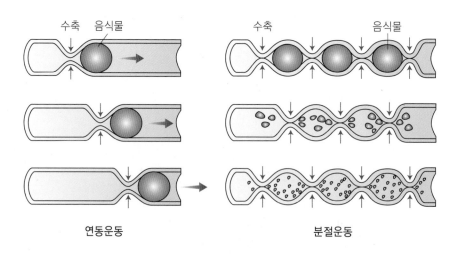

연동운동   분절운동

그림 2-2 소화관 운동

❷ 소화관 운동의 관련 호르몬

호르몬계는 소화액 분비와 소화관 운동을 자극하거나 억제하면서 소화기계의 작용을 조절한다(표 2-1).

표 2-1 소화관 운동과 관련된 호르몬의 종류와 작용

호르몬	분비 자극물	분비 장소	작용
가스트린	위의 유문부에 단백질 접촉, 그 외 카페인·향신료·알코올 등 자극적 성분 접촉	위의 유문부	HCl 분비, 펩시노젠 생성 자극 → 단백질의 소화 촉진
세크레틴	위의 산성 유미즙이 십이지장 벽에 접촉	소장	췌액 중탄산염 분비 자극 → 십이지장으로 넘어 온 산성 유미즙 중화
콜레시스토키닌	유미즙의 지방과 단백질이 십이지장 벽에 접촉	소장	• 담낭 수축, 담즙분비 촉진 • 췌장의 소화효소 분비 촉진 • 위 운동 억제

Note*
가스트린(gastrin)
세크레틴(secretin)
콜레시스토키닌
(cholecystokinin ; CCK)
펩시노젠(pepsinogen)
중탄산염(bicarbonate, NaHCO$_3$)

03 소화과정

소화는 저작 및 소화관의 물리적 운동에 의한 기계적 소화와 소화효소에 의한 화학적 소화가 있다.

① 구강에서의 소화

치아의 저작운동으로 음식물이 잘게 부수어지고 동시에 타액이 분비(세 군데의 타액선으로부터 하루 1.5L 분비)되어 음식물을 적심으로써 삼키기 쉬운 부드러운 상태로 만든다. 타액에 함유된 전분가수분해효소인 아밀라아제는 전분을 전분텍스트린으로 분해한다. 그러나 저작시간이 길어지면 전분은 맥아당으로 분해되기도 하나, 대부분은 저작시간이 짧으므로 전분으로 남아있거나 전분텍스트린 형태로 가수분해된다. 그 후 구강의 뒤쪽으로 보내 삼키는 연하과정을 통해 음식물은 식도로 들어오고, 식도의 연동운동에 의해 빠르게 위로 넘어간다.

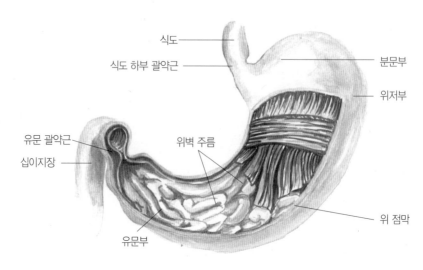

식도

식도 하부 괄약근

분문부

위저부

유문 괄약근

위벽 주름

십이지장

유문부

위 점막

그림 2-3 위의 구조

② 위에서의 소화

(1) 위의 구조

위는 세 개의 단단한 근육 층으로 구성되어 있으며, 각 근육 층이 서로 다른 방향
으로 엇갈려 위의 탄력성을 강하게 한다. 위는 세부분으로서 식도하부 괄약근 아래
의 분문부와 그 아래의 위저부, 그리고 십이지장으로 통하는 유문을 포함한 유문부
로 구성된다(그림 2-3). 식도하부의 괄약근(조임근육)은 위 내용물이 위로부터 식도
로 역류하는 것을 방지하고, 유문 괄약근은 십이지장으로부터 소화 내용물이 위로
역류하는 것을 막아준다.

위에는 세 종류의 위선이 있다. 위저부에는 위산과 펩시노젠을 분비하는 위저선
이 있고, 분문부에는 강산으로부터 위점막을 보호하기 위한 점액을 분비하는 분문
선이 있으며, 유문부에는 위액분비를 촉진하는 호르몬인 가스트린을 분비하는 유문
선이 있다.

(2) 위에서의 소화

Note*

뮤신(mucin)
펩시노젠(pepsinogen)
펩신(pepsin)
유미즙(chyme)

위액은 하루에 2~2.5L 분비되는데 위산(HCL, pH 1.5~2.0), 펩시노젠, 뮤신, 수분
등으로 구성된다. 음식물이 식도를 따라 위에 도달하면 분문 괄약근이 열리면서 위
내부로 음식물이 유입된다. 이때 가스트린 호르몬이 분비되고, 가스트린은 위벽세

포를 자극하여 위액분비를 촉진한다.

위산은 불활성형의 펩시노겐을 활성형인 펩신으로 전환하며, 펩신은 단백질 가수분해 효소로서 일부 단백질을 소화한다. 위의 근육 층의 수축에 의한 기계적 소화와 펩신에 의한 화학적 소화를 통해 위의 내용물은 고운 죽 상태인 유미즙이 된 후 유문 괄약근이 1분당 약 3회씩 열리면서 소량씩 십이지장으로 나간다. 그 후 유문 괄약근은 닫히고 십이지장으로 나간 유미즙이 위의 하단부로 역류되는 것을 막는다. 음식물의 위내 체류시간은 1~4시간 정도로 당질이 위를 가장 빨리 비우고 다음이 단백질, 지방 순이다.

❸ 소장에서의 소화

(1) 소장의 구조

소장의 길이는 6~7m 로서 위와 연결된 상단부에서부터 시작하여 크게 십이지장, 공장, 회장의 세 부분으로 구분된다. 십이지장과 공장에서는 대부분의 소화와 흡수가 이루어지고 회장에서는 소화가 거의 일어나지 않고 영양소의 흡수가 이루어진다.

소장벽은 그림 2-4와 같이 깊고 영구적인 윤상주름들이 있고 윤상주름은 손가락 모양의 융모로 덮여 있다. 융모의 표면을 덮고 있는 상피세포는 소화가 완료된 영양소를 흡수하는 세포이고 이 세포의 표면에는 미세융모가 돌출되어 있다. 영양소가 주

Note *
융모(villi)
미세융모(microvilli)

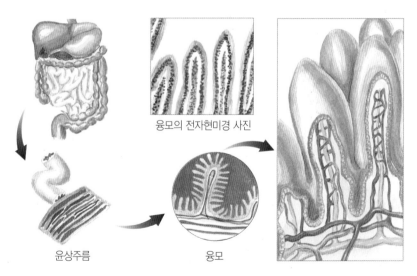

융모의 전자현미경 사진

윤상주름   융모

그림 2-4 소장내 융모의 구조

로 흡수되는 소장은 그 흡수면적이 윤상주름, 융모, 미세융모로 구성된 소장벽 구조로
인하여 총 200m² 로서 겉보기 표면적의 600배나 증가되어 인체가 필요로 하는 충분한
양의 영양소를 흡수할 수 있다. 융모의 내부에는 모세혈관과 림프관이 있어서 융모의
상피세포를 통해 흡수된 영양소가 순환계로 곧바로 흡수될 수 있도록 구성되어 있다.

(2) 소장에서의 소화

효소에 의한 화학적 소화는 소장에서 본격적으로 진행된다. 산성의 유미즙이 십
이지장에 들어오면 세크레틴 호르몬의 분비로 알칼리성의 중탄산염을 함유한 췌액
(pH 8~9) 분비가 촉진된다. 또한 십이지장선에서 알칼리성 장액도 분비되어 유미즙
을 중화함으로써 십이지장 벽을 보호하고 소화효소들의 적정 pH를 맞춘다.

지질과 단백질이 십이지장에 들어오면 콜레시스토키닌 호르몬의 분비로 담낭으
로부터 담즙이 분비되어 지질의 유화를 돕고, 췌장으로부터 당질·지질·단백질을

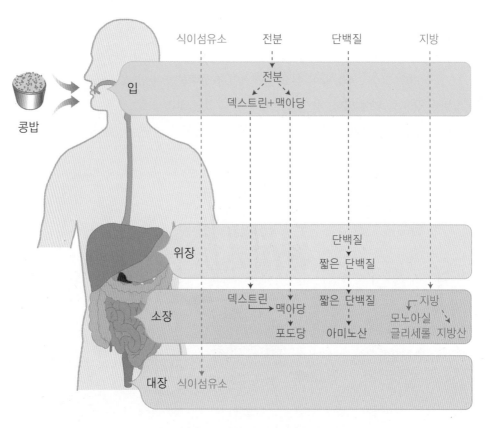

그림 2-5　영양소의 소화과정

분해하는 효소들이 분비되어 본격적인 소화가 이루어진다.

음식물은 소장 내에 약 3~10시간 머물면서 매 4~5초 간격으로 수축하고 이완하는 소장의 연동작용을 통해 소장을 따라 아래로 이동한다. 영양소들이 소화관을 경유하면서 분해되는 과정을 대략적으로 나타내면 그림 2-5와 같다.

❹ 대장에서의 소화

대장은 회장과 맹장 사이의 괄약근에서부터 항문까지이며 맹장, 상행결장, 횡행결장, 하행결장, S상 결장, 직장으로 구성되며 항문으로 이어진다. 소장에서 소화 흡수되지 않은 성분들은 대장의 연동운동과 분절운동을 통해 섞이고, 주로 맹장에서 박테리아의 작용으로 발효 또는 부패되어 가스 및 유기산이 생성된다. 대장 벽에는 융모가 없어서 효과적인 흡수는 이루어지지 않지만 수분과 전해질, 그리고 대장 내 박테리아에 의해 합성된 일부 비타민(판토텐산, 비오틴, 비타민 B_{12}, 비타민 K 등)과 짧은 사슬 지방산은 흡수된다.

04 영양소의 흡수와 운반

❶ 영양소의 흡수부위

구강이나 식도에서는 영양소의 흡수는 없고 위에서는 수분과 소량의 알코올이 일부 흡수되며 대부분의 영양소는 소장에서 주로 흡수된다. 영양소는 그 종류에 따라 그림 2-6과 같이 흡수부위에 차이가 있으며 흡수기전도 다르다.

소장의 흡수 능력은 신체의 영양상태에 따라 적응력을 보인다. 예를 들어 체내의 칼슘 보유량이 적으면 장에서의 칼슘 흡수율은 증가되고, 체내 칼슘이 충분한 양일 때에는 소장의 칼슘 흡수율은 저하된다(그림 2-6).

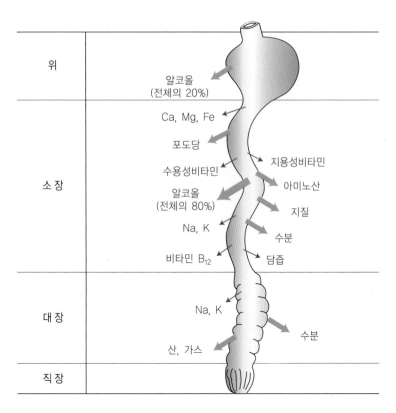

위	알코올 (전체의 20%)
소 장	Ca, Mg, Fe 포도당 수용성비타민 알코올 (전체의 80%) Na, K 비타민 B$_{12}$
대 장	Na, K 산, 가스
직 장	

지용성비타민
아미노산
지질
수분
담즙
수분

그림 2-6 영양소의 흡수부위

② 흡수기전

소장 융모의 상피세포에서 이루어지는 영양소의 흡수는 단순확산, 촉진확산, 능동수송의 기전에 의한다.

(1) 단순확산

영양소 농도가 높은 쪽에서 낮은 쪽으로 이동하는 것으로 영양소 농도가 높은 소장 관강(점막 상피세포 밖)으로부터 영양소 농도가 낮은 상피세포 내부로 영양소가 이동하는 흡수기전이다. 즉, 상피세포 안팎의 농도 기울기에 의한 흡수로서 지질, 수용성·지용성 비타민, 대부분의 무기질의 흡수가 이에 해당된다.

(2) 촉진확산

융모의 상피세포 안팎의 농도 기울기에 의한 흡수로서 단순확산과 비슷하지만,

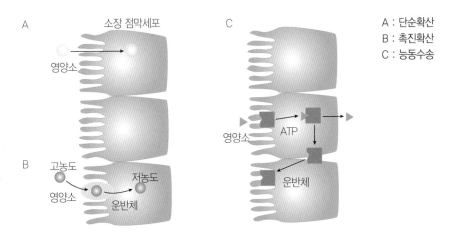

A : 단순확산
B : 촉진확산
C : 능동수송

소장 점막세포

영양소

고농도

영양소

저농도

운반체

영양소

ATP

운반체

그림 2-7   영양소의 흡수기전

세포막에 흡수를 도와주는 여러 가지 운반체가 있어서 흡수속도는 단순확산보다 빠르다. 단당류 가운데 과당의 흡수가 이에 해당된다.

(3) 능동수송

인체의 필요에 따라 융모의 상피세포 안팎의 영양소 농도 기울기와는 역행하여 농도가 낮은 소장 관강으로부터 농도가 높은 상피세포 내부로 영양소가 이동하는 흡수기전이다. 촉진확산처럼 세포막에 흡수를 도와주는 여러 가지 운반체가 있고, 영양소의 농도가 낮은 쪽에서 높은 쪽으로 이동하므로 에너지(ATP)가 필요하다. 포도당, 갈락토오스, 아미노산, 칼슘, 철, 비타민 B_{12}의 흡수가 이에 해당된다.

Note*

ATP(에너지   저장물질로서
분해되어 에너지 방출)

❸ 순환계를 통한 운반

• 문맥 순환 : 수용성 영양소들은 융모의 상피세포를 통과하여 융모 내의 모세혈관으로 들어가 문맥을 통해 간으로 간다(그림 2-8).
• 림프관 순환 : 지용성 영양소들은 융모 내 림프관을 통해 흉관으로 들어가 대정맥을 통해 결국 혈류에 합류한다.

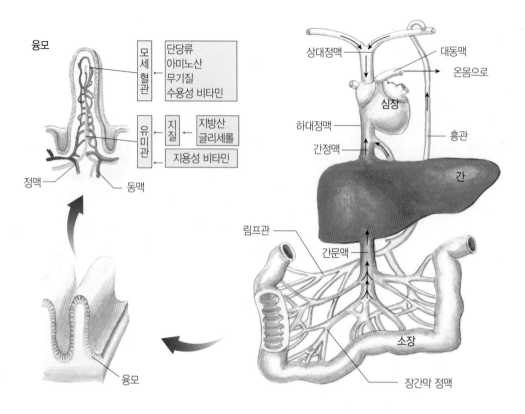

그림 2-8 영양소의 흡수와 운반경로

잠깐! **문맥과 림프관이란?**

문맥은 위, 소장, 췌장, 비장 및 담낭에서 나오는 정맥혈을 모아 간으로 향하는 혈관으로서 간문맥이라고도 한다. 림프관은 전신에 퍼져 있으면서 정맥계의 모세혈관이 수거하지 못한 조직액을 모아 대정맥으로 되돌리는 역할을 한다. 림프관은 동맥계와는 연결되어 있지 않고 조직으로부터 시작된다. 동맥을 통해 신체의 각 장기로 들어간 혈액은 그 일부가 조직의 세포사이로 들어가 조직의 대사물과 혼합되어 조직액을 형성한다. 대부분의 조직액은 다시 모세혈관에 흡수되어 정맥으로 들어가나, 일부는 림프관이라는 별개의 통로에 의해서 운반된다. 림프관은 결합조직속의 모세 림프관에서 시작하여 많은 가지가 모여 굵은 림프관이 되고 다시 이것들이 모여 굵은 줄기를 형성한 후 대정맥에 합류된다.

Question

자신이 얼마나 아는지 확인해 봅시다.

1. 소화기계란?

2. 가스트린, 세크레틴, 콜레시스토키닌의 분비 자극물, 분비장소 및 작용은?

3. 위액의 성분은?

4. 위에서 이루어지는 기계적 소화와 화학적 소화란?

5. 소장은 (   ), (   ), (   )의 세 부분으로 구성된다.

6. 영양소 흡수를 위한 소장벽의 구조는?

7. 영양소 흡수기전의 종류와 특성은?

8. 수용성 영양소의 운반경로는?

9. 지용성 영양소의 운반 경로는?

10. 문맥이란?

Answer

1 소화기계는 구강, 인두, 식도, 위, 소장, 대장 및 항문과 그 외 부속기관으로 치아, 혀, 담낭, 간, 췌장으로 구성된다.

2 가스트린은 위의 유문부에 단백질이나 자극적 성분이 접촉했을 때 분비되어 위산 분비와 펩시노젠 생성을 자극하여 단백질의 소화를 돕는다. 세크레틴은 위의 산성 유미즙이 십이지장 벽에 접촉했을 때 췌장과 공장에서 분비되어 췌액의 알칼리인 중탄산염 분비를 자극함으로써 십이지장으로 넘어 온 산성 유미즙을 중화한다. 콜레시스토키닌은 유미즙의 지질과 단백질이 십이지장 벽에 접촉했을 때 췌장과 공장에서 분비되어 담낭을 수축하여 담즙분비를 촉진하고 췌장 소화효소 분비를 촉진하며 위 운동을 억제한다.

3 위액은 위산, 펩시노젠, 뮤신, 수분 등으로 구성된다. 위산은 불활성형의 펩시노젠을 활성형인 펩신으로 전환하여 일부 단백질을 가수분해한다.

4 위의 근육 층의 수축에 의한 소화를 기계적 소화라 하고 단백질 분해효소인 펩신에 의한 소화를 화학적 소화라 한다. 일부 단백질은 펩신에 의해 펩톤이 된다.

5 십이지장, 공장, 회장

6 소장 벽에는 윤상주름들이 있고 윤상주름은 융모로, 융모의 표면은 상피세포로 덮여 있으며 상피세포의 표면에는 미세융모가 돌출되어 있다. 이러한 구조로 인해 흡수면적은 겉보기 표면적의 600배나 증가되어 충분한 양의 영양소를 흡수할 수 있다. 융모의 내부에는 모세혈관과 림프관이 있어서 흡수된 영양소가 순환계로 곧바로 흡수될 수 있다.

7 소장 융모의 상피세포에서 이루어지는 영양소의 흡수는 단순확산, 촉진확산, 능동수송 기전에 의한다. 단순확산은 영양소 농도가 높은 소장 관강으로부터 영양소 농도가 낮은 상피세포 내부로 영양소가 이동하는 흡수기전이고, 촉진확산은 융모 상피세포 안팎의 농도 기울기에 의한 흡수로서 단순확산과 비슷하지만 세포막에 흡수를 도와주는 여러 가지 운반체가 있어서 흡수속도는 단순확산보다 빠르다. 능동수송은 영양소 농도 기울기와는 역행하여 소장 관강으로부터 상피세포 내부로 영양소가 이동하는 흡수기전으로서 촉진확산처럼 세포막에 흡수를 도와주는 여러 가지 운반체가 있고 영양소의 농도가 낮은 쪽에서 높은 쪽으로 이동하므로 에너지(ATP)가 필요하다.

8 수용성 영양소는 융모 내의 모세혈관으로 들어가 문맥을 통해 간으로 운반된다.

9 지용성 영양소들은 융모 내 림프관을 통해 흉관으로 들어가 대정맥을 통해 결국 혈류에 합류되어 운반된다.

10 문맥은 위, 소장, 췌장, 비장 및 담낭에서 나오는 정맥혈을 모아 간으로 향하는 혈관으로서 간문맥이라고도 한다.

Chapter 3

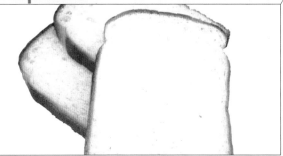

탄수화물

배우기전에

Question

나는 탄수화물에 대해 얼마나 알고 있나요?

다음 질문에 ○, ×로 답하시오.

1 과당이 설탕보다 덜 살찌게 한다. ☐

2 체중을 줄이고자 할 때 전분과 식이섬유가 많은 복합당질 식품을 선택한다. ☐

3 당뇨병 환자는 절대로 당을 섭취해서는 안 된다. ☐

4 식이섬유의 주된 역할은 에너지를 제공하는 일이다. ☐

5 포도당은 뇌의 활동을 위해 필요한 에너지를 제공하는 유일한 당질급원이다. ☐

6 갈색 빵이 흰색 빵보다 섬유소함량이 더 많다. ☐

7 우유에는 당질이 들어 있지 않다. ☐

8 유당은 단당류 가운데 가장 달고 여러 식품에 포함된 단순 당이다. ☐

9 포도당은 혈액 내 순환하는 당의 형태(혈당)이다. ☐

10 탄수화물은 식품성분 중에서 사람에게 질병 위험을 가장 증가시키는 성분이다. ☐

정답

1 ×(과당과 설탕은 동량의 에너지를 제공한다.)

2 ○

3 ×(당뇨병 환자의 경우. 탄수화물 총 섭취량이 문제가 되고, 소량의 경우는 설탕이 들어 있는 식품이라도 문제가 되지 않으며, 당에 대한 내성을 키우기 위해 50~60%의 당질을 공급한다.)

4 ×(일부 섬유소는 아주 극소량의 에너지를 제공하기는 하지만, 섬유소의 주된 역할은 대장의 연동운동을 자극하여 변비를 방지하는 것이다.)

5 ○

6 ○

7 ×(유당이 들어 있다.)

8 ×(유당은 당류 중 가장 달지 않으면서 유즙에만 들어 있는 이당류이다.)

9 ○

10 ×(탄수화물보다는 지질이 가장 심각하다.)

01 분류

탄수화물은 탄소, 수소, 산소로 구성된 물질로서 $(CH_2O)_n$의 구조식을 이룬다. 탄수화물은 에너지를 제공하는 당질과 생리적 역할을 하는 식이섬유를 포함한다. 탄수화물의 구성단위는 단당류이며 단당류가 모여서 이당류, 올리고당류, 다당류를 이룬다.

Note *
탄수화물(carbohydrate)
단당류(monosaccharide)
이당류(disaccharide)
올리고당류
(oligosaccharide)
다당류(polysaccharide)

❶ 단당류

식품에 가장 흔한 단당류는 6탄당(탄소 6개)으로서 포도당, 과당, 갈락토오스가 있고 5탄당(탄소 5개)에는 리보오스, 디옥시리보오스가 있다. 이들 단당류는 자연계에서 사슬모양과 고리모양의 두 가지 형태를 이루나, 생체 내에서는 주로 고리모양으로 존재한다.

포도당(glucose)
과당(fructose)
갈락토오스(galactose)
리보오스(ribose)
디옥시리보오스
(deoxyribose)

(1) 6탄당

포도당, 과당, 갈락토오스는 분자식이 모두 $C_6H_{12}O_6$ 로서 분자량이 같지만, 산소와 수소의 위치에 차이가 있어서 모양이 약간 다르고 맛도 조금씩 다르다(그림 3-1, 표 3-1).

6탄당(hexose) :
hexa- 6, – ose 당

표 3-1 **단당류의 종류와 급원**

포도당	혈당의 급원으로서 과일, 꿀, 옥수수 시럽 등에 함유됨
과 당	단맛이 가장 강하며, 꿀이나 잘 익은 과일에 주로 함유됨
갈락토오스	유즙(모유, 우유 등)에 함유되어 있는 유당의 성분이며, 갈락토오스 자체로는 존재하지 않음

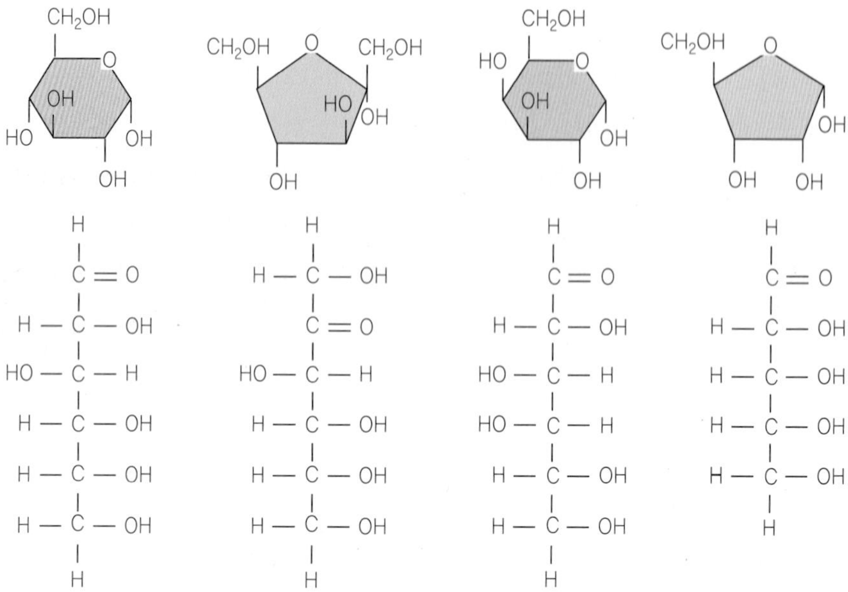

그림 3-1　6탄당, 5탄당의 구조

Note*

디옥시리보오스
(deoxyribose) : 리보오스
에서 산소원자 하나가 제거
된 것
RNA(ribonucleic acid) :
리보오스, 염기, 인산이 결합
된 리보뉴클레오타이드(ribo-
nucleotide)가 여러 개 모인
폴리뉴클레오타이드(poly-
nucleotide)임
DNA(deoxyribonucleic
acid) : 디옥시리보오스, 염
기, 인산이 하나씩 결합된 리
보뉴클레오타이드(ribonu-
cleotide)가 여러 개 모인 폴
리뉴클레오타이드(polynu-
cleotide)임

(2) 5탄당

리보오스와 디옥시리보오스는 핵산의 구성분으로서, 리보오스는 RNA를 구성하고 디옥시리보오스는 DNA를 구성한다.

❷ 이당류

이당류(disaccharide)
글리코사이드 결합
(glycosidic bond)
맥아당(maltose)
서당(sucrose)
유당(lactose)
락타아제(lactase)

이당류는 두 개의 단당류가 글리코사이드 결합에 의해 연결된 것으로서 맥아당, 서당, 유당이 있다. 맥아당은 두 개의 포도당이 α-1,4 결합한 물질이며 주로 전분이 가수분해 되어 생성되고 엿기름에 많다. 서당은 포도당과 과당이 α-1,2 결합한 물질로서 과즙에 많고 설탕 형태로 이용된다. 유즙에 함유되어 있는 유당은 α 결합을 가진 다른 이당류와는 달리 포도당과 갈락토오스가 β-1,4결합한 물질로서 과량 섭취했을 때, 또는 유당분해 효소인 락타아제가 부족하거나 활성이 저하되었을 때 소화에 어려움이 있다.

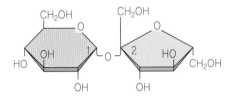

α -1,2 글리코사이드 결합

서당 : 포도당 + 과당(α -1,2 결합)

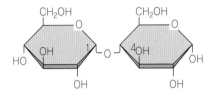

α -1,4 글리코사이드 결합

맥아당 : 포도당 + 포도당(α -1,4 결합)

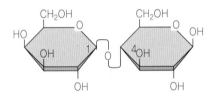

β -1,4 글리코사이드 결합

유당 : 갈락토오스 + 포도당(β -1,4 결합)

그림 3-2   이당류의 구조

잠깐!   전화당이란?

서당은 산이나 효소에 의해 포도당과 과당 각각 1분자씩으로 가수분해 된다. 이러한 현상을 전화라 하고 이때 생기는 포도당과 과당의 혼합물을 전화당이라고 한다. 전화당에는 과당이 포함되므로 원래의 서당보다 감미도가 높다.

꿀

포도즙

사탕

③ 올리고당류

3~10개의 단당류로 구성된 올리고당류에는 콩이나 팥에 함유되어 있는 라피노오스와 스타키오스 등이 있다. 라피노오스는 갈락토오스-포도당-과당으로 연결된 3당류이고, 스타키오스는 갈락토오스-갈락토오스-포도당-과당으로 연결된 4당류이다. 이들 올리고당은 소장 내 소화효소에 의해 가수분해 되지 않으므로 에너지를 생성하지는 않고 대장에서 박테리아에 의해 분해되어 가스를 생성한다.

잠깐! 기능성 올리고당이란?

프럭토올리고당(fructo-oligosaccharide), 갈락토올리고당(galacto-oligosaccharide), 자일로올리고당(xylo-oligosaccharide) 등은 사람의 소화효소로는 대부분 분해되지 않고 대장 내 박테리아 중 비피더스균(bifidobacteria)에 의해 발효된다. 따라서 비피더스균의 증식을 자극하고 활성화하여 변비를 방지하는 등, 장의 건강을 유지하는 기능이 있다. 비피더스균은 유산균의 한 종류로서 장내 환경을 청결하게 유지해주는 유익한 미생물이며, 스트레스가 쌓이거나 질병이 있을 때 장내 유산균이 크게 감소한다. 또한 이들 올리고당은 충치예방, 혈청 콜레스테롤 저하, 혈당치 개선 등의 생리기능이 있어서 기능성 올리고당이라고 하며 유아 식품이나 요구르트 등 기능성 식품에 첨가되고 있다.

④ 다당류

다당류는 포도당이 10개 이상부터 수천 개까지 연결된 포도당 중합체로서 복합당질이라고도 하며 전분, 글리코겐, 식이섬유가 있다.

(1) 전 분

식물의 뿌리나 열매에 저장되어 있는 전분은 생체의 주된 에너지 급원으로 포도당의 연결방식에 따라 아밀로오스와 아밀로펙틴으로 나누어진다. 아밀로오스는 α-1,4 결합으로만 연결되어 긴 사슬모양을 이루고, 아밀로펙틴은 α-1,4 결합과 함께 가지부분의 α-1,6 결합을 가지므로 긴 사슬에 많은 가지를 친 모양을 이룬다. 전분은 곡류, 감자류, 두류 등에 많은데, 아밀로오스와 아밀로펙틴의 함유비율이 보통 1 : 4 정도이다.

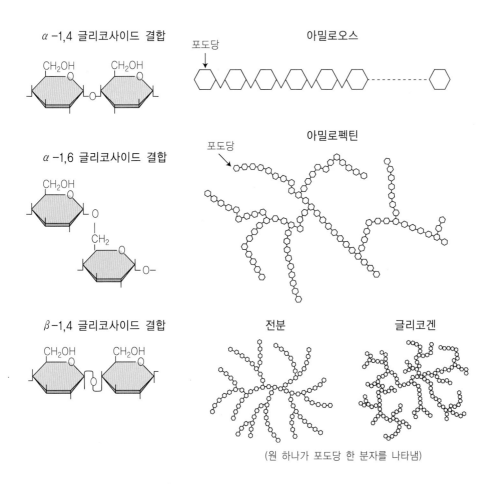

α-1,4 글리코사이드 결합

CH₂OH   CH₂OH

아밀로오스

포도당

α-1,6 글리코사이드 결합

CH₂OH

아밀로펙틴

포도당

β-1,4 글리코사이드 결합

CH₂OH   CH₂OH

전분   글리코겐

(원 하나가 포도당 한 분자를 나타냄)

그림 3-3 다당류의 결합 형태와 모양

(2) 글리코겐

동물의 저장 다당류로서 동물성 전분으로 불리며 간과 근육에 저장되어 있다. 전분의 아밀로펙틴과 유사한 구조를 가지고 있지만 α-1,6 결합이 많아서 아밀로펙틴보다 가지부분이 많은 촘촘한 구조를 가진다.

(3) 식이섬유

주로 식물의 세포벽에 존재하면서 식물의 형태를 유지시키는 식이섬유는 전분의 α-결합과는 달리 포도당이 β-1,4 결합으로 연결되어 있어서 인체의 소화효소로는 소화되지 않는다. 식이섬유는 펙틴, 검, 뮤실리지 등 수용성 식이섬유와 셀룰로오스와 헤미셀룰로오스, 리그닌 등 불용성 식이섬유의 두 종류가 있다.

02 탄수화물의 소화

우리가 일상식에서 섭취하는 탄수화물은 주식인 밥 · 빵 · 면류 등에 많은 전분, 채소 · 과일 · 전곡에 많은 식이섬유, 엿기름이나 식혜 등의 맥아당, 설탕의 서당, 유즙의 유당 등이다. 식이섬유를 제외한 나머지는 각 소화기관을 거치면서 당질 소화효소에 의해 소화된 후 흡수되기 쉬운 단당류가 되고, 식이섬유는 소화되지 않은 채 장내에 남아서 중요한 생리기능을 한다.

① 구강에서의 소화

Note*
타액 아밀라아제
(salivary amylase)

식품의 맛과 향으로 타액분비가 촉진되고 치아의 저작 작용으로 음식물이 잘게 부수어지면서 타액과 잘 혼합된다. 타액에는 타액 아밀라아제(최적 pH 6.6)라는 전분분해효소가 있어서 전분의 α-1,4 결합을 절단하여 전분을 덱스트린이나 맥아당으로 분해할 수 있다. 저작시간이 길어지면 전분은 맥아당으로까지 분해되나, 입안에서의 음식물은 저작시간이 짧고 저작된 후 곧 삼켜지므로 이러한 효소의 작용은 크지 않다.

② 위에서의 소화

음식물은 식도를 따라 이동하여 식도 하부의 분문 괄약근을 통과하면 위로 들어오게 된다. 위 근육의 수축작용과 위의 강산은 음식물을 반 액체 상태인 유미즙으로 만들어 소장에서의 효소작용이 효과적으로 이루어지도록 한다. 위에는 당질 분해효소가 없지만 음식물이 위액과 완전히 혼합되는데 약 15~20분이 걸리므로 이 시간동안 음식물에 섞인 타액 아밀라아제가 작용할 수 있으나 위산으로 인해 곧 활성을 잃는다.

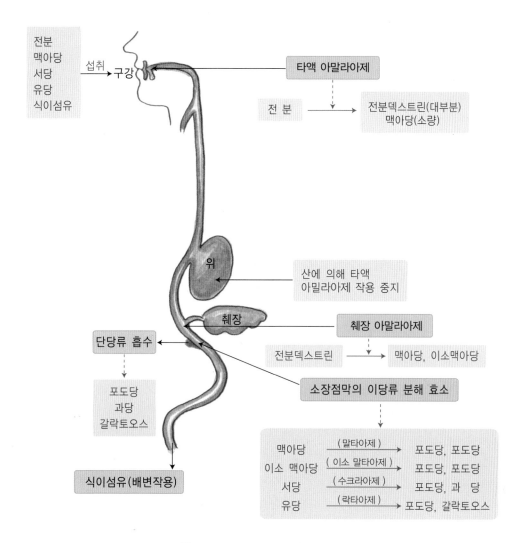

그림 3-4 탄수화물의 소화과정

③ 소장에서의 소화

위에서 형성된 유미즙이 유문괄약근으로부터 천천히 소량씩 십이지장으로 내려오면 세크레틴과 콜레시스토키닌이 알칼리성의 췌액과 담즙분비를 촉진하여 유미즙을 중화함으로써 십이지장 벽을 산으로부터 보호하고, 췌장 효소들의 활성에 알맞게 만든다. 췌장 아밀라아제(최적 pH 7.1)는 전분의 α-1,4 결합을 절단하여 더욱 작은 입자인 맥아당, 이소맥아당으로 분해한다. 설탕의 서당, 유즙의 유당, 엿기름이나 식혜의 맥아당과 함께 전분의 소화산물인 맥아당, 이소맥아당은 장점막의 미세융모

Note*

췌장 아밀라아제
(pancreatic amylase)
이소맥아당(isomaltose) :
두 개의 포도당이 α-1,6결합
으로 연결된 이당류로서 아
밀로펙틴 가지부분의 가수분
해물임
말타아제(maltase) :
맥아당 가수분해효소

Note*

이소말타아제(isomaltase)
: 이소맥아당 분해효소
(α−1,6 결합분해효소)
수크라아제(sucrase) :
서당 가수분해효소
락타아제(lactase) :
유당 가수분해효소

에 있는 이당류 분해효소인 말타아제, 이소말타아제, 수크라아제, 락타아제에 의해 포도당, 과당, 갈락토오스의 단당류로 분해되어 당질의 소화를 완료한다. 그림 3-4는 탄수화물이 소화관을 경유하면서 분해되는 과정을 나타낸다.

④ 대장에서의 소화

소장에서 소화되지 못한 식이섬유는 대장에서 박테리아에 의해 분해되어 젖산, 초산, 프로피온산, 뷰티르산 등의 유기산과 가스를 생성한다. 불용성 식이섬유와 기타 소화흡수되지 못한 물질들은 직장으로 이동하여 대변으로 배설된다.

03 탄수화물의 흡수와 운반

① 흡 수

당질 소화가 완료되어 나온 포도당, 과당, 갈락토오스는 장점막세포막을 통과하여 세포 안으로 이동하는데, 이를 흡수라 한다. 흡수는 단순확산, 촉진확산, 능동수송에 의해 이루어진다. 소장 관강에 소화산물로서 단당류가 농축되어 있을 경우에는 상당량이 농도 차에 의존하는 단순확산에 의해 흡수되지만, 일반적으로 포도당과 갈락토오스는 능동수송으로 흡수된다. 능동수송은 에너지를 소모하는 나트륨-칼륨 펌프(Na^+, K^+-pump)에 의해 이루어진다. 과당의 흡수에도 운반체가 필요하나 농도 차에 의존하므로 촉진확산에 의한다. 포도당의 흡수속도를 기준(100)으로 하여 다른 단당류의 흡수속도를 비교하면 다음과 같다.

갈락토오스 110 > 포도당 100 > 과당 43

② 운 반

소장 융모의 상피세포막을 통과함으로써 흡수된 단당류는 상피세포 안쪽의 기저막을 통과한 후 모세혈관으로 들어가 문맥을 통해 간으로 운반된다.

잠깐! 나트륨(Na)-칼륨(K) 펌프

Na은 세포 외액에, K은 세포 내액에 높은 농도로 존재하는 무기질이다. 따라서 이들은 확산에 의해 세포막 내외의 농도가 같아질 때까지, 즉 Na은 세포 외에서 세포 내로, K은 세포 내에서 세포 외로 끊임없이 이동하려고 한다. 그러나 세포 내외 액의 Na, K농도는 항상 일정하게 유지되어야 하므로 확산으로 이동한 Na과 K을 본래의 농도로 다시 이동시키려는 기전(Na은 세포 내에서 세포 외로, K은 세포 외에서 세포 내로)이 작용하는데 이를 나트륨-칼륨 펌프(Na^+, K^+-pump)라고 한다. 이를 위해서 에너지, 운반체, 효소 등이 필요하다.

이와 같이 나트륨을 세포 내에서 세포 외로 내보내는 나트륨-칼륨 펌프에 의해 세포 내외의 나트륨의 농도경사가 형성되고, 이 농도 차에 힘입어 포도당과 갈락토오스는 나트륨과 함께 운반체에 결합하여 소장 내강으로부터 소장 점막세포 내로 운반된 후 운반체로부터 떨어져 나와 모세혈관으로 흡수된다. 이러한 흡수기전을 능동수송이라 한다.

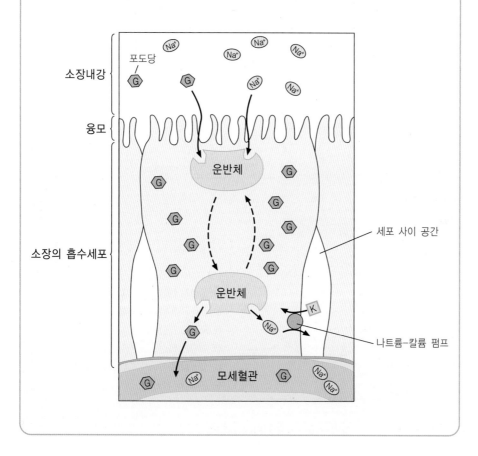

04 탄수화물 대사

소화 흡수된 단당류가 문맥을 따라 간으로 운반되면 과당과 갈락토오스는 간에서 효소에 의해 포도당으로 전환되어 대사된다. 따라서 탄수화물 대사는 포도당 대사라고 할 수 있다. 혈당은 포도당이며, 세포는 혈액으로부터 포도당을 받아서 대사에 이용한다. 체내에서 포도당의 이용은 다음과 같다(그림 3-5).

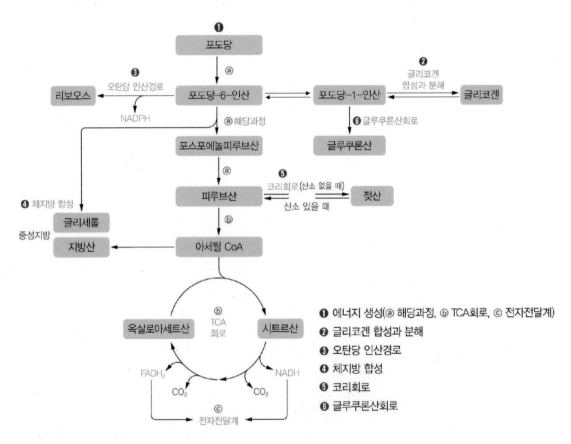

그림 3-5 포도당의 이용경로

① 포도당 대사

혈액을 따라 운반되어 온 포도당은 세포 내로 들어온 후 이화대사나 동화대사 과정을 거친다. 이화대사(그림 3-6)는 포도당을 분해하여 에너지를 생성하는 과정으로서 해당과정과 TCA 회로가 있고, 동화대사에는 글리코겐 합성과 포도당 신생합성이 있으며, 그외 포도당은 오탄당 인산회로, 체지방합성, 코리회로 등의 과정을 거친다.

Note*

해당과정(glycolysis)
TCA 회로(tricarboxylic acid cycle ; citric acid cycle ; 구연산 회로)
포도당 신생합성 (gluconeogenesis)
글리코겐 합성 (glycogenesis)

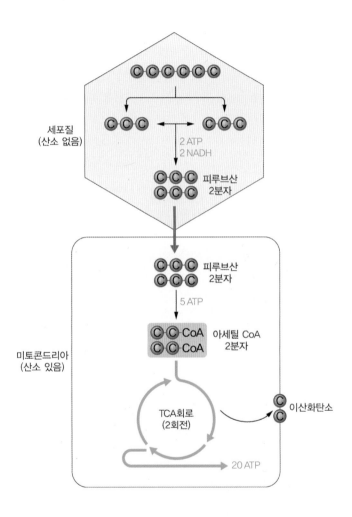

그림 3-6 포도당의 이화대사

피루브산(pyruvate)
NAD+
(nicotinamide dinucleotide)
: 니아신을 포함한 조효소로
서 탈수소효소의 작용을 도움

미토콘드리아의 호기적 전자
전달계를 통하여 1분자 NADH
당 2.5ATP, 1분자 FADH$_2$당
1.5ATP가 생성된다.

(1) 해당과정

산소가 없어도 진행되는 혐기적 반응으로서 세포질에서 이루어진다. 1분자의 포도당(6탄당)은 10단계로 이루어진 해당과정을 거쳐 2분자의 피루브산(3탄소 유기산)으로 분해된다(그림 3-7).

$$1포도당 + 2NAD + 2ADP \rightarrow 2피루브산 + 2NADH + 2ATP$$

이 과정에서 포도당 1분자 당 2분자 ATP가 소모되면서 4분자의 ATP가 생성되므로 결국 2분자 ATP가 생성된다고 볼 수 있다. 또한 2분자의 NADH가 생성되어 최종 에너지 생성단계인 미토콘드리아의 호기적 전자전달계를 거치면서 1분자 NADH 당 2.5ATP를 만들므로 2분자 NADH로부터는 5ATP가 생성된다. 그러나 세포질에서 해당과정을 통하여 생성된 NADH는 미토콘드리아의 전자전달계로 들어가는 경로의 차이에 의해 2.5ATP 또는 1.5ATP를 생성하므로 2분자의 NADH로부터는 결국 3~5ATP가 생성된다고 볼 수 있다. 따라서 산소가 충분히 공급되는 경우에는 해당과정을 통해서 총 5~7ATP가 생성되는 셈이다.

잠깐! **ATP란?**

ATP(adenosintriphosphate)는 아데노신(아데닌+리보오스)에 인산이 3개 결합된 화합물로서 고에너지 인산결합을 가지고 있는 에너지 저장물질이며 생체 에너지 대사에서 중요한 역할을 한다.

아데노신 이인산(ADP)
+
무기인산(P$_1$)

아데노신 삼인산(ATP)

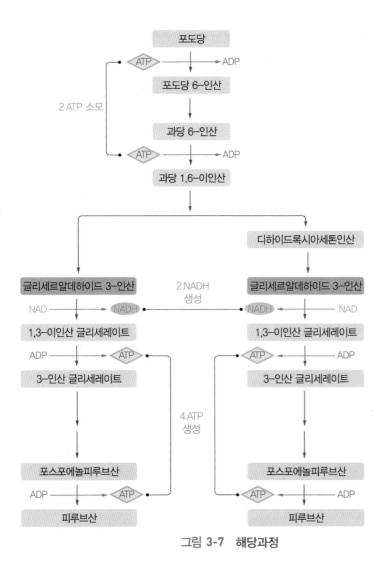

Note*

과당 1,6-이인산
(fructose 1,6-diphosphate)
글리세르알데히드
(glyceraldehyde)
다이하이드록시아세톤 인
산(dihydroxyacetone
phosphate)
1,3-이인산 글리세레이트
(1,3-diphosphoglycerate)
포스포에놀피루브산
(phosphoenolpyruvate)
피루브산(pyruvate)

그림 3-7 해당과정

(2) TCA 회로와 전자전달계

TCA란 카르복실기를 세 개 가지고 있는 구연산을 말한다. TCA 회로가 진행되기 위해서는 산소가 필요하므로 세포질에서 산소 없이 포도당으로부터 분해되어 나온 피루브산은 호기적 상태에서 산소가 충분한 미토콘드리아로 들어간 후 다음 두 단계의 과정을 거친다.

TCA 회로
(tricarboxylic acid cycle)

① 피루브산은 미토콘드리아 안으로 들어가 아세틸 CoA로 산화된다.

2 피루브산 + 2NAD$^+$ + 2CoA → 2 아세틸 CoA + 2NADH + 2CO$_2$

Note*
CoA(coenzyme A)
티아민(thiamin)
TPP(thiamin
pyrophosphate)
탈탄산반응
(decarboxylation)
옥살로아세트산
(oxaloacetate)
구연산(citrate)

이 반응에서 3탄소를 가진 피루브산은 탄소하나를 CO_2로 떼어내고 2탄소의 아세틸 CoA로 전환된다. 이 반응에서 티아민(비타민 B_1)의 조효소 형태인 TPP(비타민 B_1+2분자의 인산)가 CO_2를 떼어내는 탈탄산반응을 도와주고, 니아신의 조효소 형태인 NAD는 탈수소반응을 도와 NADH가 된다. 이렇게 생성된 2NADH는 호기적 전자전달계를 거치면서 5ATP를 생성한다.

② 이어서 탄소 2개의 아세틸 CoA는 탄소 4개의 옥살로아세트산과 결합하면서 CoA가 빠지고 탄소 6개의 구연산을 생성하며 이 반응을 시작으로 하여 여러 단계의 반응을 거치면서 TCA 회로를 진행한다(그림 3-8). 1회전의 TCA 회로를 통해 3분자의 NADH, 1분자의 $FADH_2$, 1분자의 GTP, 2분자의 CO_2가 생성되고, 마지막으로 옥살로아세트산이 재생산되어 다시 새로운 아세틸 CoA와 결합하여 구연산을 생성함으로써 TCA회로는 반복된다.

TCA 회로 1회전에서 생성된 NADH와 $FADH_2$가 전자전달계를 거치는 동안 1분

α-케토글루타르산
(α-ketoglutarate)
숙시닐 CoA
(succinyl CoA)
숙신산(succinate)
푸마르산(fumarate)
말산(malate)

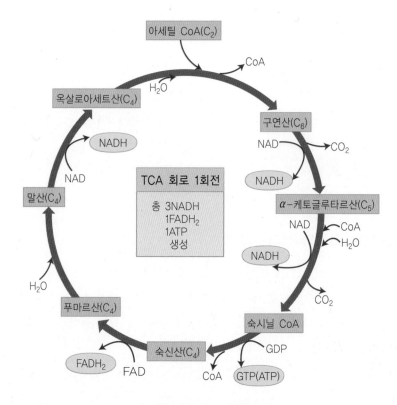

그림 3-8   TCA 회로

산소 공급이 충분할 때 미토콘드리아에서 일어나는 과정으로서 해당과정이나 TCA 회로에서 생성된 NADH, FADH$_2$는 전자와 수소를 전자전달계에 주어 여러 단계를 거치면서 각각 한 분자 당 2.5ATP, 1.5ATP를 생성하고 결국 산소와 결합하여 물을 생성한다.

자 당 각각 2.5ATP와 1.5ATP가 생성되므로 3분자의 NADH로부터는 7.5ATP, 1분자의 FADH$_2$로부터는 1.5ATP가 생성되고, 1분자의 GTP는 1ATP로 전환되어 TCA 회로 1회전을 통해 10ATP가 생성됨을 알 수 있다. 그런데 포도당 1분자에서 아세틸 CoA는 2분자가 생성되므로 결국 TCA 회로 2회전을 통해 20ATP가 생성됨을 알 수 있다.

이와 같이 포도당 1분자는 해당과정, TCA 회로, 전자전달계를 통해 6분자의 CO$_2$와 H$_2$O로 완전 연소되면서 총 30~32ATP를 생성한다.

$$C_6H_{12}O_6 + 6O_2 \rightarrow 6CO_2 + 6H_2O + 30\sim32ATP$$

(3) 글리코겐 합성과 분해

① 글리코겐 합성

에너지를 생성하고 남은 여분의 포도당은 간과 근육에서 글리코겐 합성효소의 도움으로 글리코겐으로 전환되어 저장된다(그림 3-9).

간의 글리코겐 저장량은 간 중량의 4~6% 정도로서 식후에는 6%까지 되기도 하나 12~18시간 금식 후에는 글리코겐이 모두 혈당으로 거의 소모된다. 근육에는 1% 이하의 글리코겐이 있으나 근육량이 많으므로 총 저장량은 간보다 훨씬 많다(표 3-2).

Note *
글리코겐 합성
(glycogenesis)
글리코겐 합성효소
(glycogen synthetase)

표 3-2　정상 성인 남자(70kg)의 체내 탄수화물 저장형태

장 소	글리코겐	포도당
간(1,800g)	100g(4%)	
근육(35kg)	250g(0.7%)	
세포 외액(10L)		10g(0.1%)
소 계	350g	10g
합 계	360g	

UTP(uridyl triphosphate)
UDP–포도당(uridyl
diphosphate-glucose)
인산분해효소
(phosphorylase)

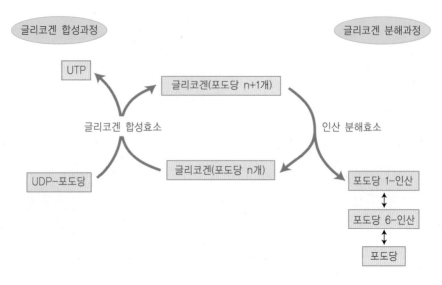

그림 3-9   글리코겐 대사

② 글리코겐 분해

글리코겐 분해
(glycogenolysis)
PLP(pyridoxal phosphate)
**포도당 6–인산 가수
분해효소**(glucose
6-phosphatase)

　　포도당이 부족하여 혈당이 저하되면 글리코겐 분해효소들에 의해 글리코겐이 포
도당으로 분해된다. 간 글리코겐은 분해되어 혈중으로 방출됨으로써 혈당을 보충할
수 있다. 그러나 근육 글리코겐은 분해 마지막 단계인 포도당 6-인산에서 포도당 6-
인산 가수분해효소가 없어서 포도당으로 전환되지 못하므로 혈당원이 될 수 없다.
따라서 포도당 6-인산은 근육에서 곧바로 해당 과정을 통해 에너지원으로 이용된다.
글리코겐 분해과정에는 비타민 B_6의 조효소 형태인 PLP가 필요하다.

(4) 포도당 신생합성

포도당 신생합성
(gluconeogenesis)

　　뇌세포, 적혈구, 신경세포는 혈당을 주된 에너지 급원으로 이용하므로 혈당의 유
지는 매우 중요하다. 혈당이 저하되면 간 글리코겐이 분해되거나 간에서 포도당 신
생합성과정이 일어나 혈당을 올린다. 당 이외의 물질인 아미노산, 글리세롤, 피루브
산, 젖산 등으로부터 포도당이 합성되는 과정을 포도당 신생합성이라 한다. 포도당
신생합성 과정은 해당 과정과 대부분 공유하지만 단지 몇 군데에서 우회하여(피루
브산→옥살로아세트산→포스포에놀피루브산) 포도당을 생성한다(그림 3-10). 아미
노산은 종류에 따라 포도당 신생합성과정을 시작하는 경로가 다르며, 시작 경로에
따른 아미노산의 종류는 5장(그림 5-12)에 제시하였다.

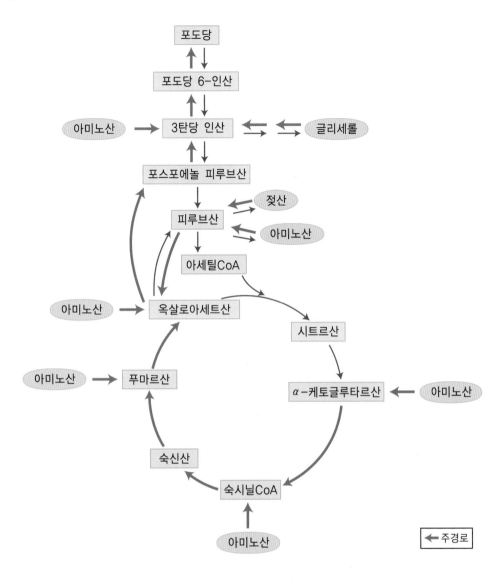

그림 3-10 포도당 신생합성

코리회로와 알라닌 회로

산소가 충분한 상태에서는 피루브산은 세포질로부터 미토콘드리아로 들어가 호기적 반응인 TCA 회로를 진행하지만 운동 중인 근육에서와 같이 산소가 부족한 혐기적 상태에서는 TCA 회로가 원활히 진행되지 않으므로 피루브산은 NADH를 소모하면서 젖산을 생성하는 혐기적 반응을 계속한다. 이렇게 생성된 젖산이 축적되면 피로와 통증을 느끼게 되는데, 젖산은 혈액을 통해 간으로 운반되어 다시 포도당으로 전환된 후 필요한 조직으로 보내어진다. 이 과정을 코리회로, 또는 젖산회로라 한다(그림 3-11, a).

Note*

코리회로(cori cycle)
젖산(lactic acid)

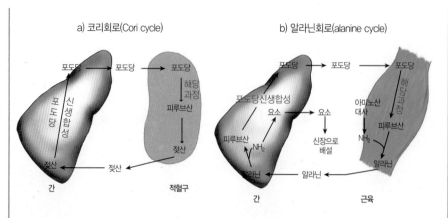

그림 3-11 해당과정과 포도당신생합성의 관계

말초 조직에서 완전히 산화되지 못한 대사물질은 간으로 이동하여 포도당 합성에 쓰인다. 적혈구에서 포도당은 해당 과정을 통하여 에너지를 내며, 남은 피루브산은 산소가 없으므로 호기적 산화과정인 TCA 회로를 통하지 못하고 젖산으로 되어 코리회로를 거쳐 간으로 이동하여 다시 포도당 신생합성과정에 들어간다. 근육에서 에너지 생성에 쓰인 피루브산은 젖산으로 되어 코리회로를 거쳐 간으로 가거나, 또는 아미노산 대사에서 나온 아미노기와 함께 알라닌의 형태로 간으로 이동되어 다시 포도당합성에 쓰이며, 이를 알라닌 회로라고 한다(그림 3-11, b).

(5) 오탄당 인산회로

주로 피하조직이나 적혈구, 간, 부신피질, 고환, 유선조직 등에서 활발히 이루어지는 경로이다. 이 과정에서 NADPH가 생성되어 이들 조직에서 지방산과 스테로이드 호르몬 합성에 이용되고 또한 리보오스가 생성되어 핵산합성에 이용된다.

(6) 체지방 합성과정

글리코겐 저장량이 포화되면 여분의 포도당은 피루브산을 거쳐 아세틸 CoA가 된 후, 아세틸 CoA를 통해 지방산을 합성하고 해당과정 중간경로를 통해 글리세롤을 합성한다. 글리세롤 1분자와 지방산 3분자가 연결되어 중성지방이 합성된 후 피하나 복강 등 체지방 조직에 저장된다.

(7) 글루쿠론산 회로

포도당으로부터 글루쿠론산을 생성하는 과정으로서 글루쿠론산은 간에서 여러

Note*

오탄당 인산회로(pentose phosphate pathway)
NADPH : NAD에 인산이 첨가된 NADP는 탈수소효소의 조효소로 작용하여 NADPH가 됨
스테로이드 호르몬(steroid hormone) : 콜레스테롤로부터 합성되는 성호르몬, 부신피질호르몬 등이 이에 속함
중성지방합성(lipogenesis)

글루쿠론산 회로
(glucuronic acid cycle)

독성물질의 해독과정에 관여한다.

포도당 ↔ 포도당 6-인산 → 포도당 1-인산 → 글루쿠론산

❷ 과당과 갈락토오스 대사

과당과 갈락토오스는 포도당 대사과정을 공유한다. 과당은 과당 1-인산을 거쳐 곧 해당과정의 중간 생성물인 과당 6-인산이 되어 피루브산을 거쳐 아세틸 CoA로 전환된다. 갈락토오스는 포도당 1-인산을 거쳐 포도당 6-인산이 되어 역시 해당과정으로 들어가 대사된다(그림 3-12).

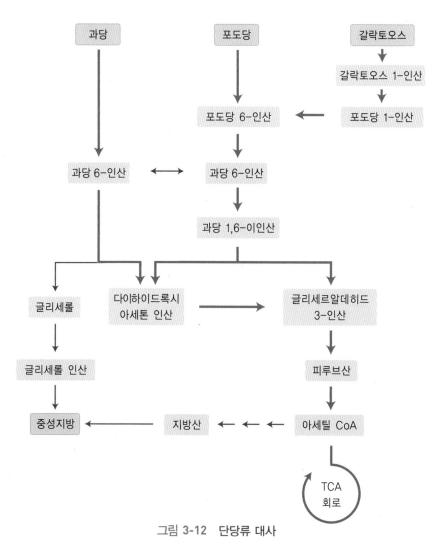

그림 3-12 단당류 대사

Note *

인슐린(insulin)
글루카곤(glucagon)
에피네프린(epinephrine)
당질코르티코이드
(glucocorticoid)
갑상선호르몬(thyroxine)
성장호르몬
(growth hormone)

❸ 혈당 조절

건강한 성인의 공복 시 혈당치는 70~100mg/dL에서 유지된다. 식후에는 140 mg/dL까지 오르지만 식후 1~2시간이 경과되면 정상치로 내려가고 공복기간이 길어지더라도 50~60mg/dL 이하로는 쉽게 떨어지지 않는다. 식후에 혈당치가 오르면 간과 근육에서의 글리코겐 합성과 세포에서의 포도당 이용이 촉진되어 혈당치가 낮아지고, 반면에 공복 시와 같이 혈당치가 떨어지면 간에서의 글리코겐 분해와 포도당 신생합성이 진행되어 혈당치는 오른다.

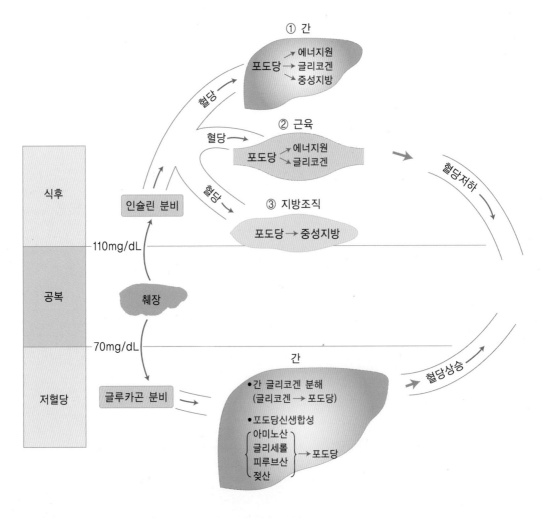

그림 3-13 혈당의 조절 기전

혈당 농도 조절에 관여하는 호르몬은 췌장 호르몬인 인슐린과 글루카곤, 부신수질 호르몬인 에피네프린, 부신피질 호르몬인 당질코르티코이드가 있고 그 외에 갑상선 호르몬과 성장호르몬이 있다. 인슐린은 식후에 혈당치가 오르면 췌장에서 즉시 분비되어 혈당을 간과 근육세포, 지방세포 안으로 이동시켜 간과 근육에서 글리코겐 합성을 촉진하거나 지방으로 전환하여 혈당치를 낮춘다. 반면에 글루카곤은 공복 시와 같이 혈당치가 떨어질 때 췌장에서 분비되어 간 글리코겐 분해를 촉진하여 혈중으로 포도당이 방출되도록 함으로써 혈당치를 올린다. 당질코르티코이드, 갑상선 호르몬, 성장 호르몬도 혈당상승과 관련된다. 이와 같이 호르몬의 조절에 의해 혈당치는 정상범위에서 유지된다(그림 3-13).

그러나 이러한 조절기전의 장애로 인해 혈당치가 170mg/dL 이상으로 오르면(고혈당증), 소변을 통해 당이 배설되기 시작하므로 공복과 갈증이 따르고 이런 상태가 오래 지속될 때 체중이 현저히 감소한다. 반면에 혈당치가 40~50mg/dL 이하로 떨어지면 뇌와 신경세포와 같은 중추신경계에 포도당 공급이 정지되면서 기능장애를 가져와 전신무력감, 발한, 불안, 구토, 두통 등 저혈당증이 나타나고 이것이 지속되면 의식장애와 경련이 일어나 결국은 사망하게 된다.

혈당 조절에 관여하는 이들 호르몬의 기능을 표 3-3으로 정리하였다.

표 3-3 혈당 조절에 관여하는 호르몬의 종류와 기능

혈당치	호르몬	분비기관	기능

저하	인슐린	췌장
		(β 세포)
			• 간, 근육, 지방조직으로 혈당의 유입 촉진
			  → 간, 근육 글리코겐 합성 촉진
			  → 지방조직에서 지방합성 촉진
			• 간의 포도당 신생합성 억제

상승	글루카곤	췌장 (α 세포)	• 간 글리코겐 분해 촉진 → 혈당 방출 증가 • 간의 포도당 신생합성 촉진
	에피네프린	부신수질	• 간 글리코겐 분해 촉진 → 혈당 방출 증가 • 간의 포도당 신생합성 촉진
	글루코 코르티코이드	부신피질	• 간의 포도당 신생합성 촉진 • 근육의 포도당 이용 억제
	갑상선호르몬	갑상선	• 간 글리코겐 분해 촉진 → 혈당 방출 증가 • 간의 포도당 신생합성 촉진
	성장호르몬	뇌하수체 전엽	• 간의 혈당 방출 증가 • 근육으로 혈당의 유입 억제 • 체지방 이용 촉진

05 탄수화물의 체내 기능

❶ 에너지 공급

신체는 음식물로부터 활동에 필요한 에너지를 지속적으로 공급받아야 하는데, 주된 에너지 공급원이 바로 탄수화물이다. 탄수화물 1g은 체내에서 산화되어 4kcal를 제공하며, 소화흡수율은 평균 98%로서 섭취한 탄수화물의 대부분이 흡수되어 체내에서 이용된다. 지질이나 단백질도 에너지를 공급하는 기능이 있으나 뇌, 적혈구, 신경세포는 포도당만을 에너지원으로 이용하므로 이들 세포의 기능유지를 위해 탄수화물 섭취는 필수적이다. 그 외에 근육 등 다른 세포에서도 식후에 혈당치가 오르면 포도당을 에너지원으로 이용한다.

❷ 단백질 절약작용

혈당이 낮아지고 탄수화물 섭취가 중단되었을 때에는 뇌, 적혈구, 신경세포 등의 주요 에너지원인 포도당을 공급하기 위해 혈당치를 올려야 한다. 이때 단백질 등으로부터 포도당을 새로이 합성하는 포도당 신생합성이 이루어진다. 주로 간과 신장에서 체조직 단백질은 아미노산으로 분해되고, 아미노산으로부터 포도당을 생성한다. 따라서 탄수화물의 적절한 섭취를 통해 혈당이 유지되어 에너지 공급이 원활하면 체단백질의 분해는 억제되므로 단백질은 절약될 수 있다.

❸ 케톤증 예방

탄수화물 섭취가 부족하거나 당뇨병과 같이 탄수화물의 체내이용이 어려운 경우, 세포는 주로 체단백질이나 체지방을 분해하여 에너지원으로 이용한다.

특히, 체지방을 주된 에너지원으로 이용할 때 다량의 아세틸 CoA가 생성되고 탄수화물 섭취부족으로 인해 옥살로아세트산이 상대적으로 부족하므로 TCA 회로가 원활히 진행될 수 없다. 따라서 아세틸 CoA는 TCA 회로로 들어가는 대신, 축합하여 아세토아세트산, β-하이드록시뷰티르산, 아세톤 등의 케톤체를 과량 생성한다. 이로 인해 혈액의 케톤체 농도는 정상보다 높아져 혈액이 산성으로 기울어지는 산혈증(산독증)이 되어 호흡곤란, 대사이상 등의 증상을 보이다가 결국 혼수상태에 빠지게 된다.

Note*
아세토아세트산
(acetoacetic acid)
β-하이드록시뷰티르산
(β-hydroxybutyric acid)
아세톤(acetone)
케톤체(ketone body)

오랜 기아 시에도 혈당치는 낮아지고 체지방을 주된 에너지원으로 이용하므로 다량의 케톤체가 생성된다. 이때 뇌세포는 케톤체를 에너지원으로 이용하는데, 이는 뇌세포의 주된 에너지원인 혈당공급을 위해 체단백질이 계속 분해되는 것을 어느 정도 막아주므로 기아에 대한 적응반응으로 볼 수 있다.

케톤증을 예방을 위해서는 하루에 최소한 50~100g의 탄수화물 섭취가 필요하다. 밥 1공기(210g)에는 탄수화물이 69g 함유되어 있으므로 비교적 쉽게 섭취할 수 있다.

Note *
케톤증(ketosis)

④ 단맛 제공

단맛의 강도는 당류의 종류에 따라 차이가 있다. 설탕의 단맛을 1.0으로 기준하여 다른 당류의 단맛의 강도를 알아보면 과당 1.7, 전화당 1.3, 포도당 0.7, 맥아당 0.4, 유당 0.2 정도이다. 이들 당류는 식품제조나 조리에 감미료로서 첨가될 수 있어

잠깐! 인공감미료란?

인공감미료는 설탕을 대신하여 단맛을 내는 물질로서 당 알코올류와 대체감미료가 있다. 당 알코올류에 속하는 솔비톨, 만니톨, 자일리톨은 설탕의 반 정도의 에너지를 내고 충치를 예방하는 효과가 있어서 무가당 검이나 혈당 조절이 어려운 당뇨병 환자용 사탕에 이용하고 있다. 대체 감미료에는 아스파탐, 사카린, 수크랄로오스, 네오탐 등이 있는데 당도는 설탕보다 훨씬 높지만 에너지는 설탕보다 훨씬 적어서(사카린은 에너지를 전혀 내지 않음) 체중을 줄이려는 비만자들이 이용하고 있다. 많은 다이어트 음료에 감미료로 쓰이는 아스파탐은 설탕보다 약 200배 정도 단맛을 지니는 물질로서 아미노산 2개로 구성된 인공감미료이다. 칼로리가 적고 체내에서 아미노산과 같이 소화·흡수되어 혈당치 상승과는 무관하므로 당뇨병 환자, 비만증 환자들에게 이상적이다.

솔비톨(solbitol)
만니톨(mannitol)
자일리톨(xylitol)
아스파탐(aspartame)
사카린(saccharine)
수크랄로오스(sucralose)
네오탐(neotame)

인공감미료 종류		상대적 당도 (설탕=1)	주요 급원
당 알코올류	솔비톨	0.6	당뇨병 환자용 사탕, 무가당 검
	만니톨	0.7	당뇨병 환자용 사탕
	자일리톨	0.9	무가당 검
대체 감미료	아스파탐	200	다이어트용 음료, 무가당 검, 다이어트용 감미료
	사카린	300	다이어트용 음료
	수크랄로즈	600	다이어트용 음료, 식탁용 설탕, 무가당 검, 냉동 후식류, 잼
	네오탐	10,000	식탁용 감미료, 제과, 냉동 디저트, 잼, 젤리

서 단맛을 제공할 뿐만 아니라 식품의 물리적 성질의 향상을 위해서도 널리 이용되어 식품의 수용도를 높여준다.

06 식이섬유의 체내 기능

식이섬유는 불용성 식이섬유와 수용성 식이섬유의 두 종류가 있다. 불용성 식이섬유는 물에 녹지 않으며 대장 내에서 박테리아에 의해서도 분해되지 않고 배설되므로 배변량과 배변속도를 증가시킨다. 수용성 식이섬유는 물에 쉽게 녹거나 팽윤되어 겔을 형성하여 소장 내에서 당이나 콜레스테롤의 흡수를 방해하고 대장 내의 박테리아에 의해 발효되어 사슬이 짧은 지방산이나 가스를 생성한다.

식이섬유의 종류별 급원식품과 생리기능은 표 3-4와 같다.

표 3-4 식이섬유의 종류와 생리기능

분류	종류	생리기능	급원식품
불용성 식이섬유	셀룰로오스, 헤미셀룰로오스, 리그닌	• 배변량 증가 • 배변 촉진 • 분변시간 단축	• 모든 식물의 세포벽, 채소의 잎, 줄기, 뿌리 (특히 셀러리, 아욱, 양배추, 당근, 브로콜리, 무청 등) • 곡류의 겨층, 특히 현미, 통밀, 호밀, 보리, 콩 등 • 과일의 껍질, 특히 사과 • 리그닌은 당근 심, 억센 고사리 줄기, 브로콜리의 단단한 줄기에 많음
수용성 식이섬유	펙틴, 검, 알긴산, 한천	• 위, 장 통과 지연(만복감) • 포도당 흡수 억제(혈당 상승 억제) • 콜레스테롤 흡수 억제 (혈중 콜레스테롤 저하)	• 과일(과육), 특히 사과, 감귤, 딸기, 바나나 등 • 해조류(미역, 김, 다시마 등)
	뮤실리지, 헤미셀룰로오스 일부		• 보리, 귀리, 두류 등

잠깐! 펙틴이란?

펙틴은 사과, 오렌지, 귤 등에 많이 함유되어 있는 수용성 식이섬유이다. 수용성 식이섬유는 소장의 콜레스테롤 흡수를 억제하여 혈청 콜레스테롤 수준을 감소시킨다. 또한 식이섬유는 장에서 담즙산과 결합하여 담즙산의 재흡수를 저해하여 콜레스테롤의 배설량을 증가시킨다. 그러므로 펙틴과 같은 수용성 식이섬유를 많이 섭취하면 동맥경화를 예방할 수 있다.

체내 각 기관에서의 식이섬유의 역할은 그림 3-14와 같으며, 식이섬유와 관련된 질환에서의 식이섬유의 역할을 표 3-5에 정리하였다.

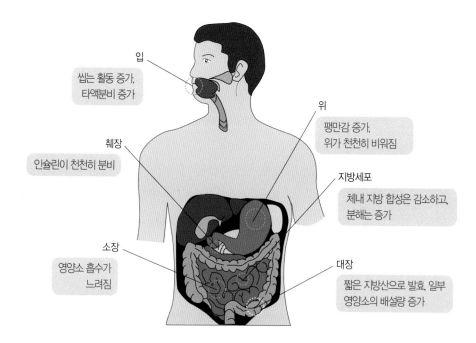

입
씹는 활동 증가, 타액분비 증가

위
팽만감 증가, 위가 천천히 비워짐

췌장
인슐린이 천천히 분비

지방세포
체내 지방 합성은 감소하고, 분해는 증가

소장
영양소 흡수가 느려짐

대장
짧은 지방산으로 발효, 일부 영양소의 배설량 증가

그림 3-14   체내 각 기관에서의 식이섬유의 역할

표 3-5   식이섬유와 관련된 질환에서의 식이섬유의 역할

질 환	식이섬유의 역할
고지혈증 동맥경화증	• 소장에서의 콜레스테롤의 흡수 억제 • 소장에서 담즙산과 결합하여 담즙산의 재흡수 억제 　→ 콜레스테롤 배설 촉진 → 혈청 콜레스테롤 수준 감소
변비 게실증	• 부드러운 대변량 증가 • 장점막 자극하여 연동운동 촉진 • 대변의 통과시간 단축 및 배변 원활
대장암	• 식이섬유의 함유 수분에 의해 발암물질 희석 • 발암물질과 대장 벽 접촉 방해 • 발암물질의 대장 통과속도 증가 및 배설 촉진
당뇨병	• 소장에서의 당질 소화 흡수 지연 및 억제 • 공복 혈당치 저하 및 포만감 유지됨
비만	• 포만감 유지 및 소화 흡수 억제 • 체내 영양소 이용율 저하로 상대적인 에너지 섭취 감소 효과 • 소화물의 대장 통과시간 단축

❶ 탄수화물 섭취와 관련된 질환

(1) 충 치

Note ✱
빈 칼로리(empty calorie)
덱스트란(dextran)

백설탕 외에 꿀, 시럽, 단 음료, 케이크 등의 단 음식은 설탕을 많이 함유한다. 설탕은 에너지 외에 다른 영양소는 거의 가지고 있지 않으므로 빈 칼로리 식품이라고 불리 운다. 입안에 서식하는 박테리아는 설탕을 덱스트란으로 만들어 플라그를 형성하고 산을 생성하여 치아표면의 pH를 4까지 떨어뜨린다. 충치는 치아 표면의 pH가 5.5 이하일 때 시작된다. 따라서 설탕 섭취량이 많을수록 충치 발생률은 높아진다. 충치를 예방하려면 치실을 사용하거나 양치도 도움이 되며 식후나 간식 후에 15~20분간 무설탕 껌을 씹어서 구강 청정기능을 도와줄 수도 있다.

자일리톨(xylitol)

잠깐! 자일리톨이란?

자일리톨은 채소 중에 있는 천연 소재의 감미료로서 설탕과 비슷한 단맛을 내며 뛰어난 청량감을 준다. 자일리톨은 충치의 원인 균의 성장을 억제하고, 치아 표면의 세균막인 플라그 형성을 감소시키며, 플라그 내에서의 산 생성을 감소시킴으로써 충치 예방 기능을 한다.

 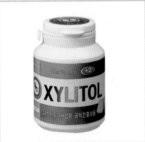

자일리톨을 활용한 상품

(2) 고지혈증

에너지 섭취가 과잉이고 고 탄수화물식을 섭취했을 때, 에너지를 생성하고 남은 과잉의 혈당은 중성지방 합성에 이용되어 혈중 중성지방 농도를 올린다. 또한 설탕의 분해산물인 과당은 대사경로가 포도당보다 단순해서 지방산을 쉽게 합성하여 혈중 중성지방의 농도를 증가시킨다. 따라서 탄수화물의 과식으로 인한 고지혈증은 고중성지방혈증이다.

(3) 당뇨병

당뇨병은 인슐린을 분비하는 췌장질환으로 인해 인슐린 분비량이 절대적으로 부족한 경우에 발생하거나, 또는 유전적 요인을 가지고 있는 사람이 비만·과식·스트레스·운동부족 등 환경 요인의 영향으로 인해 인슐린이 효과적으로 작용하지 못하는 경우에 발생한다.

세포는 혈액으로부터 포도당을 세포 내로 받아들여 이용하는데, 인슐린이 이를 도와준다. 따라서 인슐린 분비량이 부족하거나 비효과적으로 작용할 때 혈당이 세포 내로 들어가지 못하고 혈액에 축적되므로 고혈당이 되며 세포는 포도당 대신 지방을 분해하여 에너지원으로 이용한다.

당뇨병이 되면 혈당이 만성적으로 170mg/dL 이상으로 높아서 혈당이 소변으로 빠져나오고, 체지방을 주된 에너지원으로 이용하므로 체중이 감소되며 케톤증이 유발되어 혼수상태에 빠지기도 한다. 당뇨병에서는 혈당의 상승을 억제하기 위해 과식을 피하고 단순 당보다는 복합 당이나 식이섬유를 많이 섭취하여 당의 흡수를 지연해야 한다.

(4) 유당불내증

유당은 소장 점막의 유당분해효소에 의해 포도당과 갈락토오스로 분해된 후 흡수된다. 그러나 유당분해효소가 부족하거나 활성이 저하되었을 때 유당은 가수분해되지 않은 채 대장으로 이동하고 박테리아에 의해 발효되어 유기산과 다량의 가스를 생성하며 높아진 삼투압에 의해 수분을 장 내로 끌어들여 복부팽만, 장 경련, 복통 및 설사를 유발하는 유당불내증이 나타난다. 유당불내증은 일종의 소화불량증으로서 선천적(영아), 후천적(성인), 이차적(장절제)으로 나타날 수 있다. 우유는 소량씩, 천천히, 따뜻하게, 다른 음식과 함께 이용한다면 어느 정도 유당불내증을 막을 수 있고 유당에 대한 내성이 증가하기도 한다. 또한 유당을 유산으로 발효시킨 요구르트나 치즈 등을 이용하는 것도 좋은 방법이며 우유나 유제품을 전혀 소화시키지 못하는 경우에는 대체식품으로서 두유 등을 이용할 수 있는데, 이때에는 칼슘과 리보플라빈을 보충해주어야 한다.

Note *
유당분해효소(lactase)

(5) 게실증

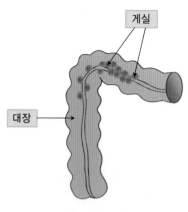

그림 3-15　게실증

식이섬유의 섭취가 부족할 때 대변량은 적고, 대변량이 적으면 대장의 지름이 감소한다. 대장의 폭이 줄어든 상태에서 대변 배설 시 대장의 연동작용은 대장 벽에 압력을 가한다. 압력은 대장 벽을 부풀려 주머니, 즉 게실을 형성하고(게실증, 그림 3-15), 그 안에 대변이 머물면서 여러 가지 염증을 일으켜 게실염이 된다. 게실증을 예방하기 위해서는 식이섬유를 섭취해야 하며 일단 게실증이나 게실염이 있을 때에는 식이섬유의 섭취가 게실을 악화시킬 수 있으므로 초기에는 식이섬유를 제한하고 점차 적응 정도를 보면서 그 양을 늘리는 것이 좋다.

❷ 탄수화물 섭취실태

과거에는 당질 에너지비가 80% 정도로 상당히 높았으나 점차 줄어서 최근 5년간(2013~2017년)의 국민건강영양조사결과, 19세 이상 성인의 경우 62% 정도이다. 곡류 에너지비도 과거의 70~80%로부터 점차 줄어서 최근에는 56% 정도이고, 곡류 가운데 백미는 가장 많이 섭취되는 식품이지만 역시 점차 감소되는 추세이다. 반면, 과일류 섭취량은 다소 기복은 있으나 꾸준한 증가 추세에 있고, 채소류는 섭취되는 식품의 종류가 다양하나 김치류 섭취량이 가장 많다.

당질 섭취량에 대한 주요 기여 식품은 주로 백미를 비롯한 곡류와 과일류이고, 나머지는 채소류와 당류로서 특히 설탕 섭취량은 상당히 증가하는 추세이다.

식이섬유의 섭취량은 점차 감소하는 추세인데, 특히 대도시 남녀 대학생들의 경우에는 더욱 적다. 이는 쌀의 섭취량 감소, 도정률이 높은 백미 위주의 주식, 흰 밀가루 위주의 가공식품, 잡곡에 비해 값이 싼 백미 위주의 외식 섭취빈도 증가와 관련이 있다고 볼 수 있다.

❸ 탄수화물의 섭취기준과 급원식품

2020년 한국인 영양섭취기준에서 탄수화물은 생후 1년 이내의 영아의 경우, 0~5개월은 60g/일, 6~11개월은 90g/일의 충분섭취량을 설정하였고 1세 이후에는 평균

필요량과 권장섭취량을 설정하였다(표 3-6). 탄수화물의 평균필요량은 케토시스를 방지하고 근육손실을 방지하는 등 체내에 필요한 포도당을 공급하는 것을 근거로 하고 있다. 탄수화물의 에너지 적정비율은 만성질환 예방, 지질과 단백질 섭취량과 연계하여 1세 이후 전 연령층에 대하여 55~65%로 권장하고 있다.

탄수화물 급원식품은 대부분 식물성 식품이며 단당류는 과일과 채소에 함유되어 있다. 탄수화물 대부분은 전분 형태로 섭취하는데 곡류 및 곡류제품, 감자와 같은 서

표 3-6 한국인의 1일 탄수화물 섭취기준

성별	연령(세)	탄수화물(g/일)			
		평균필요량	권장섭취량	충분섭취량	상한섭취량
영아	0~5(개월)			60	
	6~11			90	
유아	1~2	100	130		
	3~5	100	130		
남자	6~8	100	130		
	9~11	100	130		
	12~14	100	130		
	15~18	100	130		
	19~29	100	130		
	30~49	100	130		
	50~64	100	130		
	65~74	100	130		
	75 이상	100	130		
여자	6~8	100	130		
	9~11	100	130		
	12~14	100	130		
	15~18	100	130		
	19~29	100	130		
	30~49	100	130		
	50~64	100	130		
	65~74	100	130		
	75 이상	100	130		
임신부		+35	+45		
수유부		+60	+80		

자료: 보건복지부, 한국영양학회, 2020 한국인 영양소 섭취기준

류, 호박 등에 함유되어 있다. 우리나라 국민의 탄수화물 섭취에 기여하는 대표적 급원식품으로는 백미, 라면, 국수, 빵, 떡, 사과, 현미, 밀가루, 고구마 순으로 나타났으며(표 3-7), 탄수화물 주요 급원식품의 1회 분량당 함량은 그림 3-16에 제시하였다.

표 3-7 탄수화물 주요 급원식품(100g당 함량)[1]

급원식품	함량 (g/100g)	급원식품	함량 (g/100g)
설탕	100	국수	60
당면	89	빵	50
찹쌀	82	떡	49
백미	75	고구마	34
보리	75	만두	28
현미	74	사과	14
밀가루	77	배추김치	6
라면(건면, 스프포함)	69	우유	6

1) 2017년 국민건강영양조사의 식품별 섭취량과 식품별 탄수화물 함량(국가표준식품성분표 DB 9.1, 2019) 자료를 활용하여 탄수화물 주요 급원식품 16개 산출
자료: 보건복지부, 한국영양학회. 2020 한국인 영양소 섭취기준

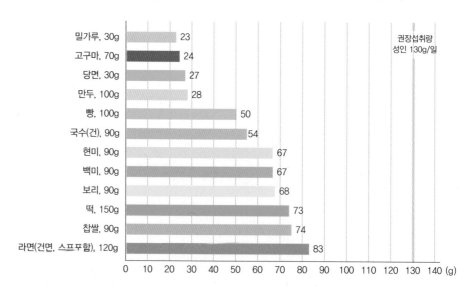

그림 3-16 탄수화물 주요 급원식품(1회 분량당 함량)[1]

1) 2017년 국민건강영양조사의 식품별 섭취량과 식품별 탄수화물 함량(국가표준식품성분표 DB 9.1, 2019) 자료를 활용하여 탄수화물 주요 급원식품 12개 산출 후 1회 분량(2015 한국인 영양소 섭취기준)을 적용하여 1회 분량당 함량 산출, 19~29세 성인 권장섭취량 기준(2020 한국인 영양소 섭취기준)과 비교
자료: 보건복지부, 한국영양학회. 2020 한국인 영양소 섭취기준

2018년 국민건강통계 자료에 따르면 우리나라 1세 이상 당류 1일 섭취량은 60.2g이고 19세 이상 성인의 섭취량은 59.2g이다. 최근 3년 동안의 당류 1일 섭취량은 2016년 67.9g, 2017년 64.8g, 2018년 60.2g으로 감소하는 추이를 보였다. 한국인

표 3-8 당류 주요 급원식품(100g당 함량)[1]

급원식품	함량 (g/100g)	급원식품	함량 (g/100g)
설탕	93.5	포도	10.4
케이크	22.9	복숭아	9.3
고추장	22.8	참외	9.1
아이스크림	17.3	콜라	9.0
바나나	14.6	과일음료	7.1
사과	11.1	양파	5.7
기타 탄산음료	10.7	우유	4.1
감	10.5	배추김치	3.1

1) 2017년 국민건강영양조사의 식품별 섭취량과 식품별 당류 함량(국가표준식품성분표 DB 9.1, 2019) 자료를 활용하여 당류 주요 급원식품 16개 산출
자료: 보건복지부, 한국영양학회. 2020 한국인 영양소 섭취기준

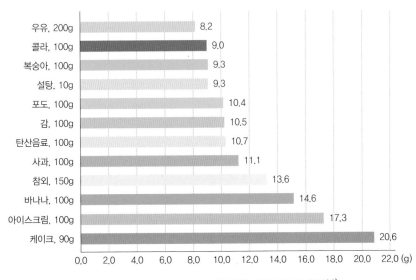

그림 3-17 당류 주요 급원식품(1회 분량당 함량)[1]

1) 2017년 국민건강영양조사의 식품별 섭취량과 식품별 당류 함량(국가표준식품성분표 DB 9.1, 2019) 자료를 활용하여 당류 주요 급원식품 12개 산출 후 1회 분량(2015 한국인 영양소 섭취기준)을 적용하여 1회 분량당 함량 산출
자료: 보건복지부, 한국영양학회. 2020 한국인 영양소 섭취기준

의 당류 주요 급원식품은 사과, 설탕, 우유, 콜라 순으로 나타났다(표 3-8). 당류 주요 급원식품의 1회 분량당 함량은 그림 3-17에 제시하였다.

식이섬유는 2020년 한국인 영양섭취기준에서도 충분섭취량(12g/1,000kcal)을 그대로 유지하였다. 우리나라 사람들의 사망원인 구조가 선진국형으로 바뀌기 전, 즉 심혈관 질환·암·당뇨병 등의 만성퇴행성 질환이 주요 사인이 되지 않던 1960년대 말~1970년대 초의 식이섬유 평균섭취량을 식이섬유에 대한 충분섭취량으로 했다. 성인의 경우 식이섬유의 충분섭취량은 남자 19~64세는 30g/일, 65세 이상은 25g/일이고, 여자는 19세 이상에서 20g/일이다.

한국인을 비롯한 동양인의 주식인 곡류 및 전분류는 탄수화물의 가장 주된 식품으로서 쌀, 보리 등의 곡류와 감자, 고구마 등의 서류 및 밀가루 등이 있으며, 그 외에 채소 및 과일류, 우유 및 유제품, 당류도 탄수화물을 함유한다. 채소 및 과일류에는 식이섬유의 함량이 많고 과일에는 과당의 함량이 많다. 우유 및 유제품은 유당을 함유하고 설탕, 물엿, 사탕 등의 당류는 단순당의 급원이며 꿀에는 포도당, 과당, 서당이 함유되어 있다. 심혈관 질환이나 당뇨병의 위험을 줄이기 위해서는 식이섬유를 충분히 섭취하는 것이 좋으므로 복합탄수화물 섭취를 권장한다. 도정률이 낮은 쌀의 이용을 높이고 잡곡, 감자류, 채소 및 과일류, 콩류, 해조류 등의 섭취량을 늘려야 한다(표 3-9, 그림 3-18).

표 3-9 식이섬유 주요 급원식품(100g당 함량)[1]

급원식품	함량 (g/100g)	급원식품	함량 (g/100g)
건미역	35.6	상추	3.7
대두	20.8	현미	3.5
보리	11.0	귤	3.3
된장	10.3	사과	2.7
감	6.4	토마토	2.6
만두	5.8	고구마	2.0
복숭아	4.3	양파	1.7
빵	3.7	감자	1.7

1) 2017년 국민건강영양조사의 식품별 섭취량과 식품별 식이섬유 함량(국가표준식품성분표 DB 9.1, 2019) 자료를 활용하여 식이섬유 주요 급원식품 16개 산출
자료: 보건복지부, 한국영양학회. 2020 한국인 영양소 섭취기준

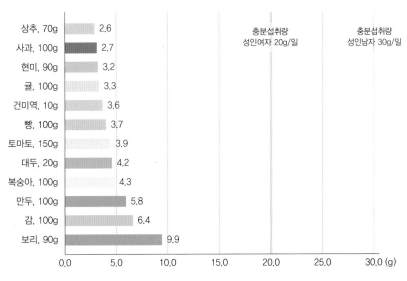

그림 3-18 식이섬유 주요 급원식품(1회 분량당 함량)[1]

1) 2017년 국민건강영양조사의 식품별 섭취량과 식품별 식이섬유 함량(국가표준식품성분표 DB 9.1, 2019) 자료를 활용하여
식이섬유 주요 급원식품 12개 산출 후 1회 분량(2015 한국인 영양소 섭취기준)을 적용하여 1회 분량당 함량 산출, 19~29
세 성인 충분섭취량 기준(2020 한국인 영양소 섭취기준)과 비교
자료: 보건복지부, 한국영양학회. 2020 한국인 영양소 섭취기준

잠깐! 빈 칼로리(empty calorie) 식품이란?

에너지 외에는 다른 영양소가 거의 함유되어 있지 않은 식품으로서 초콜릿, 탄산음료, 알코올음료 등이 해당된다. 빈 칼로리 식품들을 많이 섭취하면 비만을 유발하고 당뇨, 중성지방의 증가 등이 나타날 수 있다.

맥주　　　　　　　　콜라　　　　　　　　초콜릿

④ 알코올과 영양

알코올은 소화과정이 필요하지 않으므로 공복 시 위장으로 순식간에 20% 가량
이 직접 흡수되어 1분 내에 뇌에 도달한다. 그러나 식후와 같이 음식이 위장 내에 있

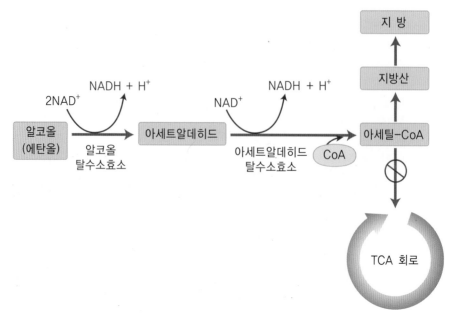

그림 3-19 알코올의 대사

을 경우에는 알코올의 흡수는 지연된다. 위는 알코올 탈수소효소에 의해 알코올을 아세트알데히드로 분해하는데, 여성은 남성보다 이 효소가 적으므로 소량의 음주에도 쉽게 취한다. 위에서 흡수되지 않은 대부분의 알코올은 혈액을 따라 간으로 운반되어 간의 알코올 탈수소효소에 의해 아세트알데히드가 되고, 아세트알데히드는 다시 아세트알데히드 탈수소효소에 의해 인체에 무해한 아세테이트가 되어 혈액에서 이산화탄소와 물로 분해된다. 알코올 대사는 그림 3-19에서 보듯이 알코올로부터 아세트알데히드를 거쳐 아세틸 CoA를 생성하는 탈수소과정을 통해 NADH, H⁺를 다량 생성하므로 NADH, H⁺를 생성하는 TCA 회로를 진행하지 않고 대신 NADH, H⁺를 소모하는 지방산 합성반응을 진행한다. 따라서 알코올 대사가 진행될수록 지방이 합성되어 지방간, 간경화로 이어지고 중간 생성물인 아세트알데히드가 축적되어 간세포에 손상을 준다.

알코올은 1g당 7kcal의 에너지를 공급하지만 에너지 외에는 다른 영양소는 없는 빈 칼로리 식품이므로 해당 에너지만큼의 식품섭취가 감소되는 것이며 다른 영양소의 흡수와 대사를 방해한다.

배우고나서

Question

자신이 얼마나 아는지 확인해 봅시다.

1. 단순당은 무엇이며 어떤 식품에 들어 있는가?
2. 복합당질은 무엇이며 어떤 식품에 들어 있는가?
3. 전분, 글리코겐, 식이섬유를 비교 설명하라.
4. 전분의 소화에 대해 설명하라.
5. 당질의 흡수에 대해 설명하라.
6. 체내 당질의 이용 경로는?
7. 당질의 에너지 대사과정을 요약하라.
8. 혈당 조절 기전을 설명하라.
9. 탄수화물 섭취가 적을 경우, 발생되는 문제점은?
10. 식이섬유의 기능과 급원식품은?

Answer

1   단순당은 복합당에 비해 소화흡수가 빠른 탄수화물로서 단당류인 포도당, 과당, 갈락토오스와 이당류인 맥아당, 서당, 유당이 있다. 포도당은 혈당으로서 포도 등의 과일이나 꿀에 들어 있고 과당은 과일에 많으며 갈락토오스는 우유 및 유제품에 들어 있는 유당의 구성성분이다. 맥아당은 엿기름이나 식혜 등에 들어 있고 서당은 설탕에, 유당은 우유 및 유제품에 함유되어 있다.

2   복합당질은 단당류가 여러 개 모여서 구성된 것으로서 전분, 글리코겐, 섬유소 등이 있으며 전분은 곡류, 감자, 고구마, 빵, 국수 등 면류에 들어 있고 글리코겐은 동물의 당질 저장형태로서 간, 근육 글리코겐이 있다. 식이섬유는 도정이 덜 된 곡류, 채소 및 과일류, 해조류, 고구마 등에 들어 있다.

3   전분은 생체의 주된 에너지 급원으로서 아밀로오스와 아밀로펙틴으로 구성되어 있다. 아밀로오스는 α −1,4 결합으로만 연결되어 긴 사슬모양을 이루고 아밀로펙틴은 α −1,4 결합 외에 α −1,6 결합을 가지므로 긴 사슬에 많은 가지를 친 모양을 이룬다. 글리코겐은 동물의 저장 다당류로서 동물성 전분으로 불리며 간과 근육에 저장되어 있는데, 전분의 아밀로펙틴과 유사한 구조이나 α −1,6 결합이 많아서 아밀로펙틴보다 가지부분이 많은 촘촘한 구조이다. 주로 식물의 세포벽에 존재하면서 식물의 형태를 유지시키는 식이섬유는 전분의 α−결합과는 달리 포도당이 β−1,4 결합으로 연결되어 있어서 인체의 소화효소로는 소화되지 않는다.

4   입안에서 타액과 잘 혼합된 전분은 타액 아밀라아제에 의해 α−1,4 결합이 절단되어 덱스트린이나 맥아당으로 분해된다. 그러나 저작시간이 짧아서 대부분의 전분은 맥아당까지 분해되지 못하고 전분 덱스트린 형태로 된다. 위에서는 음식물을 유미즙으로 만들어 소장에서의 효소작용이 효과적으로 이루어지도록 돕는다. 소장에서는 췌장 아밀라아제에 의해 전분이 맥아당과 이소맥아당으로 분해되고 점막의 이당류 분해효소에 의해 이들 이당류는 단당류로 분해된다. 즉, 맥아당은 말타아제에 의해 이소맥아당은 이소말타아제에 의해 두 분자의 포도당으로 분해됨으로써 전분의 소화는 완료된다.

5   소장 관강에 단당류가 단축되어 있을 경우에는 상당량이 농도 차에 의존하는 단순확산에 의해 흡수되지만 포도당과 갈락토오스는 운반체와 에너지를 요구하는 능동수송으로 흡수되고 과당은 운반체가 필요하나 농도 차에 의존하는 촉진확산으로 흡수된다.

6   소화 흡수된 단당류가 문맥을 따라 간으로 운반되면 과당과 갈락토오스는 간에서 포도당으로 전환된다. 포도당은 혈당으로서 혈액을 따라 온 몸의 세포로 운반되어 다음과 같은 경로를 통해 이용된다.
   ① 해당 과정, TCA 회로, 전자전달계를 거쳐 에너지 생성
   ② 간과 근육에서 글리코겐으로 합성되어 저장
   ③ 오탄당 인산회로를 통해 리보오스나 디옥시리보오스로 전환
   ④ 글리세롤과 지방산 합성을 통해 중성지질 합성
   ⑤ 코리회로를 통해 젖산생성
   ⑥ 글루쿠론산회로를 통해 글루쿠론산 생성

7   탄수화물의 에너지 대사과정은 세포질에서 이루어지는 혐기적 과정과 미토콘드리아에서 이루어지는 호기적 과정으로 구성된다. 세포질에서 이루어지는 혐기적 해당과정을 통해 1분자의 포도당은 2분자의 피루브산으로 분해된다. 세포질에서 피루브산은 산소가 부족한 상태에서는 코리회로를 거쳐 젖산이 되지만 산소가 충분한 상태에서는 미토콘드리아로 들어간 후, 먼저 아세틸 CoA로 산화되고 그 다음 TCA 회로와 전자전달계를 거친다. 아세틸 CoA로 산화되는 과정에서 2NADH를 생성하는데, 2NADH는 전자전달계를 통해 5ATP를 생성한다. 이어서 아세틸 CoA는 옥살로아세트산과 결합하여 구연산을 생성하고 그 후 여러 단계의 반응을 거치면서 TCA 회로를 진행한다. 1회전의 TCA 회로와 전자전달계를 거쳐 10ATP가 생성된다. 포도당 1분자에서 아세틸 CoA는 2분자가 생성되므로 결국 TCA 회로 2회전을 통해 20ATP가 생성됨을 알 수 있다.
   이와 같이 포도당 1분자는 해당 과정, TCA 회로, 전자전달계를 통해 6분자의 CO_2와 H_2O로 완전 연소되면서 총 30~32ATP를 생성한다.

8   건강한 성인의 공복 시 혈당치는 70~110mg/dL으로서 호르몬의 조절에 의해 정상범위에서 유지된다. 식후에는 140mg/dL까지 오르지만 1~2시간이 경과되면 정상치로 내려가고 공복 시에도 50~60mg/dL 이하로는 떨어지지 않는다. 식후에 혈당치가 오르면 세포에서의 포도당 이용 및 간과 근육에서의 글리코겐 합성이 촉진되어 혈당치가 낮아지고, 반면에 공복 시와 같이 혈당치가 낮아지면 간에서의 글리코겐 분해와 포도당 신생합성이 진행되어 혈당치는 오른다. 인슐린은 혈당치를 내리고 글루카곤, 당질코르티코이드, 갑상선 호르몬, 성장 호르몬은 혈당치를 올린다.

9   탄수화물 섭취가 적거나 당뇨병과 같이 당질의 체내 이용이 어려운 경우에는 주로 체단백질이나 체지방이 분해되어 에너지원이 된다. 특히 뇌, 적혈구, 신경세포 등은 포도당을 주요 에너지원으로 이용하므로 이를 위한 혈당의 유지는 매우 중요한데, 탄수화물 섭취가 부족하고 혈당이 낮을 때에는 이를 보충하기 위해 주로 간과 신장조직 단백질로부터 포도당을 생성하는 포도당 신생합성 과정이 진행되므로 체조직 단백질의 분해는 촉진된다.

또한 체지방을 주된 에너지원으로 이용할 때, 다량의 아세틸 CoA가 생성되나 옥살로아세트산은 상대적으로 부족하므로 TCA 회로가 원활히 진행되지 않아서 아세틸 CoA는 축합하여 케톤체를 과량 생성한다. 따라서 케톤증이 유발되어 호흡곤란, 대사이상 등의 증상을 보이다가 결국 혼수상태에 빠지게 된다.

10   식이섬유에는 셀룰로오스, 헤미셀룰로오스, 리그닌 등의 불용성 식이섬유와 펙틴, 검, 뮤실리지 등 수용성 식이섬유의 두 종류가 있다. 불용성 식이섬유는 물에 녹지 않으며 대장 내에서 박테리아에 의해서도 분해되지 않고 배설되므로 배변량과 배변속도를 증가시킨다. 수용성 식이섬유는 물에 쉽게 녹거나 팽윤되어 겔을 형성하여 소장 내에서 당이나 콜레스테롤의 흡수를 방해하고 대장 내의 박테리아에 의해 발효되어 사슬이 짧은 지방산이나 가스를 생성한다. 불용성 식이섬유는 전곡, 밀겨, 채소의 줄기 등에 함유되어 있고 수용성 식이섬유는 과일과 해조류 등에 함유되어 있다.

Chapter 4

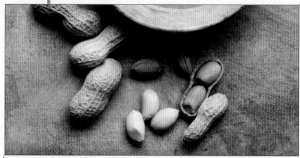

지 질

Question

나는 지질에 대해 얼마나 알고 있나요?
다음 질문에 ○, ×로 답하시오.

1 지질은 체내에 무한정 저장할 수 있다. ☐

2 식이 콜레스테롤은 오로지 동물성 급원에만 들어 있다. ☐

3 심장의 건강을 위해서 우선적으로 피해야 할 지방은 콜레스테롤이다. ☐

4 단일불포화지방산을 많이 섭취하면 할수록 건강에 더 좋다. ☐

5 과일은 지방이 전혀 들어 있지 않다. ☐

6 다중불포화지방산은 포화지방산과 동량의 에너지를 제공한다. ☐

7 식물성 식품에는 포화지방이 전혀 들어 있지 않다. ☐

8 성인이 섭취하는 모든 식품들 각각은 지질 에너지비가 25% 이하이어야 한다. ☐

9 혈중 콜레스테롤 수준으로 심장병 발병위험을 예측할 수 있다. ☐

10 코코넛 유는 식물성이므로 심장의 건강에 좋은 기름이다. ☐

11 지질은 탄수화물과 동량의 에너지를 제공한다. ☐

 정답

1 ○

2 ○

3 ×(포화지방이다.)

4 ×(단일불포화지방산도 과잉 섭취는 건강에 좋지 않다.)

5 ○

6 ○

7 ×(포화지방이 소량 들어 있다.)

8 ×(25%는 개별식품이 아닌 총 섭취식품 중의 지질 에너지이다.)

9 ○

10 ×(코코넛 유는 포화지방이다.)

11 ×(지질은 9kcal/g, 탄수화물은 4kcal/g의 에너지를 낸다.)

지질은 탄소, 수소, 산소로 구성된 유기화합물로서 물에 쉽게 용해되지 않고 에테르, 알코올, 벤젠 등의 유기용매에 녹는 영양소이다. 지질은 크게 중성지방, 인지질, 콜레스테롤로 분류된다.

Note ✱

지질(lipid)
중성지방(triglyceride)
인지질(phospholipid)
콜레스테롤(cholesterol)

① 중성지방

글리세롤 1분자에 지방산 3분자가 에스테르 결합한 것으로서 식품이나 체지방의 95%는 중성지방 형태이다. 에스테르 결합은 글리세롤의 수산기(−OH)와 지방산의 카르복실기(−COOH) 사이에 물 한 분자가 빠짐으로써 이루어진다(그림 4-1). 글리세롤 1분자에 1개의 지방산이 결합한 것을 모노글리세라이드, 2개의 지방산이 결합한 것을 다이글리세라이드, 3개의 지방산이 결합한 것을 트리글리세라이드라고 하고 이 트리글리세라이드가 자연계에 존재하는 대부분의 지질 형태이다. 일반적으로 글리세롤의 3개의 수산기 중 1번과 3번 위치는 포화지방산이, 2번 위치에는 불포화지방산이 결합한다. 다이글리세라이드나 모노글리세라이드는 트리글리세라이드가 소화되는 과정에서 생성된다.

에스테르(ester)
수산기(hydroxyl group)
카르복실기
(carboxyl group)
모노글리세라이드
(monoglyceride ; MG)
다이글리세라이드
(diglyceride ; DG)
트리글리세라이드
(triglyceride ; TG)

② 지방산

지방산은 중성지방의 구성성분으로서 한 쪽 끝은 카르복실기(−COOH), 다른 쪽 끝은 메틸기(−CH$_3$), 가운데 부분은 긴 탄소사슬에 수소들이 결합되어 있는 탄화수소로 구성된다(그림 4-2). 지방산의 시작부분인 카르복실기는 친수성이지만 가운데의 탄화수소와 마지막의 메틸기 부분은 사슬길이가 길어질수록 소수성이 커진다. 탄소번호는 카르복실기의 탄소에서 1번으로 시작하여 탄화수소의 탄소로 번호가 계속되다가 메틸기의 탄소가 마지막 번호가 된다. 또한 카르복실기 옆의 탄소는 α 탄소(2번 탄소)이고, 그 옆의 탄소는 β 탄소(3번 탄소)이며 메틸기의 마지막 탄소가 오메가(ω)탄소이다. 오메가 탄소는 마지막 탄소이므로 (n)탄소로도 표시한다.

오메가(omega, ω)

일반적인 화학 구조식은 CH$_3$(CH$_2$)$_n$COOH로서 R−COOH로 표시하기도 하며,

R-CO를 아실기라고 한다. 자연계에 존재하는 지방산은 탄소수가 4~22개의 짝수이며, 탄소 수와 탄소사슬 안의 결합방식 및 모양에 따라 그 종류가 다양하다.

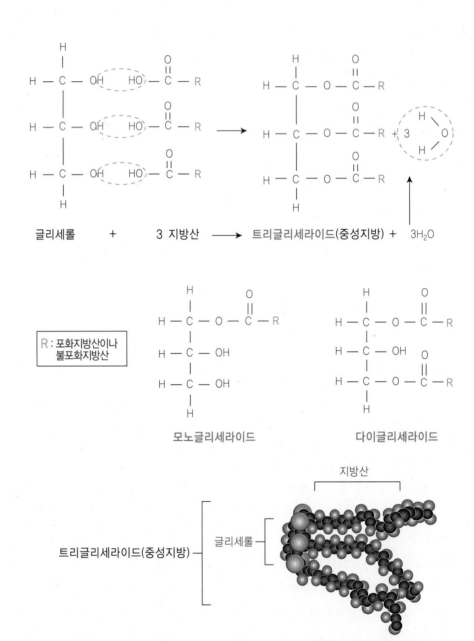

그림 4-1 트리글리세라이드, 모노글리세라이드, 다이글리세라이드의 구조

(1) 탄소 수

지방산은 탄소 수에 따라서 짧은 사슬 지방산, 중간 사슬 지방산, 긴 사슬 지방산으로 나뉜다.

탄소 수가 많을수록 지방산의 사슬길이가 길어지고 물에 쉽게 용해되지 않으며 융점이 높다. 우유의 유지방은 짧은 사슬 지방산을 함유하고 코코넛 유는 중간 사슬 지방산을 함유하는데, 이들 지방산들은 탄소 수가 적어서 긴 사슬 지방산보다 친수성이 크다. 일상식의 대부분 지질은 소수성으로서 긴 사슬 지방산을 함유하며 대부분 생체 내 지방산도 12~22개의 탄소 수를 갖는다.

짧은 사슬 지방산으로 구성된 중성지방은 짧은 사슬지방(SCT), 중간 사슬 지방산으로 구성된 중성지방은 중간 사슬지방(MCT), 긴 사슬 지방산으로 구성된 지질은 긴 사슬지방(LCT)이라 한다.

Note *
짧은 사슬 지방산
(short-chain fatty acid)
중간 사슬 지방산
(medium-chain fatty acid)
긴 사슬 지방산
(long-chain fatty acid)
짧은 사슬지방
(short chain triglyceride ; SCT)
중간 사슬지방
(medium chain triglyceride ; MCT)
긴 사슬지방
(long chain triglyceride ; LCT)

표 4-1 탄소 수에 따른 지방산의 종류

종 류	탄소 수
짧은 사슬 지방산	4, 6, 8개
중간 사슬 지방산	10, 12개
긴 사슬 지방산	14개 이상

(2) 이중결합 수

탄소는 원자가가 4가로서 이웃하는 원자 4개와 결합할 수 있다. 지방산 말단의 카르복실기(−COOH)와 메틸기(−CH₃)의 탄소를 제외한 가운데 부분, 즉 사슬 내의 탄소가 인접 탄소 2개 및 수소 2개와 결합하고 있으면 포화되었다고 하고, 인접 탄소들이 수소원자 한 개씩을 잃어버리고 이중결합을 형성하고 있으면 불포화되었다고 한다.

포화
$$-\overset{\overset{\displaystyle H}{|}}{\underset{\underset{\displaystyle H}{|}}{C}}-\overset{\overset{\displaystyle H}{|}}{\underset{\underset{\displaystyle H}{|}}{C}}-$$

불포화
$$-\overset{\displaystyle H}{C}=\overset{\displaystyle H}{C}-$$

① 포화지방산

지방산 사슬 내의 탄소와 탄소사이에 이중결합이 없이 단일결합(−C−C−)만으로 이루어진 지방산으로서 포화지방산이 많은 지방은 융점이 높아 실온에서 고체이다. 포화지방산의 예로서 팔미트산(16 : 0), 스테아르산(18 : 0) 등이 있으며 이는 소고기나 돼지고기의 등심, 안심, 갈비 등의 흰 기름부분이나 닭고기 껍질 밑의 노란 기름 부분 등 동물성 기름에 많이 함유되어 있다. 식물성 기름에는 이러한 포화지방

포화지방산
(saturated fatty acid)
팔미트산
(palmitic acid, 16 : 0)
스테아르산
(stearic acid, 18 : 0)

산 함량이 적은데, 예외로 야자유, 팜유, 마가린 등은 식물성이지만 포화지방산이 다량 함유되어 있다.

② 불포화지방산

이중결합이 1개인 지방산을 단일불포화지방산, 이중결합이 2개 이상인 지방산을 다중불포화지방산이라 한다. 단일불포화지방산은 올리브유에 많은 올레산(18 : 1)이 대표적이며 스테아르산(18 : 0)으로부터 체내 합성된다. 다중불포화지방산은 리놀레산(18 : 2)이 대표적이며 옥수수기름, 콩기름, 홍화기름, 참기름 등 대부분의 식물성 기름에 많이 존재하는데, 이중결합이 많을수록 융점이 낮아서 실온에서 액체 상태이다.

메틸기 / 카르복실기

포화지방산(스테아르산, C18 : 0)

단일불포화지방산(올레산, C18 : 1, ω9)

다중불포화지방산(리놀레산, C18 : 2, ω6)

다중불포화지방산(α-리놀렌산, C18 : 3, ω3)

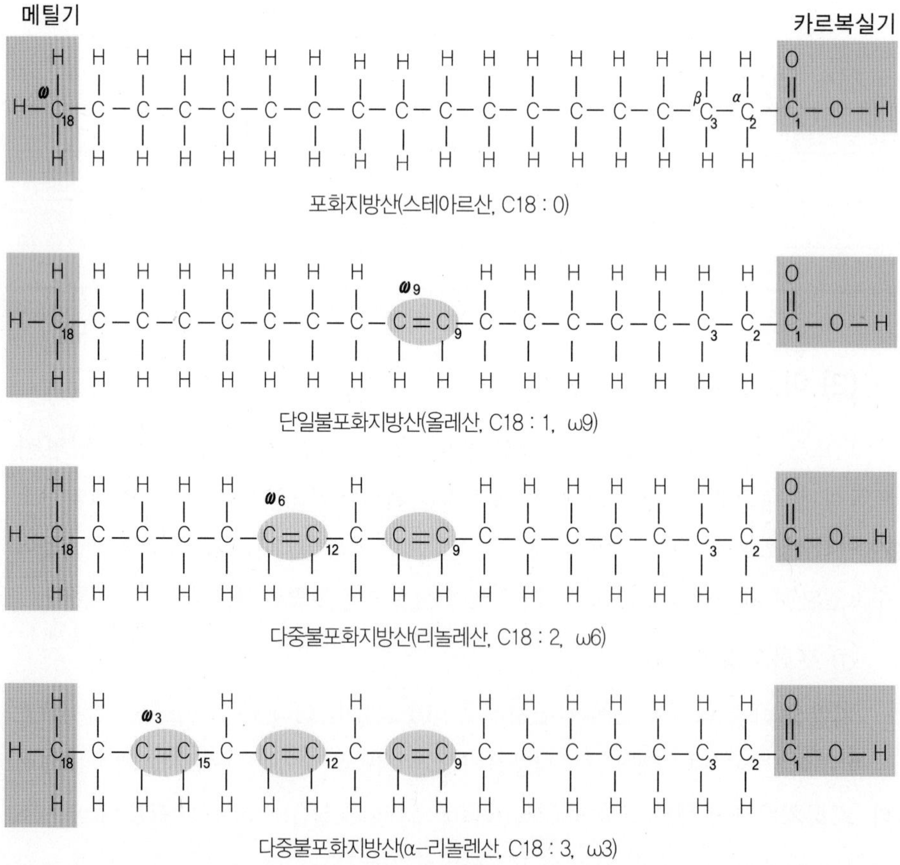

그림 4-2 지방산의 구조

(3) 이중결합 위치

지방산의 마지막 부분인 메틸기에서 가장 가까운 이중결합을 이루는 탄소의 위치에 따라 오메가 3(ω3), 오메가 6(ω6), 오메가 9(ω9) 지방산으로 나눈다.

Note *
오메가(omega, ω)

① 오메가 3(n-3) 지방산

- α-리놀렌산(18 : 3, Δ9,12,15) : 이중결합이 3개인 다중불포화지방산으로서 카르복실기로부터 15~16번째 탄소사이의 이중결합은 메틸기의 18번 오메가 탄소로부터는 3~4번째 탄소사이에 위치하므로 오메가 3 계열이다. 들기름과 견과류에 다량 함유되어 있으며 옥수수기름보다는 콩기름에 많다.

α-리놀렌산
(α-linolenic acid)

- 아이코사펜타에노산(EPA, 20 : 5, Δ5,8,11,14,17) : 이중결합이 5개인 다중불포화지방산으로서 카르복실기로부터 17~18번째 탄소사이의 이중결합은 메틸기의 20번 오메가 탄소로부터는 3~4번째 탄소사이에 위치하므로 역시 오메가 3 계열이다. EPA는 연어, 고등어, 정어리, 같은 등 푸른 생선에 다량 함유되어 있으며 α-리놀렌산으로부터 합성될 수 있다.

아이코사펜타에노산
(eicosapentaenoic acid)

- 도코사헥사에노산(DHA, 22 : 6, Δ4,7,10,13,16,19) : 이중결합이 6개인 다중불포화지방산으로서 카르복실기로부터 19~20번째 탄소사이의 이중결합은 메틸기의 22번 오메가 탄소로부터는 3~4번째 탄소사이에 위치하므로 역시 오메가 3 계열이다. EPA와 같이 등 푸른 생선에 다량 함유되어 있으며 EPA와의 전환이 가능하다.

도코사헥사에노산
(docosahexaenoic acid)

② 오메가 6(n-6) 지방산

- 리놀레산(18 : 2, Δ9,12) : 이중결합이 2개인 다중가불포화지방산으로서 카르복실기로부터 12~13번째 탄소사이의 이중결합은 메틸기의 18번 오메가 탄소로부터는 6~7번째 탄소사이에 위치하므로 오메가 6 계열이다. 옥수수기름, 참기름 등 식물성 기름에 많다.

리놀레산(linoleic acid)

- 아라키돈산(20 : 4, Δ5,8,11,14) : 이중결합이 4개인 다중불포화지방산으로서 카르복실기로부터 14~15번째 탄소사이의 이중결합은 메틸기의 20번 오메가 탄소로부터는 6~7번째 탄소사이에 위치하므로 역시 오메가 6 계열이다. 육류와 난황에 많고 리놀레산으로부터 합성될 수 있다.

아라키돈산
(arachidonic acid)

③ 오메가 9(n-9) 지방산

- 올레산(18 : 1, Δ9) : 이중결합이 1개인 단일불포화지방산으로서 카르복실기로부터 9~10번째 탄소사이의 이중결합은 메틸기의 18번 오메가 탄소로부터

올레산(oleic acid)

표 4-2 지방산의 종류와 급원식품

분류		지방산명	기호	화학식 또는 이중결합 위치	급원식품
짧은 사슬지방산	포화	Butyric acid	4:0	$CH_3(CH_2)_2COOH$	버터
		Caproic acid	6:0	$CH_3(CH_2)_4COOH$	버터, 코코넛 유
		Caprylic acid	8:0	$CH_3(CH_2)_6COOH$	코코넛 유, 팜유, 버터
중간 사슬지방산		Capric acid	10:0	$CH_3(CH_2)_8COOH$	코코넛 유, 팜유, 버터
		Lauric acid	12:0	$CH_3(CH_2)_{10}COOH$	코코넛 유, 월계수 종실유
긴 사슬지방산		Myristic acid	14:0	$CH_3(CH_2)_{12}COOH$	코코넛 유, 버터
		Palmitic acid	16:0	$CH_3(CH_2)_{14}COOH$	대부분의 유지(동물성)
		Stearic acid	18:0	$CH_3(CH_2)_{16}COOH$	대부분의 유지(동물성)
	단일불포화	Oleic acid	18:1(ω9)	Δ9	올리브유, 카놀라유
	다중불포화	Linoleic acid	18:2(ω6)	Δ9,12	대부분의 식물성 유지
		α-linolenic acid	18:3(ω3)	Δ9,12,15	들기름, 콩기름, 카놀라유
		Arachidonic acid	20:4(ω6)	Δ5,8,11,14	육류, 난황
		EPA	20:5(ω3)	Δ5,8,11,14,17	어유, 등 푸른 생선
		DHA	22:6(ω3)	Δ4,7,10,13,16,19	어유, 등 푸른 생선

도 9~10번째 탄소사이에 위치하므로 오메가 9 계열이다. 올리브유, 카놀라유에 많다(표 4-2).

(4) 시스, 트랜스형

불포화지방산은 이중결합을 중심으로 좌우 탄소사슬의 모양에 따라 시스형과 트랜스 형으로 나뉜다(그림 4-3).

① 시스형

이중결합을 이루는 탄소 2개에 결합된 수소원자 2개가 같은 방향에 있어서 지방산의 탄소사슬이 이중결합을 중심으로 굽어져 있는 모양을 이룬다. 대부분의 자연식품에 포함된 불포화지방산들이 이에 속한다.

② 트랜스형

이중결합을 이루는 탄소 2개에 결합된 수소원자 2개가 서로 다른 반대 방향에 있어서 시스형과는 달리 지방산의 탄소사슬이 굽지 않고 똑바른 모양을 이루므로 포화지방산과 비슷한 물리적 성질을 가진다. 다중불포화지방산을 함유한 액체의 식물성 기름에 부분적으로 수소를 첨가하여 고체인 쇼트닝과 마가린 같은 경화유를 만드는 과정에서 생기는 지방산이다. 마가린과 쇼트닝은 식물성이지만 가수소 과정을 거쳐 트랜스지방산과 포화지방산을 다량 함유한다. 조리 시 식물성 기름대신 마가린이나 쇼트닝을 사용하면 독특한 질감을 주고 실온에서 일정한 형태를 유지시키므로 제품의 품질을 향상시키기 위해 제과나 제빵 등에 이용하고 있다(그림 4-4).

Note *
가수소 과정
(hydrogenation)

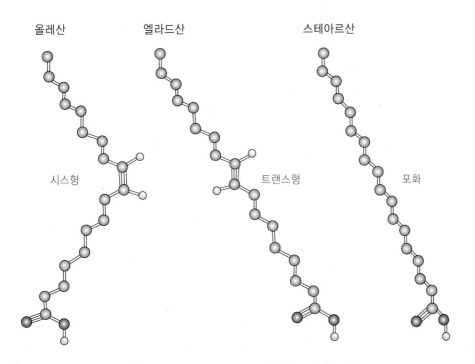

올레산   엘라드산   스테아르산

시스형   트랜스형   포화

그림 4-3 시스, 트랜스, 포화지방산의 사슬모양

그림 4-4 마가린과 튀김요리

식물성 기름에 다량 함유되어 있는 다중불포화지방산은 자외선, 공기, 열, 화합물 등에 의해 이중결합이 쉽게 산화 분해되어 산패물을 생성한다. 산패물이 생성되면 식물성 기름은 맛과 향이 변하여 불쾌한 냄새를 내고 또한 색도 변하여 질이 떨어지며 인체에 해롭다. 그러므로 다중불포화지방산의 이중결합에 수소를 첨가하여 부분적으로 포화지방산으로 만들면 어느 정도 산패를 줄일 수 있으나, 포화지방산은 혈중 콜레스테롤 수준을 올리므로 과량 섭취 시 인체에 해롭다. 포화지방산은 불포화지방산에 비해 융점이 높으므로 포화지방산을 다량 함유한 식품은 실온에서 고체상태이다.

따라서 액체인 식물성 기름은 수소첨가 과정을 통해 마가린과 쇼트닝 같은 고체의 경화유가 된다. 그 외에 식물성 기름에 BHA, BHT와 같은 항산화제를 첨가하여 산패를 억제하기도 하는데, BHA나 BHT 역시 인체에 해롭다. 비타민 E는 지방산의 산패를 억제하는 천연 항산화제로서 식물성 기름에 포함되어 있지만, 신선하지 않은 식물성 기름은 산패물을 다량 함유한다.

Note *

BHA(butylated hydroxyanisole)
BHT(butylated hydroxytoluene)

❸ 인지질

글리세롤의 첫 번째와 두 번째 수산기에는 지방산이 결합되어 있고 세 번째 수산기에는 지방산 대신 인산기(PO_4^{3-})와 염기가 결합되어 있는 형태를 인지질이라 한다(그림 4-5). 인산기에 결합한 염기의 종류에는 콜린, 에탄올아민, 세린, 이노시톨 등이 있으며 염기의 종류에 따라 포스파티딜 세린, 포스파티딜 에탄올아민, 포스파

세린(serine)
에탄올아민
(ethanolamine)
콜린(choline)
이노시톨(inositol)
포스파티딜 세린
(phosphatidyl serine)
포스파티딜 에탄올아민
(phosphatidyl ethanolamine)
포스파티딜 콜린
(phosphatidyl choline)
포스파티딜 이노시톨
(phosphatidyl inositol)
레시틴(lecithin)

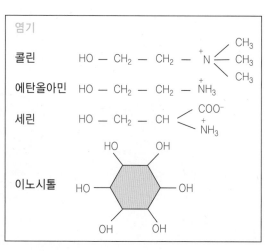

그림 4-5 인지질의 구조

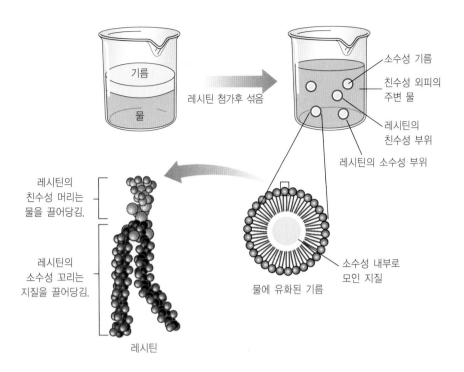

그림 4-6 **인지질의 친수기와 소수기**

티딜 콜린(레시틴), 포스파티딜 이노시톨 등이 있다. 세포막에서 발견되는 인지질 중 가장 중요한 것은 레시틴이다.

인지질의 머리 부분에 있는 인산기는 친수성이므로 인지질의 외부로 향하면서 물과 상호작용하고 인지질의 꼬리 부분에 있는 지방산은 물을 싫어하는 소수성으로서 안 쪽으로 모인다. 이와 같이 친수기와 소수기를 다 가지는 인지질은 물과 기름에 잘 섞이므로 유화제로서 작용한다(그림 4-6). 인지질이 있을 때 소수성 지질은 덩어리로 모이지 않고 작은 미립자로 분산되어 인지질에 둘러싸여 있는 유화상태의 미셸이 된다. 좋은 예로, 마요네즈를 만들 때 소수성의 샐러드유가 친수성의 식초에 섞이지 않지만 이때 인지질을 함유한 난황을 넣으면 샐러드유와 식초가 잘 섞인다.

Note *

미셀(micelle)

④ 콜레스테롤

탄소가 네 개의 고리 모양을 하고 있는 콜레스테롤은 소수성을 가진 대표적인 스테롤로서 동물성 식품에만 함유되어 있다(그림 4-7). 콜레스테롤에 지방산이 결합되

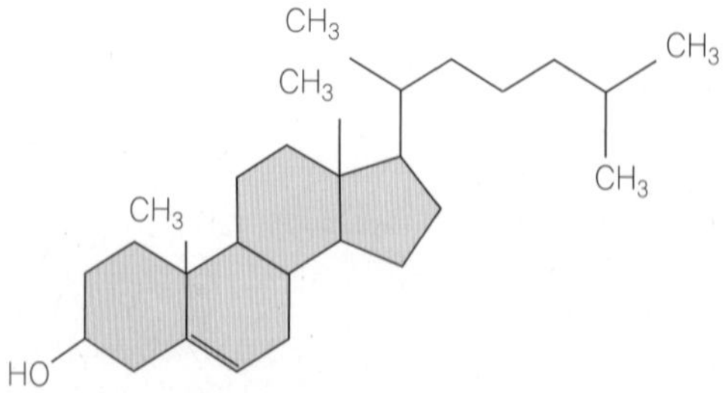

그림 4-7 콜레스테롤의 구조

Note *
콜레스테롤 에스테르
(cholesterol ester)

어 있는 콜레스테롤 에스테르는 혈중 지단백질에 함유되고 세포 내에 저장되는 형태로서 특히 뇌와 신경조직에 다량 존재한다. 체내에 있는 콜레스테롤은 동물성 식품으로 섭취로부터 온 콜레스테롤과 체내(주로 간, 소장)에서 합성된 것으로 구성된다.

02 지질의 소화와 흡수

❶ 지질의 소화

(1) 구강, 위에서의 소화

리파아제(lipase)
짧은 사슬지방(SCT)
중간 사슬지방(MCT)
다이글리세라이드
(diglyceride)
지방산(fatty acid)
트리글리세라이드
(triglyceride)
긴 사슬지방(LCT)

설선(허밑샘)에서 분비되는 지질 분해효소인 리파아제는 주로 짧은 사슬지방이나 중간 사슬지방을 가수분해하여 다이글리세라이드와 지방산을 생성한다. 그러나 음식물이 입안에 머무는 시간은 짧아서 입안에서는 소량만 소화되고 대부분 트리글리세라이드 형태로 넘어간다. 또한 일상식에서 흔히 섭취하는 지질은 소수성의 긴 사슬지방으로서 구강, 위와는 무관하므로 위에서 형성된 유미즙에 섞이지 않은 상태로 십이지장으로 넘어간다.

그러나 모유나 우유에 포함되어 있는 유지방은 짧은 사슬지방을 다량 함유하므로 유즙에 의존하는 영아의 경우에는 구강과 위에서의 리파아제의 작용이 중요하다.

(2) 소장에서의 소화

위의 산성 유미즙이 십이지장에 도달하면 세크레틴이라는 호르몬이 분비된다. 세크레틴은 췌장을 자극하여 췌액 중 알칼리(중탄산나트륨 ; NaHCO₃) 분비를 촉진하고 유미즙을 중화함으로써 십이지장 벽을 산으로부터 보호하며 췌장 소화효소들이 작용하기에 적당한 약 알칼리성 환경을 만든다.

또한 유미즙 중의 지질이 십이지장에 도달하면 콜레시스토키닌이라는 호르몬이 분비된다. 콜레시스토키닌은 담낭을 수축하여 담즙 분비를 촉진하고 또한 췌장을 자극하여 췌장 리파아제의 분비를 촉진함으로써 지질은 본격적으로 소화되기 시작한다.

① 중성지방의 소화

- 짧은 사슬, 중간 사슬지방 : 유즙(모유, 우유, 산양유 등)의 유지방이나 코코넛 유와 같이 짧은 사슬이나 중간 사슬지방은 소장점막에 있는 지방분해효소인 리파아제에 의해 글리세롤과 유리지방산으로 쉽게 가수분해 된다.
- 긴 사슬지방 : 일상식으로부터 흔히 섭취하는 소수성의 긴 사슬지방은 수용성의 유미즙에 섞이지 않고 덩어리를 이루고 있으므로 표면적이 적어서 췌장 리파아제의 분해 작용이 어렵다. 따라서 지방 덩어리가 미세입자로 나뉘어져야 하는데, 담즙성분 가운데 담즙산과 레시틴은 유화제로서 친수기와 소수기를 다 가지는 양성물질이므로 지방 덩어리를 소량씩 떼어 내어 감쌈으로써 여러 개의 미세입자로 나눌 수 있고, 이런 상태가 되어야 비로소 췌장 리파아제에 의해 분해되어 유리지방산과 모노글리세라이드가 된다.

② 인지질의 소화

췌액 중 인지질 가수분해 효소에 의해 유리지방산과 라이소인지질로 분해된다.

③ 콜레스테롤의 소화

음식 중의 콜레스테롤은 지방산과 결합한 에스테르 형으로서 췌액 중 콜레스테롤 에스테르 가수분해 효소에 의해 유리 콜레스테롤과 유리지방산으로 분해된다.

이와 같은 과정(그림 4-8)에 의해 소화가 완료된 지질의 분해산물인 글리세롤, 지방산, 모노글리세라이드, 콜레스테롤, 라이소인지질은 담즙과 함께 복합 미셀을 형성하여 소장 벽을 덮고 있는 물 층을 통과하여 흡수된다.

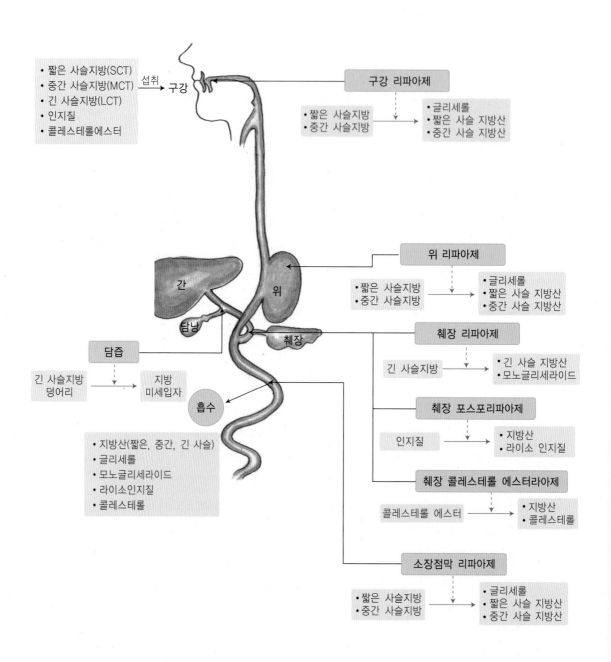

- 짧은 사슬지방(SCT)
- 중간 사슬지방(MCT)
- 긴 사슬지방(LCT)
- 인지질
- 콜레스테롤에스터

섭취 → 구강

구강 리파아제

- 짧은 사슬지방
- 중간 사슬지방
→ · 글리세롤
· 짧은 사슬 지방산
· 중간 사슬 지방산

간

위

담낭

췌장

위 리파아제

- 짧은 사슬지방
- 중간 사슬지방
→ · 글리세롤
· 짧은 사슬 지방산
· 중간 사슬 지방산

담즙

긴 사슬지방 덩어리 → 지방 미세입자

췌장 리파아제

긴 사슬지방 → · 긴 사슬 지방산
· 모노글리세라이드

흡수

췌장 포스포리파아제

인지질 → · 지방산
· 라이소 인지질

- 지방산(짧은, 중간, 긴 사슬)
- 글리세롤
- 모노글리세라이드
- 라이소인지질
- 콜레스테롤

췌장 콜레스테롤 에스터라아제

콜레스테롤 에스터 → · 지방산
· 콜레스테롤

소장점막 리파아제

- 짧은 사슬지방
- 중간 사슬지방
→ · 글리세롤
· 짧은 사슬 지방산
· 중간 사슬 지방산

그림 4-8 지질의 소화

❷ 지질의 흡수

가수분해되어 생성된 글리세롤, 유리지방산, 모노글리세라이드, 콜레스테롤 등 지질 가수분해물은 담즙과 함께 복합미셀 형태로서 소장 융모의 점막세포 가까이 이동하고, 그 후 세포 안 밖의 농도 차에 의한 단순확산을 통해 세포 내로 흡수된다. 흡수되는 경로는 지방산의 사슬길이에 따라 다르다(그림 4-9).

(1) 사슬이 짧거나 중간인 지방산(탄소 수 14개 미만)

이들은 수용성이므로 수용성인 글리세롤과 함께 대부분 융모 안의 모세혈관으로 들어와 문맥을 지나 간으로 간다.

(2) 사슬이 긴 지방산(탄소 수 14개 이상)

대부분의 모노글리세라이드는 소장점막 세포 내에서 사슬이 긴 지방산과 다시 결합하여 중성지방(트리글리세라이드)을 합성한다.

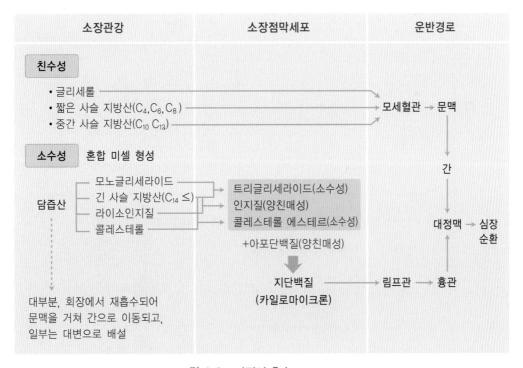

그림 4-9 지질의 흡수

Note *

아포단백질(apoprotein)
카일로마이크론
(chylomicron)

(3) 인지질과 콜레스테롤

소장점막 세포 내에서 라이소인지질도 다시 지방산과 결합하여 인지질을 합성하고 대부분의 콜레스테롤 역시 지방산과 결합하여 콜레스테롤 에스테르를 합성하여 소화흡수되기 전의 형태로 돌아간다.

중성지방과 콜레스테롤 에스테르는 소수성으로서 물과 친화력이 적어서 혈액을 따라 운반되는데 어려움이 있으므로 친수기와 소수기를 다 가지는 인지질과 아포단백질이 이들 소수성 지질들을 둘러 싼 지단백질 형태인 카일로마이크론을 형성한다. 카일로마이크론은 융모 내의 림프관, 흉관을 지나 대정맥을 통해 혈류에 합류된다(그림 4-9, 4-10).

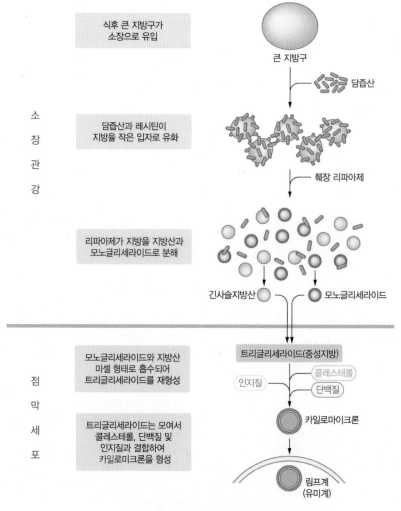

그림 4-10 긴 사슬지방의 흡수

03 지질의 운반

① 혈청 지단백질의 종류와 특성

지질은 소수성이므로 수용성인 혈액을 따라 운반되기 위해서는 물에 잘 섞일 수 있어야 하므로 지단백질과 같은 특별한 형태가 필요하다. 지단백질의 내부는 중성지방, 콜레스테롤, 콜레스테롤 에스테르와 같은 소수성 물질로 구성되어 있고 표면은 친수기와 소수기를 다 가지는 양친매성의 인지질과 아포단백질로 둘러싸여 있어 혈액 내에서 자유롭게 운반될 수 있다(그림 4-11).

혈액 중에는 여러 종류의 지단백질이 있는데, 밀도에 따라 카일로마이크론, 초저밀도 지단백질(VLDL), 저밀도 지단백질(LDL), 고밀도 지단백질(HDL)의 네 종류가 있다. 중성지방 함량이 많을수록 지단백질의 밀도는 작고 아포단백질의 함량이 클수록 밀도는 크며 크기는 카일로마이크론 > VLDL > LDL > HDL 순이다(그림 4-12, 표 4-3).

Note *

카일로마이크론
(chylomicron)
초저밀도 지단백질
(very low density lipoprotein
; VLDL)
저밀도 지단백질
(low density lipoprotein
; LDL)
고밀도 지단백질
(high density lipoprotein ;
HDL)

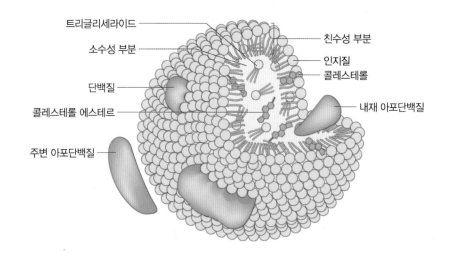

그림 4-11　지단백질 구조

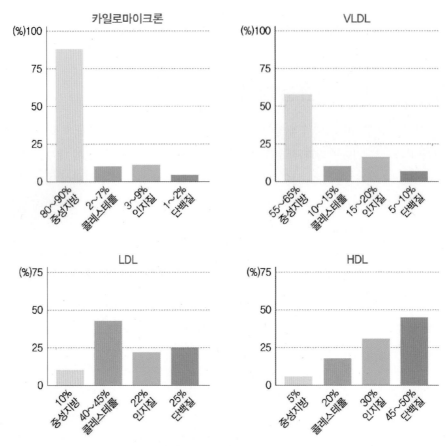

그림 4-12 혈청 지단백질의 종류

자료 : 생활속의 영양학(김미경 외, 2005)

표 4-3 혈청 지단백질의 특징

특 징	카일로마이크론	VLDL	LDL	HDL
지름(nm)	100~1000	30~90	20~25	7.5~20
밀도(g/mL)	<0.95	0.95~1.006	1.019~1.063	1.063~1.210
주요 지질	음식으로 섭취한 중성지방(식사성)	간에서 합성된 중성지방(내인성)	음식으로 섭취하거나 간에서 합성된 콜레스테롤 에스테르 (식사성+내인성)	각 조직세포에서 사용하고 남은 콜레스테롤 에스테르
주된 생성장소	소장	간	혈중에서 VLDL로부터 전환	간
역할	식사성 중성지방을 근육과 지방조직으로 운반	내인성 중성지방을 근육과 지방조직으로 운반	콜레스테롤을 간 및 말초 조직으로 운반	사용하고 남은 과잉의 콜레스테롤을 말초 조직으로부터 간으로 운반

② 지단백질의 이동 경로

혈중 지질은 지단백질 형태로서 카일로마이크론, VLDL, LDL, HDL 형태를 거치면서 각 조직으로 이동되거나 이용된다(그림 4-13). 지단백질의 이동경로를 살펴보면 다음과 같다.

Note*
지단백질 분해효소
(lipoprotein lipase)

- 카일로마이크론은 림프관, 흉관을 거쳐 대정맥으로 들어가 혈류를 따라 근육과 지방조직으로 운반된다. 카일로마이크론은 지단백질 분해효소에 의해 분해되어 그 안에 함유되어 있는 다량의 식사성 중성지방을 방출하고, 이것은 간 외의 조직 세포(주로 근육세포나 지방세포 등)로 들어가 산화되어 에너지원으로 이용되며 남는 것은 지방조직에 저장된다(①).
- 근육과 지방조직에서 대부분의 중성지방이 제거되고 남은 소량의 중성지방과 식사성 콜레스테롤, 인지질은 잔존 카일로마이크론 형태로서 간으로 운반된다(②). 간에서 소량의 식사성 중성지방은 역시 에너지원으로 이용된다.
- 한편, 간은 에너지원이나 글리코겐 합성에 이용하고 남은 여분의 포도당으로부터 중성지방을 합성하고(내인성), 주로 포화지방산으로부터는 콜레스테롤을 합성하여(내인성) 식사성 콜레스테롤이나 인지질 등과 함께 VLDL을 형성하여 혈중에 방출한다(③).
- 혈중 VLDL은 지단백질 분해효소에 의해 분해되어 그 안에 함유되어 있는 내인성 중성지방을 다시 근육이나 지방조직으로 옮겨 에너지원으로 이용하나 주로 지방조직에 저장한다(④).
- VLDL로부터 중성지방이 제거되고 남은 지단백질은 콜레스테롤 함량이 많아진 LDL 형태가 되어 세포막에 있는 수용체를 통해 콜레스테롤을 간과 간 이외의 조직으로 운반한다(⑤). 간과 간 이외의 말초 세포에서는 콜레스테롤을 여러 용도로 이용한다(콜레스테롤 기능 참조).
- 간과 간 이외의 조직에서 이용하고 남은 여분의 콜레스테롤은 간에서 합성된 HDL에 실려서 LDL에 포함된 후 다시 간으로 운반되어 처리된다(⑥).

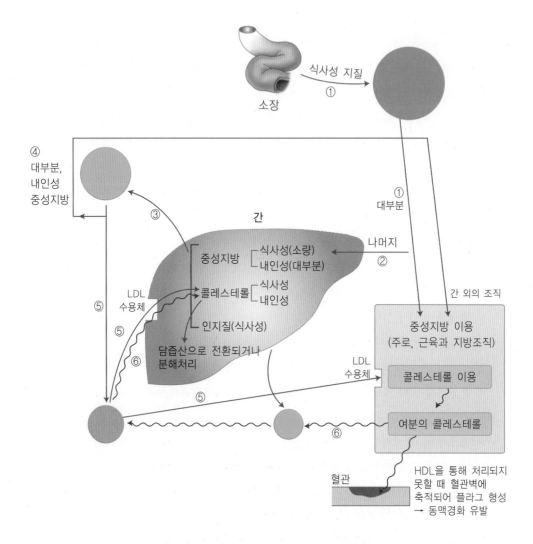

식사성 지질
소장
①

④
대부분,
내인성
중성지방

③

①
대부분

나머지
②

간

중성지방 ┌ 식사성(소량)
        └ 내인성(대부분)

콜레스테롤 ┌ 식사성
          └ 내인성

인지질(식사성)

LDL
수용체

⑤

⑤

⑥

담즙산으로 전환되거나
분해처리

LDL
수용체

⑤

⑤

⑥

간 외의 조직

중성지방 이용
(주로, 근육과 지방조직)

콜레스테롤 이용

여분의 콜레스테롤

혈관

HDL을 통해 처리되지
못할 때 혈관벽에
축적되어 플라그 형성
→ 동맥경화 유발

그림 4-13　지단백질의 이동경로

잠깐! 나쁜 콜레스테롤과 좋은 콜레스테롤

혈중 총 콜레스테롤 수준이 기준치보다 높으면 심혈관계 질환의 발생 위험이 높아진다. 혈중 총 콜레스테롤 수치는 LDL-콜레스테롤과 HDL-콜레스테롤 수치를 합한 것인데, 이 두가지 콜레스테롤은 체내에서 서로 다른 작용을 한다. 나쁜 콜레스테롤이라고 불리는 LDL-콜레스테롤은 평소에 콜레스테롤이나 포화지방산이 많은 기름진 동물성 식사를 자주 하는 경우에 그 수치가 높다. 높은 농도의 LDL-콜레스테롤은 혈관계를 순환하면서 말초혈관벽에 플라그를 형성하여 동맥경화증을 유발하므로 심혈관계 질환의 위험인자이다.

반면에, HDL-콜레스테롤은 말초혈관에 쌓인 콜레스테롤을 간으로 운반 처리하는 청소부역할을 하므로 동맥경화증을 억제하는 좋은 콜레스테롤이다. 이와 같이 HDL-콜레스테롤은 항 동맥경화성 인자로서 심혈관계 질환을 억제하는 역할을 한다.

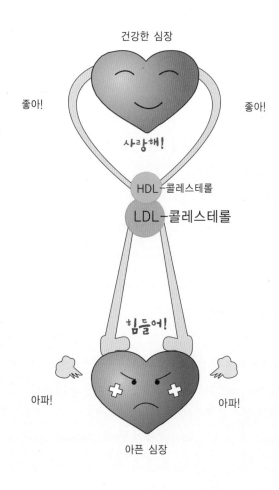

간은 지질 대사의 중심기관으로서 중성지방, 콜레스테롤의 분해와 합성이 활발한 곳이며, 체지방 조직에서도 지질 대사가 활발히 이루어진다.

❶ 중성지방 대사

(1) 지질 분해

Note*

지질 분해(lipolysis)
리파아제(lipase)

공복 시에는 글리코겐도 거의 소모되어 혈당수준이 낮으므로 간이나 지방조직(피하, 복강, 장기 주변 등)에 저장되어 있는 중성지방이 호르몬 민감성 리파아제에 의해 글리세롤과 지방산으로 분해되어 에너지원으로 이용된다. 에너지의 주된 공급원인 지방산은 혈중 알부민과 결합하여 각 조직의 세포 내로 운반되어 산화된다.

① 글리세롤의 산화

글리세롤은 세포질에서 해당과정 중간 경로로 들어가 에너지원으로 대사되거나 포도당 합성의 전구체로 쓰인다.

② 지방산의 β-산화

β-산화(β-oxidation)
카르니틴(carnitine)
: 아미노산 2개(라이신, 메티오닌)로부터 수산화반응에 의해 합성된 물질. 지방산을 세포질에서 미토콘드리아로 운반하는 역할을 함
아실(acyl)

지방산의 산화에는 산소가 필요하므로 미토콘드리아에서 이루어지며 그 과정은 다음과 같다(그림 4-14).

- 세포 내로 들어온 지방산은 산소가 적은 세포질에 있으므로 산화를 위해 산소가 많은 미토콘드리아로 이동해야 한다. 따라서 지방산은 CoA와 결합하여 아실 CoA로 활성화된 후, 카르니틴의 도움으로 미토콘드리아 내부로 이동한다.
- 미토콘드리아에서 지방산의 아실 CoA는 β-산화과정을 거쳐 여러 개의 아세틸 CoA를 생성한다. β-산화과정은 탄소번호 3번인 β 위치의 탄소가 산화되는 과정으로서 이 과정을 통해 원래의 아실 CoA보다 탄소수가 2개 적어지면서 새로운 아실 CoA가 생성되고, 여기에서 떨어져 나온 탄소 2개는 아세틸기가 되어 아세틸 CoA를 만든다. 이러한 과정이 되풀이되면서 지방산으로부터 여러 개의 아세틸 CoA가 생성된다.
- 여러 개의 아세틸 CoA는 TCA 회로를 여러 번 거치면서 다량의 ATP를 생성한

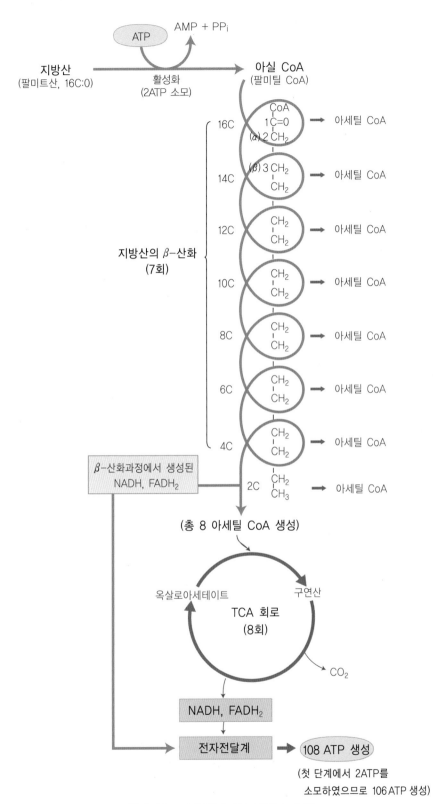

그림 4-14 지방산(팔미트 산)의 β-산화

다. 지방산의 탄소 길이에 따라 β-산화 횟수가 달라지므로 아세틸 CoA의 생
성량이 달라지고 따라서 TCA 회로의 진행 횟수도 달라지므로 합성되는 ATP
량도 다르다.

(2) 지질 합성

Note＊

지질 합성(lipogenesis)

식사로 섭취한 탄수화물은 혈당이 되어 세포 내에서 해당과정과 TCA 회로를 통해
에너지원으로 이용된다. 그러나 에너지원으로 이용하고도 남을 정도로 고탄수화물식
을 섭취했거나 과식을 한 경우, 혈당은 에너지를 생성하는 TCA 회로로 들어가지 않고
간과 지방조직에서 지방산을 생합성하여 중성지방 형태로 저장된다.

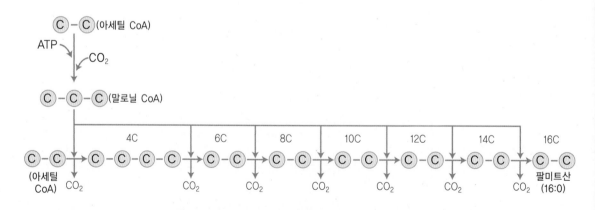

그림 4-15 지방산의 생합성

① 지방산 생합성

산소가 없이 진행되는 반응이므로 세포질에서 일어나며 다음과 같은 과정을 거친다(그림 4-15).

Note *

비오틴(biotin)
카르복실화 효소
(carboxylase)
말로닐(malonyl)
부티르산(butyric acid)
지방산 합성효소
(fatty acid synthetase,
FAS)

- 탄소 2개의 아세틸 CoA는 비타민의 일종인 비오틴을 조효소로 하는 아세틸 CoA 카르복실화 효소에 의해 탄소 1개가 첨가되어 탄소 3개의 말로닐 CoA를 생성한다.
- 탄소 2개의 아세틸 CoA와 탄소 3개의 말로닐 CoA는 결합하면서 탄소 1개를 CO_2 형태로 제거함으로써 탄소 4개의 부티르산이 합성된다.
- 이와 같이 말로닐 CoA로부터 탄소 3개가 첨가되고, CO_2 형태로 탄소 1개가 제거되는 과정이 반복되면서 탄소 2개씩 증가하게 된다. 이 과정에는 NADPH (오탄당 인산회로에서 합성)와 지방산 합성효소가 필요하다.
- 탄소 2개의 아세틸 CoA를 시작으로 하여 탄소가 2개씩 증가되는 과정이 되풀이 되면서 체내에서는 주로 긴 사슬 포화지방산인 팔미트산(16 : 0)이 합성되고 다시 탄소 2개가 첨가되어 스테아르산(18 : 0)이 합성되기도 한다. 동물체내에는 이들 두 종류의 지방산이 많다. 일부 불포화지방산은 체내 불포화효소에 의해 포화지방산으로부터 합성될 수 있다. 예를 들면 올레산(18 : 1)은 스테아르산(18 : 0)으로부터 9번 불포화효소에 의해 합성될 수 있다. 그러나 리놀레산(18 : 2)이나 α-리놀렌산(18 : 3) 등의 다중불포화지방산은 필수지방산으로서 체내에서 합성되지 않으므로 음식으로 반드시 섭취해야 한다.

잠깐! **팔미트산의 생합성 과정**

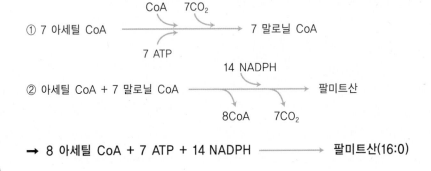

② 글리세롤과의 결합

이렇게 합성된 지방산은 해당 과정의 중간산물인 글리세롤 3-인산과 결합하여 중성지방을 합성한다.

② 콜레스테롤의 합성과 대사

(1) 콜레스테롤의 합성

체내에서 합성되는 콜레스테롤은 간에서 50%, 소장에서 25%, 나머지는 그 외 조직에서 아세틸 CoA로부터 합성된다. 포도당, 지방산, 아미노산으로부터 생성된 아세틸 CoA는 모두 콜레스테롤을 합성할 수 있는데, 음식으로 섭취한 콜레스테롤의 양에 따라 콜레스테롤 합성이 조절된다. 체내 콜레스테롤은 체내에서 합성된 콜레스테롤(내인성)과 음식으로 섭취한 콜레스테롤(식사성)로 구성된다. 일반적으로 체내에서 하루에 약 500mg의 콜레스테롤이 합성되고 나머지는 음식 섭취에서 오므로 콜레스테롤 섭취를 제한하더라도 혈중 콜레스테롤 수준은 약간 감소될 뿐 큰 영향은 받지 않는다. 음식 중 콜레스테롤 함량이 100mg 증가할 때 혈중 콜레스테롤은 5mg 증가한다고 한다.

따라서 혈중 콜레스테롤 수준을 낮추고자 한다면, 콜레스테롤 섭취량을 줄이면서 동시에 내인성 콜레스테롤 합성을 억제하는 것이 필요하다. 과식을 하거나 포화지방산이 많은 동물성 지방의 섭취는 체내 콜레스테롤 합성을 촉진하고, 콜레스테롤이나 식이섬유소 섭취량이 많으면 체내 콜레스테롤 합성은 억제된다.

(2) 콜레스테롤의 대사

Note*

담즙산(콜린산
; cholic acid)
글리신(glycine)
타우린(taurine)
장간순환
(enterohepatic circulation)

콜레스테롤은 간에서 주로 담즙산으로 대사된다(그림 4-16). 체내에서 콜레스테롤의 30~60%가 담즙산으로 전환되고, 글리신이나 타우린과 결합하여 담즙산염을 형성한다. 담즙산염은 유화제로서 담즙에 포함되어 담낭을 통해 십이지장으로 분비되며, 긴 사슬 지방을 유화함으로써 소화흡수를 돕는다. 십이지장으로 분비된 담즙산의 97~98%는 소장의 말단 부분인 회장에서 재흡수되어 문맥을 통해 간으로 돌아간다. 간에서 담즙에 포함되어 콜레스테롤로부터 새로 합성된 담즙산과 함께 다시 십이지장으로 분비된다. 이를 담즙의 장간순환이라 한다. 나머지 담즙산은 대변 중에 배설된다.

아세틸 CoA

↓

메발론산

↓

스쿠알렌

↓

콜레스테롤

↓

7−α−하이드록시 콜레스테롤

↓

콜린산

그림 4-16 콜레스테롤 대사

Note*

메발론산(mevalonic acid)
7−α−하이드록시 콜레스테롤
(7-α-hydroxycholesterol)
콜린산(cholic acid)

③ 케톤체 합성과 대사

탄수화물 섭취가 부족하거나 오랜 공복 시, 인체는 주된 에너지 급원으로 지방에 의존하게 된다. 지방산의 β-산화에서 다량 생성된 아세틸 CoA에 비해 옥살로아세트산의 상대적인 부족으로 TCA 회로가 원활히 진행되지 못할 때에는 아세틸 CoA의 축합반응을 통해 산성의 케톤체가 생성되어 케톤증을 유발한다.

따라서 하루에 50~100g 이상의 탄수화물 섭취가 필요하고, 탄수화물을 섭취하면 옥살로아세트산의 공급이 증가하여 TCA 회로가 원활이 진행되므로 지방산의 β-산화도 감소된다.

옥살로아세트산
(oxaloacetate)
케톤증(ketosis)

05 지질의 체내 기능

① 중성지방

(1) 고효율의 에너지 급원

지질은 1g당 9kcal를 내는 농축 에너지 급원으로서 체내에 저장될 때 탄수화물과는 달리 물을 소량 함유하므로 탄수화물보다 에너지 저장량이 훨씬 많다. 피하나 복강 등 지방조직에 저장된 체지방은 효율적인 에너지 저장고로서 식품 중 지방과는 달리 1g당 7.7kcal를 낸다. 체지방 비율은 연령과 에너지 섭취상태에 따라 달라지는데, 일반적으로 젊은 남녀의 경우, 각각 평균 15%, 25%로서 여자의 체지방 비율이 더 높다.

(2) 지용성 비타민 흡수촉진

지용성 비타민은 지질에 용해되어 지질과 함께 흡수되므로 지질 섭취량이 적거나 흡수불량증과 같이 지질흡수에 장애가 있으면 지용성 비타민의 흡수량도 저하한다.

(3) 필수지방산 공급

수지방산은 인체의 성장 및 생명 유지를 위해 필수적이지만 체내에서 합성되지 않으므로 음식으로 반드시 섭취해야 한다. 특히 식물성 기름에는 필수지방산의 함량이 높다.

(4) 맛, 향미, 포만감 제공

지질은 음식에 맛과 향미를 주고, 당질이나 단백질에 비해 위를 통과하는 속도가 느려서 위에 오래 머물므로 포만감을 준다.

(5) 체온 조절 및 장기 보호 기능

피하 지방조직은 외기로의 체온 손실을 막아주므로 추위에도 체온 저하를 줄이는 역할을 하고 체지방은 유방, 자궁, 난소, 정소 등의 생식기관과 심장, 신장, 폐 등

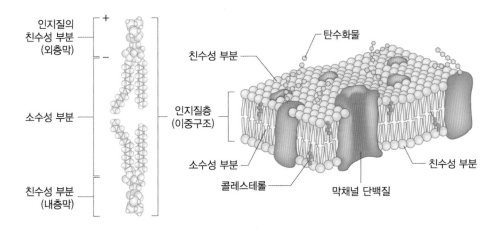

인지질의
친수성 부분
(외층막)

소수성 부분

친수성 부분
(내층막)

친수성 부분

인지질층
(이중구조)

소수성 부분

콜레스테롤

탄수화물

막채널 단백질

친수성 부분

그림 4-17 세포막의 구조

주요 장기를 감싸고 있어서 외부 충격으로부터 보호하는 완충역할을 한다.

❷ 인지질

인지질 가운데 특히, 레시틴은 세포막의 주성분이다. 세포막은 인지질이 서로 마주보는 이중구조를 이루며, 인지질의 친수기는 세포막의 표면으로 향하여 혈액과 접하고, 인지질의 소수기는 세포막의 내부로 향하고 있어 혈중 수용성, 지용성 영양소의 세포 내로의 유입이 가능하다(그림 4-17).

❸ 콜레스테롤

(1) 세포막 구성분

콜레스테롤은 인지질과 함께 세포막의 성분이 된다. 특히, 간, 신장, 뇌, 신경조직에는 콜레스테롤을 다량 함유하므로 성장이 왕성한 유아, 소아들에게 필수적이다.

(2) 담즙산 합성

긴 사슬지방의 소화와 흡수에서 유화제로서 중요한 역할을 하는 담즙산(콜린산)을 합성한다.

Note*
스테로이드 호르몬(steroid hormone) : 성 호르몬으로서 여성 호르몬인 에스트로겐(estrogen)과 남성 호르몬인 테스토스테론(testosterone), 부신피질 호르몬(adrenocorticoid hormone)으로서 알도스테론(aldosterone)과 당질 코르티코이드(glucocorticoid; cortisol, corticosterone)가 이에 속함
비타민 D의 전구체
(7-dehydrocholesrerol)

(3) 스테로이드 호르몬 합성

부신피질 호르몬과 같은 스테로이드 호르몬은 콜레스테롤로부터 합성된다.

(4) 비타민 D의 전구체 합성

비타민 D의 전구체인 7-디하이드로콜레스테롤을 합성하여 칼슘의 흡수를 돕는다.

❹ 필수지방산

신체의 정상적인 성장과 유지, 생리 기능에 필수적이지만 체내에서 합성되지 않거나 합성되는 양이 부족하므로 식사를 통해 반드시 섭취해야 하는 지방산을 필수지방산이라 한다. 오메가 6계 지방산인 리놀레산과 아라키돈산, 오메가 3계 지방산인 α-리놀렌산이 필수지방산으로 간주되고 있다. 아라키돈산은 체내에서 리놀레산으로부터 합성되지만 그 양이 부족하므로 필수지방산으로 간주한다.

수지방산의 기능은 다음과 같다.

(1) 피부병 예방

수지방산은 피부의 정상적인 기능에 필수적이며 결핍 시 피부가 건조해지고 벗겨진다.

(2) 생체막의 구조적 완전성 유지

세포막은 인지질의 이중층으로서 지방산은 세포막의 가운데 부분에 있는데, 이곳에 포화지방산과 불포화지방산이 일정비율로 존재해야 세포막에 적당한 유동성이 가능하다. 필수지방산은 세포막을 구성하는 인지질(레시틴)의 2번 탄소에 에스테르 결합되어 있으면서 세포막에 적당한 유동성을 부여해주는 기능과 관련된다.

(3) 두뇌발달과 시각기능유지

뇌조직과 망막에 다량 함유된 DHA는 식품에서 직접 섭취되거나, α-리놀렌산 또는 EPA로부터 합성된다. 뇌의 회백질이나 망막은 구성 지방산의 50% 이상이 DHA이므로 인지기능, 학습능력 및 시각기능과 관련된다.

(4) 아이코사노이드의 전구체 합성

탄소수 18개의 지방산인 리놀레산(18 : 2, 오메가 6), α-리놀렌산(18 : 3, 오메가 3)으로부터 불포화도가 증가하고 사슬의 길이가 길어지면서 오메가 6, 오메가 3 계열의 여러 지방산들이 합성된다. 리놀레산은 대부분의 식물성 기름에 많이 함유되며 이 지방산으로부터 아라키돈산이 합성되는데, 아라키돈산은 육류와 난황에도 함유되어 있다. 한편, 들기름에 많은 α-리놀렌산은 콩기름이나 참기름에도 소량 함유되어 있으며 EPA를 합성한다. EPA는 등 푸른 생선과 어유에 많다.

아이코사노이드는 세포막을 구성하는 인지질의 2번 탄소위치에 있는 탄소 수 20개의 지방산, 즉 아라키돈산(ω 6)이나 EPA(ω 3)가 산화되어 생긴 물질들로서 프로스타글란딘, 트롬복산, 프로스타사이클린, 루코트리엔 등이 있다. 이들은 작용부위와 가까운 조직에서 생성되어 짧은 기간동안 작용하고 분해되는 물질로서 기능은 호르몬과 유사하다. 리놀레산이나 아라키돈산에서 생성된 오메가 6 계열의 아이코사노이드와 α-리놀렌산이나 EPA에서 생성된 오메가 3 계열의 아이코사노이드는 각각 작용이 다르며, 오메가 3 계열의 아이코사노이드의 역할이 인체에 더 유익하다. 따라서 들기름이나 콩기름, 또는 등 푸른 생선을 섭취할 때 여러 생리적 효과를 얻을 수 있다.

오메가 6 계열의 아라키돈산에서 생성된 아이코사노이드는 심장순환계 질환을 유발하고 천식을 악화시키는 등 부정적인 역할을 한다. 반면에 오메가 3 계열의 EPA에서 생성된 아이코사노이드는 심장순환계 질환, 관절염, 천식 등을 예방하고 면역기능을 강화한다. 그 기능을 정리하면 표 4-4와 같다.

Note*

아이코사노이드
(eicosanoid)
프로스타글란딘
(prostaglandin) :
광범위한 생체 조절 기능을
가짐
트롬복산(thromboxan) :
혈소판에서 합성되며 혈관수
축, 혈액응고에 관여하며, 아
라키돈산에서 합성된 트롬복
산이 혈액응고의 주된 물질이
고, EPA에서 생성된 트롬복
산은 역할이 약함
프로스타사이클린
(prostacycline) :
혈관 벽에서 합성되어 혈액응
고를 억제하고 혈관을 확장하
여 혈류를 원활하게 하는 물
질로서 트롬복산과는 반대작
용을 하는데, 아라키돈산에
서 합성된 프로스타사이클린
과 EPA에서 생성된 프로스타
사이클린은 그 효과가 비슷함
루코트리엔(leucotriene) :
백혈구, 혈소판, 대식세포에
서 형성되어 염증 및 알레르
기 반응에 관여하며, 아라키
돈산에서 합성된 루코트리엔
은 평활근을 수축하고 염증
을 촉진하나, EPA에서 생성
된 루코트리엔은 이러한 역
할이 약함

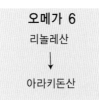

표 4-4 아이코사노이드의 생리적 기능

기능	오메가 6 계열	오메가 3 계열
혈액응고	혈소판 응집을 통한 혈액응고 촉진(↑)	혈소판 응집을 저해하여 혈액응고 억제(↓)
혈압	혈관수축을 통한 혈압상승(↑)	혈관확장을 통한 혈압저하(↓)
혈청지질		혈청지질 감소로 혈액점도 감소(↓)
염증반응	평활근 수축 및 염증반응 촉진(↑) → 천식 악화	염증반응 억제(↓) → 천식, 관절염 완화

06 지질섭취와 건강

지질은 섭취하는 종류나 양에 따라 고지혈증, 동맥경화증, 고혈압, 심장병 등 심혈관계 질환 및 암 등 만성퇴행성 질환 발생과 관련된다.

❶ 지질섭취와 관련된 질환

(1) 심혈관계 질환

혈액 중에 중성지방이나 콜레스테롤이 많으면 혈액의 점도가 커져서 혈류가 느려지고 혈관 벽에 이러한 물질들이 축적된다. 특히 동맥벽에 이러한 현상이 많이 나타나는데, 동맥 내벽에 콜레스테롤 플라그가 축적되면 동맥벽이 두꺼워지고 단단해져서 탄력성을 잃게 되는 동맥경화가 발생하고 혈압이 상승하는 고혈압도 따른다(그림 4-18). 동맥경화가 심해지면 혈전이 생성되어 혈류를 심하게 방해하고 플라그는 더욱 축적되어 악화되는데, 이러한 현상이 심장 혈관인 관상동맥에 일어나면 관상동맥경화증이라

표 4-5 한국인의 이상지질혈증(mg/dL) 진단기준(2009년)

수준	총 콜레스테롤	LDL-콜레스테롤	HDL-콜레스테롤		중성지방
		적정 : <100	남	여	
정상	<200	100~129	40<	60<	<150
경계	200~229	130~149	35~40	40~59	150~199
위험	230≤	150≤	<35	<40	200≤

하고 뇌혈관에 일어나면 뇌졸중(중풍)이라 한다. 그러나 혈관 내벽이 70~80% 좁아질 때까지 대부분 아무런 증상이 없다가 갑자기 심장마비나 뇌출혈을 일으킬 수 있으므로 평소 혈액검사 등을 통해 고지혈증을 미리 진단하고 예방해야한다.

혈중 LDL-콜레스테롤 농도는 정상범위보다 높고 HDL-콜레스테롤 농도는 정상 범위보다 낮으면 심혈관계 질환의 발생과 밀접하게 관련된다(표 4-5).

음식 중 포화지방산이 많고 불포화지방산이 적은 경우, 즉 식물성 지방보다 동물 성 지방 섭취량이 많으면 혈중 LDL-콜레스테롤 수준이 증가하게 된다. 혈중 LDL-콜 레스테롤 수준을 낮추려면 단일불포화지방산이 많은 올리브유나 다중불포화지방산이 많은 식물성 기름과 등 푸른 생선을 섭취하는 것이 좋다. 또한 수용성 섬유소도 혈중 LDL-콜레스테롤 수준을 낮춘다. 혈중 중성지방은 식사에 의해 가장 쉽게 변하는데,

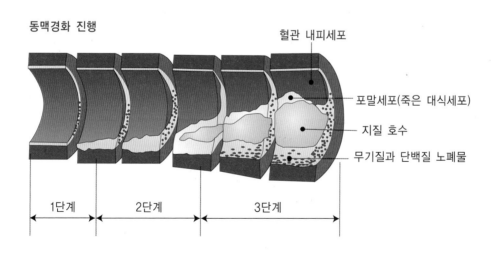

동맥경화 진행

혈관 내피세포

포말세포(죽은 대식세포)

지질 호수

무기질과 단백질 노폐물

1단계   2단계   3단계

(동맥 내벽에 섬유성 플라그가 침착되면서 내강이 점차 좁아져 정상적인 혈류에 장애를 일으킴)

그림 4-18 동맥경화의 진행

과식, 특히 당질 섭취를 절제하고 금연, 금주, 체중조절 및 규칙적인 운동을 할 때 혈중 중성지방의 수준을 낮출 수 있다. 한편, HDL-콜레스테롤 수준을 높이려면 운동량을 늘리도록 한다. 1주일에 4회, 최소 45분간 운동을 할 때 혈중 HDL-콜레스테롤 수준이 5mg/dL 정도 상승한다. 또한 체중조절 및 금연도 도움이 된다.

혈중 콜레스테롤은 콜레스테롤이 함유된 식품 섭취를 통해서 오거나, 또는 과식이나 동물성 지방의 과잉 섭취로 인해 다량 생성된 아세틸 CoA로부터 체내 합성된 것이다. 따라서 혈중 콜레스테롤 수준을 낮추려면 음식 중 콜레스테롤뿐만 아니라 아세틸 CoA를 다량 생성하는 포화지방산이 많은 동물성 지방 섭취도 제한해야 한다. 포화지방산으로는 팔미트산(16 : 0)과 스테아르산(18 : 0)이 대표적인데, 스테아르산은 체내에서 불포화되어 올레산(18 : 1)으로 전환될 수 있다. 올레산은 혈중 콜레스테롤 수준을 낮추므로 포화지방산 가운데 스테아르산보다는 팔미트산이 혈중 콜레스테롤 수준을 높이는 것과 밀접한 관련이 있다.

한편, 리놀레산(18 : 2), α-리놀렌산(18 : 3) 등의 다중불포화지방산은 혈중 콜레스테롤 수준을 낮춘다. 동물성 기름보다는 올리브유나 식물성 기름을 자주 이용하는 것이 좋으나 불포화지방산은 쉽게 산패되어 해로우므로 신선한 상태로 이용하는 것이 중요하다. 단일불포화지방산은 포화지방산에 비해 혈중 콜레스테롤 수준을 낮추는 효과가 있으면서 이중결합이 하나로서 다가불포화지방산의 이중결합보다 적어 산패가 적게 일어나므로 올리브유를 자주 이용하는 것도 좋다.

지중해 연안국가들 사람들 사이에 지질 섭취가 비교적 높은데도 불구하고 심혈관계 질환으로 인한 사망률이 낮은 것은 올레산이 풍부한 올리브유의 섭취가 많기 때문인 것으로 알려졌다.

잠깐! CSI란?

식품의 콜레스테롤과 포화지방산 함량으로부터 산출하는 CSI(cholesterol–saturated fat index)는 각종 식품이 혈중 콜레스테롤에 어느 정도 영향을 주는지 판단하는 지표가 된다. 콜레스테롤이 많은 새우보다 포화지방산이 많은 삼겹살이 CSI가 높아서 혈중 콜레스테롤의 상승효과가 크다. 달걀은 콜레스테롤이 아주 많아서 CSI가 가장 높다(표 4-6, 그림 4-19).

CSI = [콜레스테롤(mg/100g 식품)×0.05] + 포화지방산(g/100g 식품)

그림 4-19 주요 식품 1인 1회 분량 당 포화지방산, 콜레스테롤 함량과 CSI

표 4-6 주요 식품 가식부 100g 및 1인 1회 분량당 총지방, 포화지방산, 콜레스테롤 함량과 CSI

식품명	총 지방(g)	포화지방산(g)	콜레스테롤(mg)	CSI/100g[1]
달걀(1알)[1]	11.2[2](5.6)[3]	3.8(1.9)	470(235.0)	27.3(13.7)
난황(1알)	29.7(7.4)	10.8(2.7)	1203(298.3)	70.9(17.8)
난백	0	0	1.0	0.05
소고기(60g)				
안심	16.2(9.7)	6.1(3.7)	67(40.2)	9.5(5.7)
갈비	18.0(10.8)	6.4(3.8)	55(33.0)	9.2(5.5)
콩팥	6.4(3.8)	2.6(1.6)	310(217.0)	18.1(10.9)
간	4.6(2.8)	0.9(0.5)	246(147.6)	13.27.9)
돼지고기(60g)				
삼겹살	38.3(23.0)	15.5(9.3)	64(38.4)	18.7(11.2)
등심	25.7(15.4)	10.9(6.5)	55(33.0)	13.7(8.2)
닭고기(60g)				
가슴살	2.4(1.4)	0.6(0.4)	75(45)	4.4(2.6)
날개	15.8(9.5)	3.9(2.3)	116(69.6)	9.7(5.8)
다리	14.6(8.8)	4.5(2.7)	95(57.0)	9.3(5.6)
베이컨(1접시, 25g)	13.5(3.4)	5.4(1.4)	20(5.3)	6.5(1.6)
소세지 40g	21.9(8.7)	8.3(3.4)	53(13.3)	10.9(2.7)
햄 40g	4.2(1.7)	1.7(0.7)	12(4.9)	2.3(0.94)
땅콩(20~30알)	49.5(5.9)	7.7(0.9)	0	7.7(0.92)
호두(4알)	68.7(8.2)	6.9(0.8)	0	6.9(0.83)
마요네즈(1t.s)	72.5(4.4)	8.0(0.5)	200(12)	18.0(1.1)
가자미(50g)	2.2(1.1)	0.4(0.2)	99(49.5)	5.4(2.7)
고등어(50g)	16.5(8.3)	4.6(2.3)	55(27.5)	7.4(3.7)
대구(50g)	0.4(0.2)	0.1(0.05)	60(30.0)	3.1(1.6)
연어(50g)	8.4(4.2)	1.9(1.0)	65(32.5)	5.2(2.6)
참치(캔)(50g)	16.5(8.3)	4.0(2.0)	38(19.0)	5.9(3.0)
새우(50)	0.5(0.25)	0.07(0.04)	130(65.0)	6.6(3.3)
생오징어(생)(50g)	1.0(0.5)	0.1(0.05)	294(147.0)	14.8(7.4)
생굴(50g)	1.8(1.4)	0.3(0.24)	36(28.8)	2.1(1.7)
우유(1컵)	3.5(7.0)	0.9(3.8)	11(22.0)	2.5(5.0)
모유	3.5	1.4	15	2.2
분유(조제)	26.8	12.1	28	13.5
치즈(1장, 20)	26.0(5.2)	17.0(3.4)	80(16.0)	21.0(4.2)
식빵(큰 3쪽, 100)	3.8(3.8)	0.9(0.9)	0	0.9(0.9)
쌀밥(1공기, 210)	0.5(1.1)	0.2(0.4)	0	0.2(0.4)

[1] 1인 1회 분량
[2] 가식부 100g 당 함량
[3] 1인 1회 분량 당 함량

(2) 암

동물성 지방 섭취량이 많을수록 암 발생률, 특히 대장암과 유방암 발생이 증가한다. 동물성 지방에 많은 포화지방산과 오메가 6계 지방산은 암 발생을 증가시키고 오메가 3계 지방산은 암 발생을 억제하는 효과가 있다.

❷ 식용 기름의 지방산 조성

다불포화지방산 중 오메가 6계 지방산인 리놀레산은 해바라기씨유, 면실유, 옥수수기름, 콩기름에 많고, 오메가 3계 지방산인 알파-리놀렌산은 들기름, 땅콩기름에 많으며 채종유, 콩기름에도 비교적 많이 함유되어 있다. 등 푸른 생선에는 EPA와 DHA가 풍부하다. 단일불포화지방산은 올리브유, 채종유에 많으며 포화지방산은 동물성 기름과 코코넛유와 팜유에 많이 함유되어 있다(그림 4-20).

식물성 기름 외에 주요 식품의 지방산 조성을 살펴보면(표 4-7), 소기름과 라아드는 포화지방산 함량이 40% 내외 수준으로 높으면서 단일불포화지방산 함량 역시 40% 이상을 나타내고 있는 반면, 닭고기는 소기름이나 라아드보다 포화지방산 함량은 30% 이하의 적은 수준이지만 단일불포화지방산은 50%를 넘는 높은 함량을 나타낸다. 달걀은 라아드와 비슷한 정도이고 등 푸른 생선인 고등어는 갈치보다 포화지방산 함량은 적고 단일불포화지방산 함량은 많다. 오징어의 다불포화지방산 함량은 56.4%로 아주 많으며 대신 단일불포화지방산은 아주 소량 함유한다.

다불포화지방산 중 오메가 6계 지방산은 LDL-콜레스테롤과 HDL-콜레스테롤 농도를 모두 낮추어 혈청 총콜레스테롤의 농도를 낮추고, 오메가 3계 지방산은 혈청 중성지방의 농도를 낮춘다. 단일불포화지방산은 LDL-콜레스테롤 농도는 낮추고 HDL-콜레스테롤 농도는 높인다. 반면, 포화지방산은 LDL-콜레스테롤 농도를 높인다.

오메가 3계 지방산인 알파-리놀렌산이나 EPA는 혈전 생성을 억제하여 동맥경화증의 예방과 치료에 효과가 크므로 섭취 필요성이 강조되며, 오메가 6계의 리놀레산이나 아라키돈산도 혈청 총콜레스테롤의 농도를 낮추고 피부염도 예방하므로 결핍되지 않도록 해야 한다. 그러나 오메가 6계 지방산을 과잉섭취하면 혈전 생성이 증가하여 심혈관계 질환 발생을 촉진하는 것으로 알려져 있고, 오메가 3계 지방산도 과잉 섭취하면 생리 물질을 만들어내는 효소에 대하여 오메가 6계 지방산과 공유하고 경쟁하기 때문에 오메가 6계 지방산의 작용이 억제된다. 따라서 이들 지방산의 균형

다불포화지방산
(polyunsaturated fatty acid)
단일불포화지방산
(monounsaturated fatty acid)
포화지방산
(saturated fatty acid)

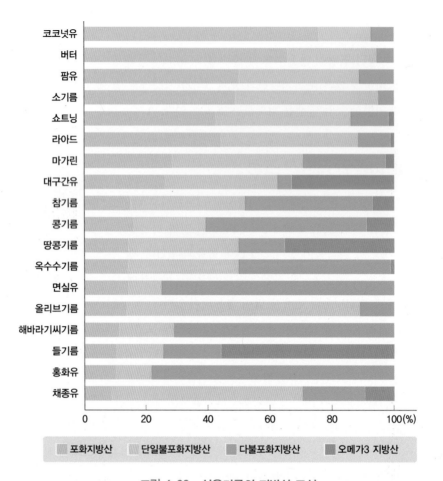

그림 4-20 식용기름의 지방산 조성

표 4-7 식물성 기름 외 지방급원식품의 지방산 조성(%)과 P/M/S 비

식품명	포화지방산 (S)	단일불포화지방산 (MUFA)	다불포화지방산 (PUFA)	P/M/S
소기름	45.5	46.2	3.4	0.07/1.02/1
라아드	39.5	45.5	10.3	0.26/1.15/1
닭고기(날개)	29.3	52.2	18.5	0.63/1.78/1
달걀	34.5	48.0	17.6	0.51/1.39/1
고등어	29.4	40.0	30.6	1.04/1.36/1
갈치	34.3	42.5	23.2	0.68/1.24/1
오징어	35.9	7.7	56.4	1.57/0.21/1
백미	31.7	23.4	41.6	1.31/0.74/1
밀가루(중력분)	27.7	10.8	61.5	2.22/0.39/1

섭취가 매우 중요하다. 오메가 6/오메가 3 비율은 지질의 에너지 적정비율의 변화로 다소 변화를 보이지만 일반적으로 4~10:1 정도가 바람직한 것으로 여겨진다. 오메가 3계 지방산 섭취량을 늘리기 위해서는 등 푸른 생선을 주 2회 정도 섭취하고 들깨나 들기름을 많이 이용하도록 한다. 생선 통조림은 가공 시에 오메가 6계 지방산을 다량 함유한 면실유를 이용하므로 섭취에 주의한다.

❸ 지질의 섭취실태

우리나라 국민건강영양조사 결과에 의하면 한국인의 지질 에너지 섭취 비율은 1969년 이래 꾸준히 증가하는 추세를 보이고 있으며, 2013~2017년도 지방 에너지 섭취 비율은 연령별로 다르지만 19~25% 범위로 평균 22% 정도이다. 지질 섭취량에 대한 식품군별 기여도는 육류, 곡류, 유지류 순으로 육류 소비량의 증가가 지질 섭취량을 증가시키는 가장 큰 요인이었다. 그 외에 패스트푸드나 식물성 기름의 섭취량 증가도 영향을 준 것으로 나타났다. 육류 가운데, 돼지고기, 특히 삼겹살은 포화지방산을 다량 함유하고, 라면 등의 패스트푸드는 가공 시 포화지방산이 많은 팜유를 이용하므로 섭취에 주의해야 한다. 최근에는 동물성 지질보다는 식물성 지질이나 올레산 함량이 많은 올리브유의 섭취량을 늘리려는 등 지질 섭취에 대한 관심이 높아지고 있다.

❹ 한국인의 지질의 섭취기준과 급원식품

2020년 한국인 영양소 섭취기준에서는 지질의 에너지 적정비율과 포화지방산, 트랜스지방산, 그리고 콜레스테롤에 대한 권장 섭취 비율을 설정했다(표 4-8). 그리고 리놀레산과 알파-리놀렌산, EPA와 DHA의 충분섭취량 기준을 선정하여 제시하였다(표 4-9).

(1) 지질의 에너지 적정비율

지질의 에너지 적정비율은 1~2세 영아는 20~35%, 3세 이후의 모든 연령층에서는 15~30%이며, 생후 1년 이내의 영아의 경우에는 지방 섭취기준을 25g/일로 설정했다(표 4-8). 우리나라 국민이 섭취하는 지방의 주요 급원식품은 표 4-10과 그림 4-21과 같다.

표 4-8 지질의 에너지 적정비율, 지방산과 콜레스테롤 섭취기준

구분	한국인의 영양소 섭취기준
지질의 에너지 적정비율	1세 미만: 25g/일 1~2세: 20~35% 3세 이상: 15~30%
포화지방산	3~18세: 8% 미만 19세 이상: 7% 미만
콜레스테롤(mg/일)	19세 이상: < 300
트랜스지방산	3세 이상: 1% 미만

자료: 보건복지부, 한국영양학회. 2020 한국인 영양소 섭취기준

표 4-9 한국인의 1일 지질 섭취기준

성별	연령(세)	충분섭취량				
		지방 (g/일)	리놀레산 (g/일)	알파-리놀렌산 (g/일)	EPA+DHA (mg/일)	DHA (mg/일)
영아	0~5(개월)	25	5.0	0.6		200
	6~11	25	7.0	0.8		300
유아	1~2		4.5	0.6		
	3~5		7.0	0.9		
남자	6~8		9.0	1.1	200	
	9~11		9.5	1.3	220	
	12~14		12.0	1.5	230	
	15~18		14.0	1.7	230	
	19~29		13.0	1.6	210	
	30~49		11.5	1.4	400	
	50~64		9.0	1.4	500	
	65~74		7.0	1.2	310	
	75 이상		5.0	0.9	280	
여자	6~8		7.0	0.8	200	
	9~11		9.0	1.1	150	
	12~14		9.0	1.2	210	
	15~18		10.0	1.1	100	
	19~29		10.0	1.2	150	
	30~49		8.5	1.2	260	
	50~64		7.0	1.2	240	
	65~74		4.5	1.0	150	
	75 이상		3.0	0.4	140	
임신부			+0	+0	+0	
수유부			+0	+0	+0	

자료: 보건복지부, 한국영양학회. 2020 한국인 영양소 섭취기준

표 4-10 **지방 주요 급원식품(100g당 함량)**[1]

급원식품	함량 (g/100g)	급원식품	함량 (g/100g)
참기름	99.6	대두	15.4
콩기름	99.3	고등어	13.3
크림	45.0	샌드위치/햄버거/피자	13.2
초콜릿	34.4	라면(건면, 스프포함)	11.5
과자	22.8	돼지고기(살코기)	11.3
오리고기	19.0	달걀	7.4
케이크	18.9	빵	4.9
소고기(살코기)	17.0	우유	3.3

1) 2017년 국민건강영양조사의 식품섭취량과 식품별 지방 함량(국가표준식품성분표 DB 9.1, 2019) 자료를 활용하여 지방
주요 급원식품 16개 산출
자료: 보건복지부, 한국영양학회. 2020 한국인 영양소 섭취기준

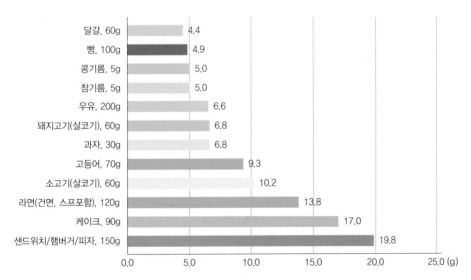

1) 2017년 국민건강영양조사의 식품섭취량과 식품별 지방 함량(국가표준식품성분표 DB 9.1, 2019) 자료를 활용하여 지방
주요 급원식품 12개 산출 후 1회 분량(2015 한국인 영양소 섭취기준)을 적용하여 1회 분량당 함량 산출
자료: 보건복지부, 한국영양학회. 2020 한국인 영양소 섭취기준

그림 4-21 **지방 주요 급원식품(1회 분량당 함량)**[1]

(2) 포화지방산

포화지방산은 동물성 기름에 많은데, 코코넛유와 팜유는 식물성이지만 포화지방
산 함량이 많다(그림 4-20). 2020년 한국인 영양소 섭취기준에서는 포화지방산의 섭

취 권장 기준을 3~18세에서는 8% 미만, 19세 이상에서는 7% 미만으로 설정하였다(표 3-12). 우리나라 국민이 섭취하는 포화지방의 주요 급원식품은 표 4-11과 그림 4-22와 같다.

표 4-11 포화지방산 주요 급원식품(100g당 함량)[1]

급원식품	함량 (g/100g)	급원식품	함량 (g/100g)
버터	48.1	라면(건면, 스프포함)	5.4
참기름	14.7	아이스크림	5.3
치즈	14.5	샌드위치/햄버거/피자	4.5
마요네즈	11.5	돼지고기(살코기)	3.6
케이크	11.4	빵	2.9
과자	6.8	요구르트(호상)	2.5
오리고기	6.2	우유	2.2
소고기(살코기)	5.4	두부	0.7

1) 2017년 국민건강영양조사의 식품섭취량과 식품별 포화지방산 함량(국가표준식품성분표 DB 9.1, 2019) 자료를 활용하여 포화지방산 주요 급원식품 16개 산출
자료: 보건복지부, 한국영양학회. 2020 한국인 영양소 섭취기준

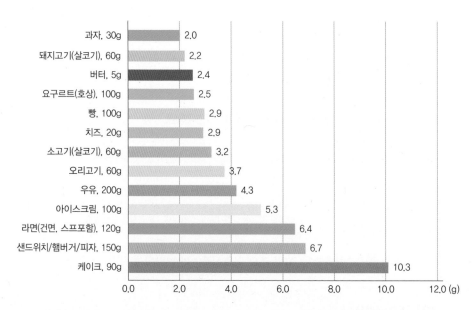

1) 2017년 국민건강영양조사의 식품섭취량과 식품별 포화지방산 함량(국가표준식품성분표 DB 9.1, 2019) 자료를 활용하여 포화지방산 주요 급원식품 13개 산출 후 1회 분량(2015 한국인 영양소 섭취기준)을 적용하여 1회 분량당 함량 산출
자료: 보건복지부, 한국영양학회. 2020 한국인 영양소 섭취기준

그림 4-22 포화지방산 주요 급원식품(1회 분량당 함량)[1]

(3) 콜레스테롤

콜레스테롤은 동물성 식품에만 포함되며 육류의 간이나 내장, 달걀, 어류 알, 새우와 같은 해산물 그리고 크림이나 버터를 사용하여 만든 제과 제빵 제품에 많다. 우리나라 콜레스테롤 섭취량은 1일 150~350mg 정도인데, 2013~2017년 국민건강영양조사 자료에 의하면 10세에서 49세의 남자인 경우 1일 평균섭취량이 300mg 이상 이었다. 콜레스테롤을 전혀 섭취하지 않아도 영양상의 별다른 문제는 없으나 콜레스테롤이 함유되지 않은 식단을 짜게 되면 단백질 및 미량영양소 섭취가 매우 저조할 수 있으므로 콜레스테롤을 섭취는 하되, 가능한 적게(300mg/일 미만) 섭취하도록 19세 이상의 성인에게 권고한다. 우리나라 국민이 섭취하는 콜레스테롤의 주요 급원식품은 표 4-12와 그림 4-23과 같다.

(4) 지방산

2020 한국인 영양소 섭취기준에서는 리놀레산과 알파-리놀렌산, EPA와 DHA에 대한 1일 섭취기준을 정하고 충분섭취량을 제시하였다. 우리나라 국민이 섭취하는 리놀레산의 주요 급원식품은 표 4-13과 그림 4-24와 같고, 알파-리놀렌산의 주요 급원식품은 표 4-14와 그림 4-25와 같다. 그리고 우리나라 국민이 섭취하는 EPA와 DHA의 주요 급원식품은 표 4-15와 그림 4-26과 같다.

표 4-12   콜레스테롤 주요 급원식품(100g당 함량)[1]

급원식품	함량 (mg/100g)	급원식품	함량 (mg/100g)
닭 부산물(간)	563	오리고기	91
멸치	497	낙지	88
소 부산물(간)	396	꽁치	72
돼지 부산물(간)	355	케이크	68
달걀	329	고등어	67
새우	240	소고기(살코기)	65
오징어	230	돼지고기(살코기)	63
미꾸라지	220	햄/소시지/베이컨	52

1) 2017년 국민건강영양조사의 식품섭취량과 식품별 콜레스테롤 함량(국가표준식품성분표 DB 9.1, 2019) 자료를 활용하여
콜레스테롤 주요 급원식품 16개 산출
자료: 보건복지부, 한국영양학회. 2020 한국인 영양소 섭취기준

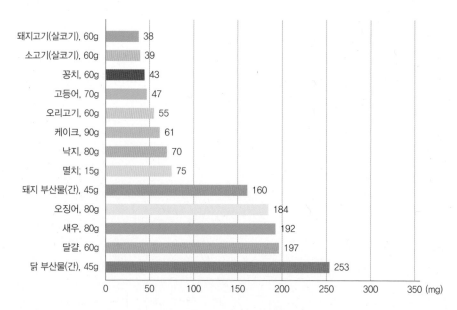

1) 2017년 국민건강영양조사의 식품섭취량과 식품별 콜레스테롤 함량(국가표준식품성분표 DB 9.1, 2019) 자료를 활용하여
콜레스테롤 주요 급원식품 13개 산출 후 1회 분량(2015 한국인 영양소 섭취기준)을 적용하여 1회 분량당 함량 산출
자료: 보건복지부, 한국영양학회. 2020 한국인 영양소 섭취기준

그림 4-23   콜레스테롤 주요 급원식품(1회 분량당 함량)[1]

표 4-13　리놀레산 주요 급원식품(100g당 함량)[1]

급원식품	함량 (g/100g)	급원식품	함량 (g/100g)
포도씨유	69.5	아몬드	12.5
콩기름	50.7	대두	7.7
참기름	41.6	과자	5.7
호두	41.5	오리고기	3.2
마요네즈	39.2	두부	2.4
유채씨기름	19.8	돼지고기(살코기)	1.6
깨	18.1	두유	1.5
땅콩	17.1	달걀	1.1

1) 2017년 국민건강영양조사의 식품섭취량과 식품별 리놀레산 함량(국가표준식품성분표 DB 9.1, 2019) 자료를 활용하여 리놀레산 주요 급원식품 16개 산출
자료: 보건복지부, 한국영양학회. 2020 한국인 영양소 섭취기준

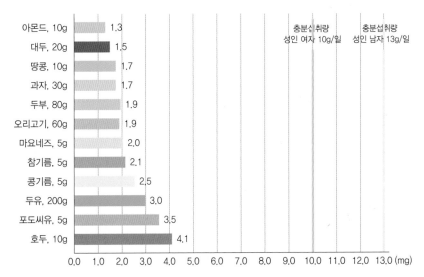

1) 2017년 국민건강영양조사의 식품섭취량과 식품별 리놀레산 함량(국가표준식품성분표 DB 9.1, 2019) 자료를 활용하여 리놀레산 주요 급원식품 12개 산출 후 1회 분량(2015 한국인 영양소 섭취기준)을 적용하여 1회 분량당 함량 산출
자료: 보건복지부, 한국영양학회. 2020 한국인 영양소 섭취기준

그림 4-24　리놀레산 주요 급원식품(1회 분량당 함량)[1]

표 4-14 알파-리놀렌산 주요 급원식품(100g당 함량)[1]

급원식품	함량 (g/100g)	급원식품	함량 (g/100g)
들기름	62.0	된장	0.6
들깨	23.8	두부	0.4
호두	11.5	콩나물	0.2
유채씨기름	11.3	두유	0.2
콩기름	6.6	상추	0.2
마요네즈	5.8	시금치	0.2
김	3.8	어묵	0.2
대두	1.3	돼지고기(살코기)	0.1

1) 2017년 국민건강영양조사의 식품섭취량과 식품별 알파-리놀렌산 함량(국가표준식품성분표 DB 9.1, 2019) 자료를 활용하여 알파-리놀렌산 에너지 주요 급원식품 16개 산출
자료: 보건복지부, 한국영양학회. 2020 한국인 영양소 섭취기준

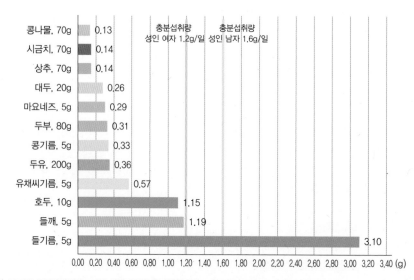

1) 2017년 국민건강영양조사의 식품섭취량과 식품별 알파-리놀렌산 함량(국가표준식품성분표 DB 9.1, 2019) 자료를 활용하여 알파-리놀렌산 주요 급원식품 12개 산출 후 1회 분량(2015 한국인 영양소 섭취기준)을 적용하여 1회 분량당 함량 산출
자료: 보건복지부, 한국영양학회. 2020 한국인 영양소 섭취기준

그림 4-25 알파-리놀렌산 주요 급원식품(1회 분량당 함량)[1]

표 4-15　EPA+DHA 주요 급원식품(100g당 함량)[1]

급원식품	함량 (mg/100g)	급원식품	함량 (mg/100g)
방어	2,900	송어	988
고등어	2,713	조기	851
꽁치	1,760	오징어	779
임연수어	1,700	연어	750
돔	1,660	넙치(광어)	623
다랑어	1,397	게	276
멸치	1,145	낙지	244
삼치	1,001	굴	149

1) 2017년 국민건강영양조사의 식품섭취량과 식품별 EPA와 DHA 함량(국가표준식품성분표 DB 9.1, 2019) 자료를 활용하여 EPA와 DHA 주요 급원식품 16개 산출
자료: 보건복지부, 한국영양학회. 2020 한국인 영양소 섭취기준

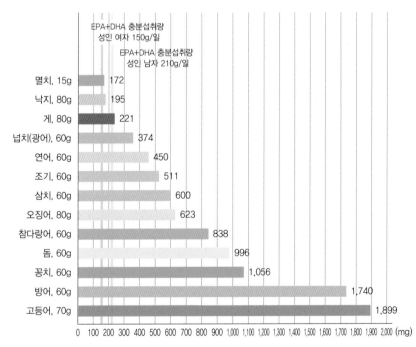

1) 2017년 국민건강영양조사의 식품섭취량과 식품별 EPA와 DHA 함량(국가표준식품성분표 DB 9.1, 2019) 자료를 활용하여 EPA와 DHA 주요 급원식품 13개 산출 후 1회 분량(2015 한국인 영양소 섭취기준)을 적용하여 1회 분량당 함량 산출
자료: 보건복지부, 한국영양학회. 2020 한국인 영양소 섭취기준

그림 4-26　EPA+DHA 주요 급원식품(1회 분량당 함량)[1]

(5) 트랜스지방산

세포막을 구성하는 레시틴에 트랜스지방산이 포함되면 시스형 지방산이 포함된 경우보다 세포막이 단단해져 막에 존재하는 수용체나 효소의 작용을 방해한다. 세포막에 있으면서 혈중 LDL-콜레스테롤을 말초 조직 세포 내로 받아들이는 LDL-수용체의 기능이 감소되면 혈중 LDL-콜레스테롤 농도가 증가된다. 이와 같이 트랜스지방산은 혈중 LDL 콜레스테롤 농도를 높이는 반면에, HDL 콜레스테롤 농도를 낮추어 관상동맥경화를 비롯한 심혈관계 질환이나 암 등 여러 질병의 발생을 촉진하는 것으로 알려져 있다. 세계보건기구에서는 트랜스지방산 섭취량을 하루 섭취 에너지의 1% 이내

표 4-16 가공식품 및 외식 음식의 트랜스지방산 함량(%)	
식품명	트랜스지방산
라아드	0.70~3.31
마요네즈	2.19~3.38
쇼트닝	2.44~10.20
마가린	0.84~25.24
햄버거류	0.82~8.42
튀김류	4.85~10.02
닭튀김	0~14.6
케이크류	8.75~16.92
감자튀김	5.22~18.82
파이, 쿠키	14.49~25.04
패스트리	25.66
피자	3.43~44.83

(2,000kcal 기준 2.2g 이하)로 권장하고 있고 한국인 영양섭취기준에서도 3세 이상을 대상으로 트랜스지방산 섭취량을 하루 섭취 에너지의 1% 미만으로 유지할 것을 제안하고 있다(표 4-8). 최근 우리나라에서는 가공식품에 트랜스지방산 함량표시를 의무화하고 있는데, 이는 트랜스지방산이 청소년이나 어린이들이 간식으로 즐겨먹는 가공식품에 주로 함유되어 있기 때문에 트랜스지방산 섭취를 줄이려는 정책의 일환이다. 대부분의 식이 트랜스지방산은 옥수수기름과 같은 액체 기름을 마가린과 같은 고체 지방으로 화학적 전환인 부분 경화과정을 통하여 상업적으로 생산된 것이다. 크래커, 패스트리, 빵류, 쇼트닝, 마가린이 트랜스지방산의 주요 급원이다(표 4-16).

⑤ 지질 대용품

미국이나 서구 여러 나라에서는 지질 섭취량을 줄이고자 하나 그 독특한 풍미나 질감 때문에 지질을 선호하는 식습관을 쉽게 바꾸지 못하고 있다. 따라서 지질의 풍미를 즐기면서 지질과 에너지 섭취량은 줄이기 위한 지질 대용품을 개발하였다.

물과 우유 단백질을 혼합하여 만든 심플리스(simplesse)는 마요네즈와 유사한 맛과 질감이 있지만 에너지는 지질의 1/7 정도에 불과하다. 그러나 열에 약하므로 고온 조리에는 이용할 수 없고 차가운 아이스크림이나 샐러드유 제조에 적합하다. 설탕과 기름을 혼합하여 만든 올레스트라(olestra)는 체내에서 소화되지 않으므로 에너지가 전혀 없고 열에 강하므로 튀김과 같은 고온 조리에 이용될 수 있다. 그러나 지용성 비타민의 흡수를 억제하므로 올레스트라를 첨가한 제품에는 지용성 비타민을 강화하고 있다.

올레스트라

배우고나서

Question

자신이 얼마나 아는지 확인해 봅시다.

1. 짧은 사슬 지방산, 중간 사슬 지방산, 긴 사슬 지방산을 설명하고 함유식품의 예를 들어라.

2. 포화지방산, MUFA, PUFA를 설명하고 함유식품의 예를 들어라.

3. 오메가 3, 오메가 6, 트랜스 지방산을 설명하고 함유식품의 예를 들어라.

4. 지질의 소화과정을 설명하라.

5. 지방산의 흡수경로를 설명하라.

6. 나쁜 콜레스테롤과 좋은 콜레스테롤이란?

7. 콜레스테롤의 기능을 설명하라.

8. 필수지방산을 열거하고 그 기능을 설명하라.

9. 아이코사노이드의 합성과 역할을 설명하라.

10. 혈중 LDL 수준을 낮추고, HDL 수준을 높이기 위해 권장되는 것은?

Answer

1 탄소수가 4~6개인 지방산을 짧은 사슬 지방산, 탄소수가 8~10개인 지방산을 중간 사슬 지방산, 탄소수가 12개 이상인 지방산을 긴 사슬 지방산이라 한다. 우유의 유지방은 짧은 사슬 지방산, 코코넛 유는 중간 사슬 지방산을 함유하고 콩기름, 옥수수기름 등 식용유와 소기름, 돼지기름 등 동물성 기름, 즉 일상식의 대부분 지질은 긴 사슬 지방산을 함유한다.

2 포화지방산은 지방산 사슬 내에 이중결합이 없이 단일결합만으로 이루어진 지방산으로서 팔미트산, 스테아르산 등이 있으며 이는 동물성 기름에 많다. 식물성 기름에는 이러한 포화지방산 함량이 적은데, 예외로 코코넛 유, 팜유, 마가린 등은 포화지방산이 다량 함유되어 있다. 지방산 사슬 내에 이중결합이 1개인 지방산을 단일불포화지방산(MUFA), 이중결합이 2개 이상인 지방산을 다가불포화지방산(PUFA)이라 한다. 단일불포화지방산으로는 올리브유에 많은 올레산이 있고 다가불포화지방산은 리놀레산이 대표적으로서 대부분의 식물성 기름에 많다.

3 지방산의 마지막 부분인 메틸기에서 가장 가까운 이중결합을 이루는 탄소의 위치가 마지막 오메가 탄소로부터 3번째(6번째)에 위치하는 지방산을 오메가 3(오메가 6) 지방산이라 한다. 오메가 3 지방산에는 α-리놀렌산, EPA, DHA가 있으며 α-리놀렌산은 들기름에 많고 EPA나 DHA는 등 푸른 생선에 많다. 오메가 6 지방산에는 리놀레산, 아라키돈산이 있으며 리놀레산은 옥수수기름, 참기름 등 식물성 기름에 많고 아라키돈산은 육류에 많다.
또한 불포화지방산은 이중결합을 중심으로 좌우 탄소사슬의 모양에 따라 시스형과 트랜스형으로 나뉜다. 트랜스형은 이중결합을 이루는 탄소 2개에 결합된 수소원자 2개가 서로 다른 반대 방향에 있어서 사슬이 굽지 않고 똑바른 모양을 이루므로 포화지방산과 비슷한 물리적 성질을 가진다. 다가불포화지방산을 함유한 액체의 식물성 기름에 부분적으로 수소를 첨가하여 고체인 쇼트닝과 마가린을 만드는 과정에서 생기는 지방산이다.

4 구강 내 리파아제는 주로 유즙의 유지방이나 야자유와 같은 짧은 사슬지방이나 중간 사슬지방을 가수분해하므로 일상 식에서 흔히 섭취하는 긴 사슬지방과는 무관하고 십이지장으로 넘어간 후 본격적으로 소화된다. 짧은 사슬이나 중간 사슬지방은 소장점막의 리파아제에 의해 글리세롤과 유리지방산으로 쉽게 가수분해되고, 긴 사슬 지방은 담즙에 의해 유화된 후 췌장 리파아제에 의해 유리지방산과 모노글리세라이드로 분해된다.

5 지질 가수분해물인 글리세롤, 유리 지방산, 모노글리세라이드, 콜레스테롤 등은 담즙과 함께 복합미셀 형태로서 소장 융모의 점막세포 가까이 이동하여 단순확산을 통해 세포 내로 흡수된다. 사슬이 짧거나 중간인 지방산(탄소 수 12개 미만)은 수용성이므로 글리세롤과 함께 융모 내 모세혈관을 통해 문맥을 지나 간으로 간다. 사슬이 긴 지방산(탄소 수 12개 이상)의 모노글리세라이드는 소장점막 세포 내에서 긴 사슬 지방산과 다시 결합하여 중성지방이 되고 다시 아포단백질로 둘러싸여 지단백질(카일로마이크론)을 형성한다. 카일로마이크론은 융모 내의 림프관, 흉관을 지나 대정맥을 통해 혈류에 합류된다.

6 LDL-콜레스테롤은 콜레스테롤이나 포화지방산이 많은 기름진 동물성 식사를 자주 하는 경우에 그 수치가 높다. 높은 농도의 LDL-콜레스테롤은 혈관계를 순환하면서 말초혈관 벽에 플라그를 형성하여 동맥경화증을 유발하므로 심혈관계 질환의 위험인자로서 나쁜 콜레스테롤이다. 반면에, HDL-콜레스테롤은 말초혈관에 쌓인 콜레스테롤을 간으로 운반 처리하는 청소부 역할을 하므로 동맥경화증을 억제하는 좋은 콜레스테롤이다.

7 콜레스테롤은 인지질과 함께 세포막의 성분이 되고 유화제로서 중요한 역할을 하는 담즙산(콜린산)을 합성한다. 또한 성 호르몬, 부신피질 호르몬과 같은 스테로이드 호르몬과 칼슘의 흡수를 돕는 비타민 D의 전구체인 7-디하이드로콜레스테롤을 합성한다.

8 신체의 정상적인 성장과 유지에 필수적이지만 체내에서 합성되지 않거나 합성되는 양이 부족하므로 반드시 섭취해야 하는 지방산을 필수지방산이라 한다. 오메가 6계 지방산인 리놀레산과 아라키돈산, 오메가 3계 지방산인 α-리놀렌산이 필수지방산으로 간주되고 있다.

필수지방산은 피부의 정상적인 기능에 관여하고 세포막을 구성하는 인지질(레시틴)의 2번 탄소에 에스테르 결합되어 있으면서 세포막에 적당한 유동성을 부여해준다. 뇌조직과 망막에 다량 함유된 DHA는 식품에서 직접 섭취되거나, α—리놀렌산 또는 EPA로부터 합성되는데 뇌의 회백질이나 망막은 구성 지방산의 50% 이상이 DHA이므로 인지기능, 학습능력 및 시각기능과 관련된다. 또한 아이코사노이드의 전구체를 합성한다(9번 설명 참조).

9 아이코사노이드는 세포막을 구성하는 인지질의 2번 탄소위치에 있는 탄소 수 20개의 지방산, 즉 아라키돈산(ω 6)이나 EPA(ω 3)가 산화되어 생긴 물질들로서 프로스타글란딘, 트롬복산, 프로스타사이클린, 루코트리엔 등이 있다. 리놀레산이나 아라키돈산에서 생성된 오메가 6계열의 아이코사노이드는 혈소판 응집을 통해 혈액응고를 촉진하고 혈관수축을 통해 혈압을 상승시키며 평활근 수축 및 염증반응 촉진을 통해 천식을 악화시킨다. α—리놀렌산이나 EPA에서 생성된 오메가 3계열의 아이코사노이드는 혈소판 응집을 저해하여 혈액응고를 억제하고 혈관확장을 통해 혈압을 저하하며 혈청지질 수준을 낮추어 혈액점도를 떨어뜨린다. 염증반응을 억제하여 천식과 관절염을 완화한다.

10 혈중 LDL—콜레스테롤 수준을 낮추려면 단일불포화지방산이 많은 올리브유나 다가불포화지방산이 많은 식물성 기름과 등 푸른 생선을 섭취하고 수용성 섬유소도 혈중 LDL—콜레스테롤 수준을 낮추므로 섭취를 권한다. HDL—콜레스테롤 수준을 높이려면 운동량을 늘리도록 한다. 1주일에 4회, 최소 45분간 운동을 할 때 혈중 HDL—콜레스테롤 수준이 5mg/dL 정도 상승한다. 또한 체중조절 및 금연도 도움이 된다.

Chapter 5

단백질

Question

나는 단백질에 대해 얼마나 알고 있나요?
다음 질문에 ○, ×로 답하시오.

1   필요량 이상을 섭취한 단백질은 지질처럼 체내에 단백질로 저장된다.

2   단백질이 없으면 새로운 조직을 만들 수 없다.

3   세포가 손실되면 단백질도 함께 손실된다.

4   모든 효소와 호르몬은 단백질로 만들어진다.

5   항체가 체내에 들어오면 병이 발생한다.

6   에너지 필요량을 충족시키기에 충분한 에너지를 섭취하지 못하면 신체는 자신의 체단백질을
분해하여 이용한다.

7   단백질이 부족하면 부종이 생긴다.

8   단백질은 어린이, 임산부, 환자라고 해서 특별히 더 중요하지는 않다.

9   육류를 섭취하지 않는 사람은 충분한 단백질을 얻기 위해 특정 식품들을 많이 먹어야 한다.

10 어떤 상황에서는 단백질이 포도당으로 전환되어 뇌의 에너지 필요량을 제공해 줄 수 있다.

11 단백질은 체온 유지와 근육 에너지의 주요급원이다.

12 노인의 경우 신체활동량이 감소하기 때문에 단백질 필요량이 감소한다.

1   ×(지방으로 저장)

2   ○

3   ○

4   ×(호르몬 중에는 지질로부터 만들어지는 것도 있다)

5   ×(항원)

6   ○

7   ○

8   ×(성장, 태아형성, 새로운 조직형성에 더 필요하다.)

9   ×(일반식품들을 골고루 다양하게 섭취해도 가능하다.)

10 ○

11 ×(당질과 지질의 주요 역할이다.)

12 ×(체조직 유지를 위해서 줄여서는 안 된다.)

단백질의 정의와 구조

❶ 정 의

단백질은 생물의 생명유지에 필수적인 영양소로 동식물의 조직 세포의 구조적·기능적 특성을 유지하는 역할을 담당한다. 건강한 성인의 경우 체중의 약 15%가 단백질로 이루어졌다. 인체에 분포하는 단백질의 절반은 근육 단백질로 존재하고 피부와 혈액에 약 15%가, 간과 신장에는 10% 정도가 분포되어 있으며 나머지는 뇌, 폐, 심장, 뼈 등에 존재한다. 단백질은 구성성분에 따라 단순단백질과 복합단백질로 나눌 수 있는데, 단순단백질이란 순수하게 아미노산으로만 이루어진 단백질이고 복합단백질이란 아미노산 외에 다른 화학성분을 함유하는 단백질이다. 복합단백질은 아미노산 부분 이외 부분의 성질에 따라 다양한 구조와 기능을 가지고 있다.

단백질은 체내에서 근육이나 장기를 구성함은 물론 효소와 호르몬 구성, 영양소 운반작용, 인체 방어 작용 등을 한다.

Note*
단백질(protein)

단순단백질(simple protein)
복합단백질(complex potein)

표 5-1 **복합단백질의 종류와 예**

종 류	비 아미노산부분	예
지단백질	지질	카일로마이크론, VLDL, LDL, HDL
당단백질	탄수화물	뮤신, 점액단백질
금속단백질	금속	페리틴(철 저장 단백질) 칼모듈린(칼슘 저장 단백질)
헴단백질	헴	헤모글로빈

표 5-2 **단백질의 기능**

기 능	예
효소	소화효소, 대사효소
호르몬	인슐린, 글루카곤, 아드레날린, 갑상선호르몬 등
운반작용	지단백질, 헤모글로빈, 알부민
방어작용	항체, 면역글로불린, 혈액응고 단백질
근육	액틴, 미오신
기타구조	결합조직(콜라겐, 엘라스틴)

② 아미노산의 구조

Note＊

아미노산(amino acid)
펩티드 결합
(peptide bond)
곁가지(side group ; R)

아미노산은 단백질을 구성하는 기본단위로서 C, H, O, N으로 구성되며 약 20여종의 α-아미노산이 펩티드 결합이라는 독특한 구조로 연결되어 인체와 동식물 내의 수만 가지 단백질을 만든다. 아미노산은 공통적인 구조로서 α-탄소에 아미노기($NH_3{}^+$)와 카르복실기(COO^-)가 붙어 있으며 여기에 수소원자와 곁가지가 붙어 있다. 곁가지 R부분의 크기와 특성에 따라 아미노산의 종류가 달라져서 20여 개의 아미노산이 된다. 곁가지 R부분은 서로 다른 화학적 특성을 띠어 중성, 염기성, 산성 아미노산으로 나누어진다.

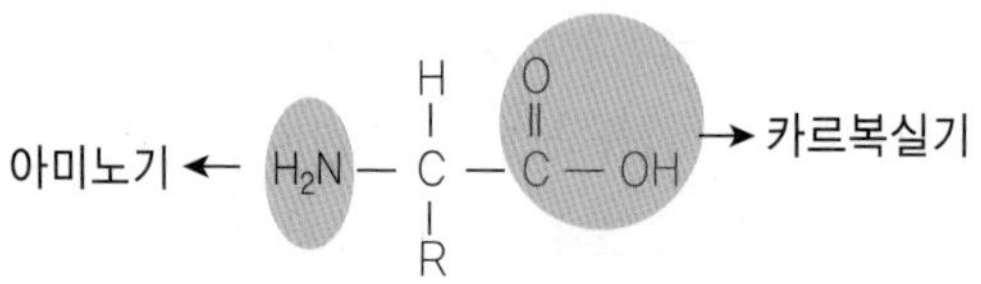

그림 5-1　아미노산의 기본 구조

③ 아미노산의 종류

필수아미노산
(essential amino acid)
불필수아미노산
(nonessential amino
acid)

아미노산은 체내합성 여부에 따라 필수아미노산과 불필수아미노산으로 분류된다. 필수아미노산이란 체내에서 합성되지 않거나 충분한 양이 합성되지 않으므로 식사를 통해 반드시 섭취해야 하는 아미노산이다. 필수아미노산의 부족은 성장기에는 성장지연을 유발하고 성인기에는 체중감소를 초래한다. 불필수아미노산은 포도당 대사의 중간대사물질의 탄소골격과 아미노기를 활용해서 체내에서 합성이 가능한 아미노산이다. 히스티딘은 체내에서 합성되지만 그 양이 부족하므로 성장기에는 필수아미노산으로 본다. 체내 단백질 합성을 위해서는 필수아미노산과 불필수아미노산이 모두 필요하므로 체내 대사상의 중요성에는 두 아미노산 그룹 간에 차이가 없다. 다만 식품으로의 섭취 필요성에 차이가 있어 필수아미노산은 식품으로 반드시 섭취를 하여야 한다는 점이 불필수아미노산과 다르다.

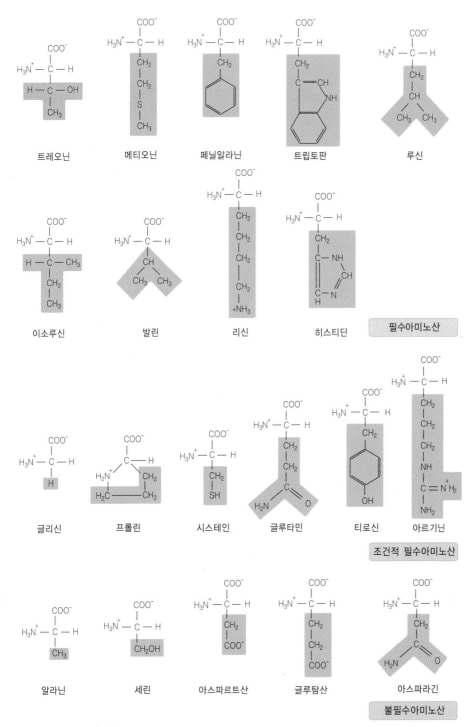

그림 5-2 아미노산의 분류 및 구조

표 5-3 　아미노산의 영양적 분류

필수아미노산	불필수아미노산	조건적 필수아미노산**
히스티딘(His)*	알라닌(Ala)	아르기닌(Arg)
이소루신(Ile)	아스파라긴(Asn)	시스테인(Cys)
루신(Leu)	아스파르트산(Asp)	티로신(Tyr)
리신(Lys)	글루탐산(Glu)**	글루타민(Gln)
메티오닌(Met)	세린(Ser)**	글리신(Gly)
페닐알라닌(Phe)		프롤린(Pro)
트레오닌(Thr)		
트립토판(Trp)		
발린(Val)		

* 　성장기 인체에는 필수임
** 조건적 필수아미노산은 정상상태에서는 체내합성으로 충족되지만 특정 체내상태에서 합성이 제한되는 아미노산임

잠깐! 동물성 단백질과 식물성 단백질

단백질 식품의 질을 결정하는 것은 그 식품 속에 함유되어 있는 필수아미노산이 인체에 필요한 만큼 충분히 들어있느냐의 여부에 달려있다. 동물성 식품의 아미노산 조성은 인체에 필요한 필수아미노산 조성과 더욱 가까우므로 식물성 식품보다 양질의 단백질이라고 할 수 있다.

• 필수아미노산 암기법
PVT TIM HALL = TIM이라는 고양이를 HALL에 갖다 두어라
순서 : 페닐알라닌(P), 발린(V), 트레오닌(T), 트립토판(T), 이소루신(I), 메티오닌(M), 히스티딘(H), 아르기닌(A), 루신(L), 리신(L)

④ 단백질의 구조

단백질은 수백 수천 개의 아미노산이 펩티드 결합으로 연결되어 폴리펩티드를 이루면서 다양한 입체형태를 가진다.

펩티드 결합이란 한 아미노산의 카르복실기($-COOH$)와 다른 아미노산의 아미노기($-NH_2$)가 물(H_2O) 한 분자가 빠지면서 결합($CO-NH$)한 것을 말한다.

OH
|
CH₂
|
H   O   H   CH   H   O   O   CH   H   OH
| ‖ | | | ‖ | | | | ‖
H—N—C—OH H—N—C—OH   ⇌ H₂O H—N—C—N—C—OH   CH₂
    | | | | |
    CH   C=O   H₂O   CH   H   C—O
    | OH | |
    CH₃   CH₃   O
                                                        펩티드 결합

그림 5-3 펩티드 결합

두 개의 아미노산이 결합되면 다이펩티드, 세 개의 아미노산이 결합되면 트리펩티드라 한다. 수많은 아미노산이 고유한 유전 정보에 따라 펩티드 결합으로 연결되어 특정한 서열을 갖는 사슬 구조를 단백질의 1차 구조라 한다. 또한 폴리펩티드 사슬 내에 또는 사슬 간에 수소결합이나 이황화결합에 의하여 α-헬릭스 구조를 형성하는 것을 단백질의 2차 구조라고 한다. 단백질의 3차 구조는 3차원적 입체 구조로서 섬유형 단백질 또는 구형 단백질을 만드는 구조를 말한다. 섬유형 단백질은 세포와 조직의 기본구조를 이루는 불용성 단백질로 근육 단백질인 미오신, 결체조직의 콜라겐 등이 있고 구형 단백질로는 비교적 물에 잘 녹는 혈장 단백질들인 알부민과 각종 효소, 미오글로빈 등이 있다. 단백질의 4차 구조는 3차 구조의 폴리펩티드가 두 개 또는 여러 개 중합되어 단백질을 이룬 것을 말한다.

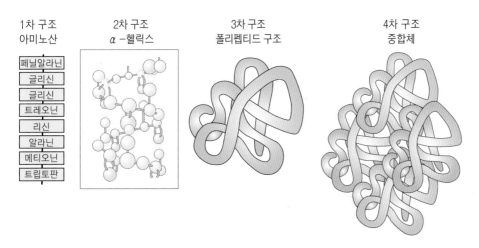

| 1차 구조
아미노산 | 2차 구조
α-헬릭스 | 3차 구조
폴리펩티드 구조 | 4차 구조
중합체 |

페닐알라닌
글리신
글리신
트레오닌
리신
알라닌
메티오닌
트립토판

그림 5-4 단백질의 구조

⑤ 단백질의 변성

변성이란 가열, 산 또는 기계적 작용으로 인해 단백질의 고유 형태가 변화되어 그 기능을 상실하게 되는 것을 말한다. 예를 들면 가열에 의해 달걀 단백질 중 알부민이 굳어지는 것, 우유에 산이 첨가되어 카제인이 응고되는 것 등의 현상이 단백질의 변성이다.

체내에서 단백질이 변성된다면 생리적 기능을 소실하게 되므로 대단히 위험하지만 식품 단백질의 변성은 영양적 측면에서 볼 때 소화효소의 작용을 잘 받을 수 있게 하여 식품 단백질의 이용성을 높여주기 때문에 오히려 유익한 경우가 많다.

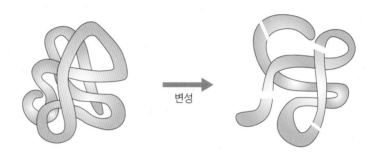

변성

그림 5-5 단백질의 변성

02 기능

① 체조직의 성장과 유지

단백질은 근육과 세포막의 구성성분이 되고 뼈, 피부, 결체조직 등의 기초조직을 형성하므로 신체조직의 성장과 유지에 매우 중요하다. 그러므로 임신기, 수유기, 성장기 등 새로운 조직이 합성되는 시기에는 단백질의 요구량이 늘어나므로 단백질을 충분히 섭취해야 한다.

② 효소와 호르몬의 합성

단백질은 체내의 물질을 분해·합성 또는 전환하는 대사과정에 관여하는 효소를 합성한다. 또한 호르몬 중 인슐린과 글루카곤 등은 단백질이고 부신수질호르몬

잠깐! 호르몬과 효소 이야기

호르몬은 내분비선에서 생성되어 혈액을 통해 특정의 장기나 조직으로 운반되어 그 기관의 활성을 조절하는 물질이다. 호르몬을 분비하는 기관을 내분비선이라 하며 뇌하수체, 갑상선, 부갑상선, 흉선, 췌장, 부신, 난소, 정소 등이 있다.

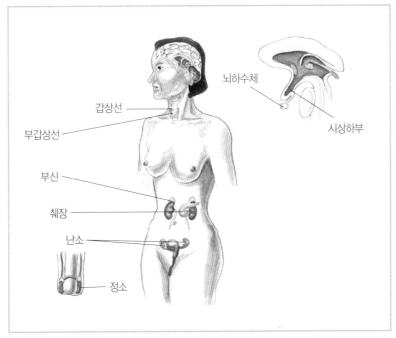

효소는 체내에서 생성되어 체내 반응을 촉매하는 작용을 하는 물질이다.

불활성효소 + 조효소 = 활성형 효소

(단백질 부분)   (비타민, 무기질)

비타민이나 무기질은 조효소로 작용하여 효소가 제 기능을 할 수 있도록 도와준다.

인 에피네프린과 노르에피네프린, 그리고 갑상선호르몬 등은 아미노산인 티로신으로부터 합성된다.

③ 혈액 단백질 생성

알부민, 글로불린, 피브리노겐 등의 혈장 단백질은 간에서 합성되어 혈액에서 중요한 생리기능을 수행한다.

(1) 체액의 평형유지

혈액성분 중 혈장은 혈압에 의해 혈관에서 빠져나와 세포조직 사이로 끊임없이 이동된다. 이때, 혈장 단백질인 알부민이 혈장의 삼투압을 유지하여 수분을 혈관 내로 재이동시킴으로써 혈장과 세포 간 사이의 수분 평형을 유지한다. 그러므로 혈장 단백질인 알부민이 부족하게 되면 혈장의 삼투압이 떨어지면서 수분이 혈관 내로 원활히 회수 되지 못하기 때문에 세포조직 사이에 수분이 잔류되어 부종이 생기게 된다.

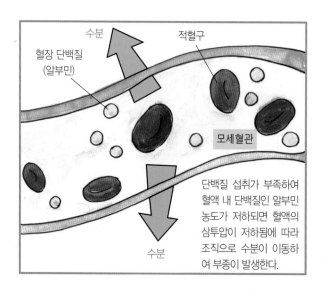

그림 5-6   체액의 평형유지

(2) 체액의 산 · 염기 조정

단백질을 구성하는 아미노산은 자체 내에 염기성기(아미노기)와 산성기(카르복실기)를 둘 다 가지고 있어 산 · 염기 양쪽의 역할을 다 할 수 있는 성질이 있으므로 체액의 정상 산도(pH 7.4)를 유지시키는 완충제로 작용한다.

(3) 영양소 운반

알부민이나 글로불린은 지질, 레티놀, 철, 구리 등을 필요한 조직으로 운반하는 역할을 한다.

❹ 항체와 면역세포 형성

항체는 외부에서 침입하는 각종 독성물질이나 세균인 항원에 대항하기 위해서 체내에서 만들어지는 단백질 물질이다. 세균이나 바이러스에 대한 생체의 방어작용을 면역이라고 하는데 단백질은 여러 항원에 대응하여 다양한 감마 글로불린 항체를 합성하므로써 인체의 면역작용에 관여한다. 그러므로 단백질의 섭취량이 부족하면 체내에서 항체가 잘 만들어지지 않아 질병에 대한 저항력이 떨어지게 된다.

❺ 포도당 신생과 에너지 공급원

뇌, 신경조직, 적혈구, 신장의 세포들은 포도당만을 에너지원으로 이용하므로 항상 혈당을 일정하게 유지하여야 한다. 탄수화물이 제한된 식사를 지속하게 되면 간이나 신장에서 아미노산이 이화되어 포도당을 새로이 합성하는 포도당신생 합성작용을 통해 혈당을 유지시키는데 관여한다. 단백질은 하루 에너지 소비량의 15% 정도를 공급하는데, 이화과정에서 질소가 떨어져 나와 요소를 생성하는데 에너지가 필요하므로 당질이나 지방에 비해 에너지 효율이 낮다.

03 소화와 흡수

식품 중의 단백질은 위액, 췌장액 그리고 소장액의 소화효소에 의해 분해되어 아미노산 형태로 소장에서 흡수된다. 소화기관 벽도 단백질로 구성되어 있으므로 원칙적으로는 단백질 소화효소가 소장벽을 분해할 수 있다. 그러므로 음식물이 소화기관 내에 없을 때는 단백질 분해효소들이 저농도로 존재하거나 불활성형으로 존재하여 소화기관의 자가소화를 막아준다.

❶ 위에서의 소화

구강에는 단백질 소화효소가 없어 소화가 이루어지지 않으므로 단백질의 소화는 위부터 시작된다. 위에 음식물이 들어오면 위 근육의 수축으로 기계적 소화가 이루어지고, 호르몬인 가스트린이 분비되어 위 세포에서 불활성형의 단백질 소화효소인 펩시노젠의 분비를 촉진한다. 위액의 염산이 펩시노젠을 활성형 효소인 펩신으로 전환시키면 이 펩신의 작용에 의해 단백질이 펩톤으로 분해된다.

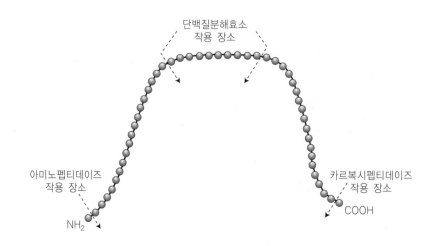

그림 5-7 단백질 소화효소의 특수한 작용 장소

Note *

펩시노젠(pepsinogen)
펩신(pepsin)

❷ 소장에서의 소화

십이지장으로 펩톤이 들어오면 십이지장 벽에서 호르몬 세크레틴과 콜레시스토키닌이 분비되어 약 알칼리성인 췌액분비를 촉진한다. 췌액의 단백질 분해효소인 트립시노젠과 키모트립시노젠은 활성화된 후 단백질을 분해하는데, 소장에서 분비되는 엔테로카이네이즈는 트립시노젠을 트립신으로 활성화하고 트립신은 키모트립시노젠을 활성화하여 키모트립신으로 만든다. 트립신과 키모트립신은 위에서 생성된 펩톤을 더욱 작은 펩티드와 아미노산으로 분해한다. 이외의 단백질 분해효소로 췌장에서 분비되는 카르복시펩티데이즈와 소장에서 분비되는 아미노펩티데이즈가 있는데, 이들은 각각 폴리펩티드 사슬의 카르복실기 말단과 아미노기 말단에 있는

Note ✱

트립시노젠(trypsinogen)
트립신(trypsin)
키모트립시노젠
(chymotrypsinogen)
키모트립신
(chymotrypsin)
엔테로카이네이즈
(enterokinase)
카르복시펩티데이즈
(carboxypeptidase)
아미노펩티데이즈
(aminopeptidase)
다이펩티데이즈
(dipeptidase)

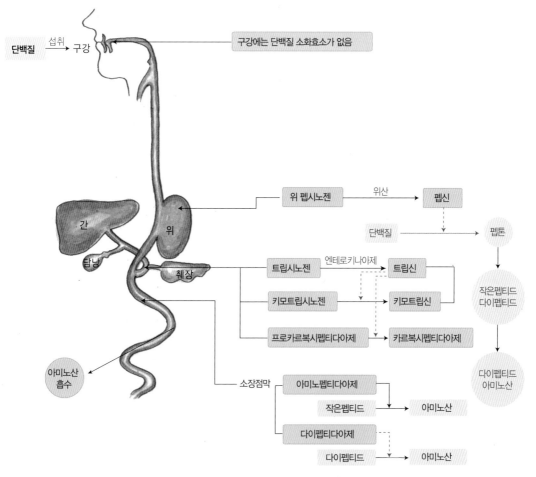

그림 5-8 단백질의 소화

아미노산의 펩티드 결합을 분해하여 아미노산을 하나씩 생성한다.

이와 같은 효소들의 작용으로 단백질의 폴리펩티드 사슬은 아미노산 또는 다이펩티드가 되어 점막 세포 내로 흡수된다. 소장 벽 세포 내에는 다이펩티데이즈가 있어서 다이펩티드를 아미노산으로 분해하여 모든 단백질의 소화를 완성시킨다.

③ 아미노산의 흡수 및 운반

수용성 영양소인 아미노산은 소장벽에서 단순 확산이나 특이한 운반체를 이용한 능동수송에 의해 소장의 내벽을 통과하여 문맥으로 흡수되어 간으로 이동된다. 간에서는 아미노산 풀을 형성하여 다양한 대사과정이 이루어지며 인체 각 부분에 필요한 아미노산을 이동시키기 위한 준비를 한다. 단백질의 흡수율은 90% 이상으로, 동물성 단백질은 97%, 식물성 단백질은 78~85%의 흡수율을 보인다.

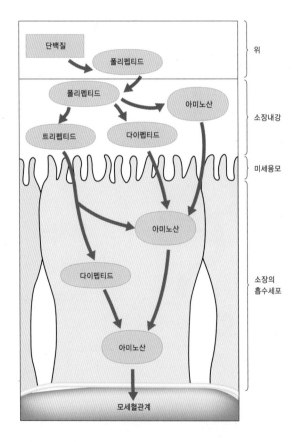

그림 5-9 단백질의 소화와 아미노산의 흡수

아미노산과 단백질 대사

❶ 아미노산 풀

체내의 아미노산은 여러 경로를 통해서 올 수 있다. 식사를 통해 섭취된 단백질이 소화되어 흡수된 아미노산, 체조직 단백질의 분해로 생성된 아미노산, 체내에서 합성된 아미노산들은 간과 조직에서 아미노산 풀을 이루고 있다가 필요에 따라 여러 용도로 이용된다.

> 아미노산 풀의 아미노산들은 다음 경로를 통해 이용된다.
> • 체단백질인 조직 단백질이나 효소, 호르몬 등을 합성한다.
> • 포도당이나 생리활성 물질(신경전달물질, 카르니틴, 글루타티온)을 합성한다.
> • 사용하고 남은 여분의 아미노산은 체지방으로 전환되어 저장된다.
> • 에너지 공급이 불충분할 경우에는 아미노산은 분해되어 탄소골격은 에너지원이 되고 아미노기는 암모니아를 거쳐 간에서 요소를 생성한 다음 소변으로 배설된다.

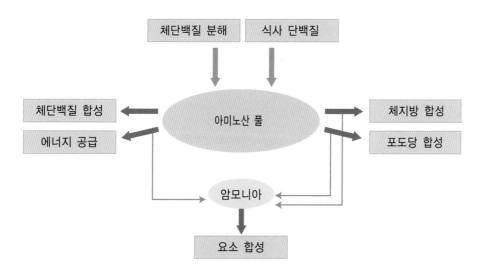

그림 5-10 아미노산 풀

② 단백질 합성

Note*

리보좀(ribosome)
DNA(deoxyribo nucleic acid)
RNA(ribo nucleic acid)

체조직의 단백질은 세포핵의 DNA에 간직된 유전정보에 따라 세포질의 리보좀에서 생체의 필요에 따라 합성이 이루어진다. DNA에 간직된 유전정보(염기배열)는 전령 RNA인 mRNA에 전사되어 단백질 합성 장소인 리보좀으로 전달된다. 전달된 유전정보에 따라 세포질에 있는 아미노산 풀에서 선택된 아미노산들은 특정한 tRNA와 결합하여 리보좀으로 운반되고 이 아미노산들이 차례로 연결됨으로써 폴리펩티드 사슬을 만들어 단백질을 합성한다.

③ 불필수아미노산의 합성

알파–케토산(α-keto acid)
아미노기 전이반응
(transamination)
GOT(glutamate oxaloacetate transaminase)
GPT(glutamate pyrurate transaminase)

인체의 간에서는 탄수화물과 지방의 탄소골격으로부터 불필수아미노산을 합성한다. 불필수아미노산은 탄소골격인 α-케토산에 다른 아미노산 등으로부터 아미노기 전이반응이나 탈아미노 반응을 통해 생성된 아미노기를 붙임으로써 합성된다.

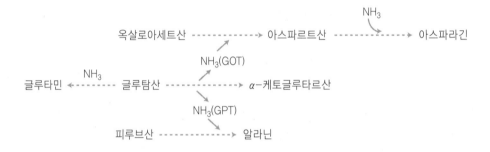

그림 5-11 불필수아미노산의 합성 과정

(1) 아미노기 전이반응

아미노기 전이반응은 한 아미노산의 아미노기를 α-케토산으로 전달하여 새로운 불필수아미노산을 형성하는 반응을 말한다. 이때 비타민 B_6가 조효소 역할을 한다.

유전암호란 유전물질인 DNA에 존재하는 질소를 함유한 염기인 퓨린과 피리미딘체의 배열순서이다. DNA 염기의 배열순서가 단백질을 구성하는 아미노산의 순서를 결정하고 단백질 합성을 지시하여 고유의 단백질이 합성된다.

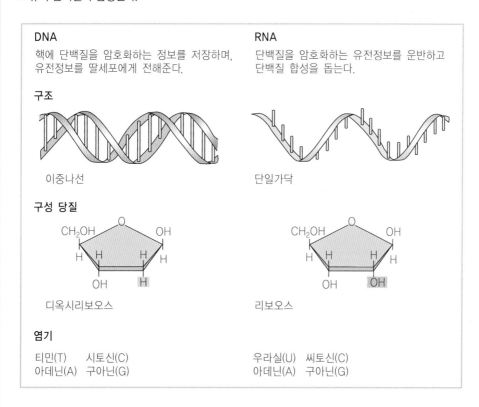

DNA
핵에 단백질을 암호화하는 정보를 저장하며, 유전정보를 딸세포에게 전해준다.

RNA
단백질을 암호화하는 유전정보를 운반하고 단백질 합성을 돕는다.

구조

이중나선

단일가닥

구성 당질

디옥시리보오스

리보오스

염기

티민(T)   시토신(C)
아데닌(A)   구아닌(G)

우라실(U)   씨토신(C)
아데닌(A)   구아닌(G)

• DNA는 세포의 핵 속에 존재하는 핵산으로 유전정보를 가지고 있다.

• m-RNA는 DNA의 유전정보를 단백질 합성기관인 리보좀에 전달하는 전령 메신저로 작용하며 전달된 유전정보에 따라 리보좀에서 단백질이 합성된다.

• t-RNA는 유전정보를 해석하여 아미노산 풀로부터 각각 특정의 아미노산과 결합해서 이 아미노산들을 리보좀까지 운반한다.

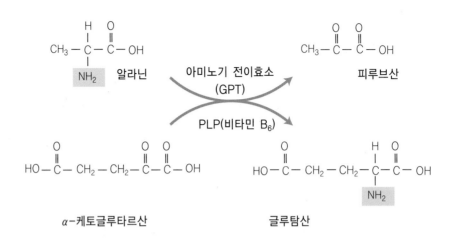

그림 5-12 아미노기 전이반응

(2) 탈아미노반응

탈아미노반응은 아미노산의 아미노기가 암모니아 형태로 떨어져 나옴에 따라 아미노기를 잃은 아미노산이 α-케토산이 되는 반응을 말한다.

❹ 아미노산의 이화대사

아미노산에서 탈아미노반응에 의해 아미노기($-NH_3^+$)가 떨어져 나온 나머지 탄소골격 부분은 α-케토산이 되어 탄수화물이나 지방이 분해되는 경로로 합류하여 이화된다.

(1) 아미노산 탄소골격의 산화와 이용

탄소골격인 α-케토산은 특성에 따라 다른 경로를 통해 포도당 또는 지방산 대사에 합류된다.

① 아세틸 CoA로 전환되거나 TCA 회로의 여러 단계로 들어와서 산화되어 에너지원이 된다.

② 대부분의 아미노산은 간에서 포도당신생합성과정을 거쳐 포도당을 생성한다. 이렇게 포도당을 생성하는 아미노산을 당생성 아미노산이라 한다.

③ 아미노산 중 일부는 아세토아세틸 CoA로 전환되거나 아세틸 CoA로 전환되어 케톤체를 생성하거나 지방산을 합성한다. 이러한 아미노산을 케톤생성 아

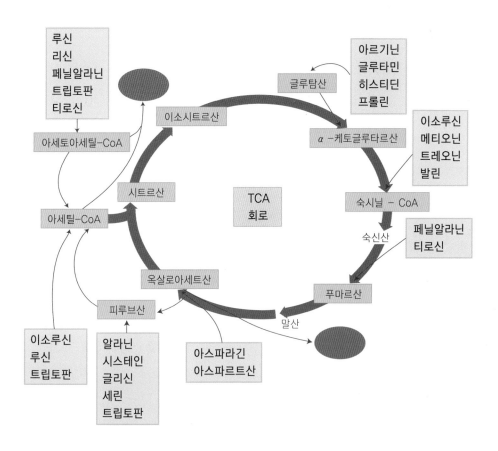

그림 5-13 아미노산의 이화대사

표 5-4 포도당생성 및 케톤 생성 아미노산

분 류	아미노산 종류
케톤 생성	루신, 리신
케톤생성 및 포도당 생성	이소루신, 페닐알라닌, 티로신, 트립토판
포도당 생성	알라닌, 세린, 글리신, 시스테인, 아스파르트산, 아스파라긴, 글루탐산, 글루타민, 아르기닌, 히스티딘, 발린, 트레오닌, 메티오닌, 프롤린

미노산이라 한다. 이 가운데 리신과 루신은 케톤체나 지방산을 합성하는 경로로만 들어가 이용되고 나머지 아미노산은 케톤체나 지방산 합성 외에도 포도당 생성도 가능하다.

Note *

아미노기 전이효소
(transaminase; GOT,
GPT)
피리독살인산
(pyridoxal phosphate
; PLP)
요소회로(urea cycle)
간성혼수(hepatic coma)

(2) 아미노기의 활용

탈아미노반응으로 아미노산에서 떨어져 나온 아미노기(NH_3^+)는 체내에서 아미노기 전이반응을 통해 다른 아미노산 합성에 이용되거나 요소를 합성하여 신장을 통해 배설된다. 간에서는 아미노기가 탄소골격과 결합하여 불필수아미노산을 생성할 수 있다. 이 과정에서 아미노기 전이효소가 필요하며 비타민 B_6의 활성형인 피리독살인산이 조효소로 작용한다. 이렇게 인체에서 합성되는 아미노산은 음식으로 꼭 섭취할 필요가 없으므로 불필수아미노산이라 한다.

(3) 요소 합성

탈아미노반응으로 아미노산으로부터 생성된 아미노기는 암모니아를 생성한다. 암모니아는 인체에 매우 유독하므로 간의 요소회로를 통해 무해한 요소로 전환되어 소변으로 배설된다. 간 기능이 손상되어 암모니아가 요소로 전환되지 못하면 암모니아가 혈중에 축적되어 중추신경계에 장애를 일으켜 간성혼수를 유발할 수 있다.

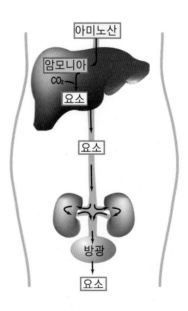

그림 5-14 요소의 합성

⑤ 아미노산의 비단백질 생리활성물질의 생성

아미노산의 일부는 생리활성물질을 합성하는데도 이용된다. 트립토판은 신경전달 물질인 세로토닌을 생성하고 티로신은 갑상선 호르몬과 부신수질 호르몬인 카테콜아민(에피네프린과 노르에피네프린)을 생성하여 인체대사를 조절하는 역할을 한다.

잠깐! 생리활성물질의 역할

생리활성물질이란 인체의 건강을 유지하고 질병에 대한 자연적인 방어력을 부여하는 물질을 총칭한다.

카테콜아민 : 부신수질에서 분비되는 호르몬인 카테콜라민은 혈관 수축, 심장 박동 촉진, 혈압상승 효과가 있으며 소화기관의 활동은 억제한다.

글루타티온 : 글루타티온은 혈액으로부터 세포 내로 아미노산을 운반하는 물질로서 인체에 유해한 과산화물질을 제거하기 위한 생체방어 역할을 한다.

타우린 : 시스테인과 메티오닌으로부터 합성되며, 태아의 뇌조직 구성성분, 담즙의 구성성분, 혈구 내의 항산화작용 등의 생리기능을 갖는 물질이다.

세로토닌 : 트립토판으로부터 생성되는 신경전달물질로 감정 조절에 관여하여 농도가 낮아지면 우울증이 나타난다.

05 식품단백질의 종류와 질 평가

❶ 종 류

식품단백질은 함유된 필수아미노산의 조성에 따라서 완전단백질, 불완전단백질, 부분적 불완전단백질로 분류한다. 필수아미노산 조성이 체내 단백질 합성에 적합한 비율로 조성되어 인체의 성장과 유지에 효율이 높은 양질의 단백질을 완전단백질이라 하고 주로 동물성 단백질이 이에 속한다. 특히 유즙과 달걀에 함유된 단백질의 아미노산 조성은 체조직 합성에 가장 효율성이 높아서 완전단백질에 속한다.

Note *
완전단백질
(complete protein)
불완전단백질
(incomplete protein)

완전단백질

정상적인 성장을 돕고 체중을 증가시키며 생리적 기능을 돕는 단백질로 필수아미노산이 풍부한 생물가가 높은 양질의 단백질이다. 필수아미노산을 모두 함유하며 우유의 카제인, 달걀의 알부민 등 동물성 단백질이 이에 속한다.

달걀

우유

부분적 불완전단백질

동물의 성장을 돕지는 못하나 생명을 유지시키는 단백질로서 필수아미노산 중 몇 종류의 양이 충분하지 못하므로 다른 단백질식품을 통한 필수아미노산의 보강이 필요하다. 밀의 글리아딘, 쌀의 오리제닌 등 식물성 단백질이 이에 속한다.

보리

밀

불완전단백질

한 개 이상의 필수아미노산의 함량이 극히 부족한 단백질로서 장기간 섭취 시 동물의 성장이 지연되고 체중이 감소되며 몸이 쇠약해진다. 옥수수의 제인이나 동물성 단백질 중 젤라틴이 이에 속한다.

젤라틴

옥수수

(1) 제한아미노산

Note＊
제한아미노산
(limiting amino acid)

식품에 들어 있는 필수아미노산 중 인체에 요구되는 양에 비해서 적게 들어 있는 필수아미노산을 제한아미노산이라고 한다. 체조직을 합성하기 위해서는 여러 아미노산이 필요하다. 이들 아미노산 중 한 가지만 부족하여도 체조직 합성이 제한되기 때문에 제한아미노산이 그 단백질의 질을 결정한다고 할 수 있다. 제한아미노산 중 상대적으로 제일 부족한 필수아미노산을 제1 제한아미노산이라고 한다. 식물성 단백질은 부분적 불완전단백질인데, 쌀은 상당히 좋은 필수아미노산 조성을 가지나 리신이 제1 제한아미노산이고 트레오닌도 부족한 편이다. 젤라틴은 동물성 단백질 가운데 예외로 필수아미노산인 트립토판이 특히 부족한 불완전단백질이므로 젤라틴만을 섭취하여서는 성장이 저하되고 체중이 감소된다.

표 5-5 **식물성 식품의 제한아미노산**

식 품	부족한 아미노산	부족한 아미노산 보충을 위한 좋은 식물성 급원
두류	메티오닌	곡식류, 견과류
곡식류	리신, 트레오닌	두류
견과류	리신	두류
채소, 옥수수	메티오닌, 트립토판, 리신	곡식류, 견과류, 두류

(2) 단백질 상호 보완효과

상호 보완효과
(complementary effect)

수아미노산 조성이 다른 두 개의 단백질을 함께 섭취하여 서로의 제한점을 보충하는 것을 단백질의 상호 보완효과라 한다. 콩밥의 경우, 쌀은 콩에 부족한 메티오닌을 보강해 주고 콩은 쌀에 부족한 리신을 공급하여 두 식품의 단백질을 모두 효율적으로 활용할 수 있게 된다. 일상식에서 다양한 식품을 섭취할수록 단백질의 상호 보완효과는 커진다.

표 5-6 **식품단백질의 상호 보완효과**

상호 보완 식품류	예
곡류와 콩류	콩밥, 밥과 두부, 식빵과 완두콩 스프, 식빵과 땅콩버터
곡류와 유제품	밥과 치즈, 치즈 샌드위치, 파스타와 치즈
콩류, 채소, 종실류	강낭콩, 해바라기 씨앗, 견과류를 넣은 샐러드

❷ 질 평가

단백질의 질을 평가하는 방법에는 식품 단백질의 필수아미노산 조성을 화학적으로 분석하는 화학적 방법과 동물의 성장속도나 체내 질소보유정도를 측정하는 생물학적 방법이 있다.

(1) 화학적인 방법

① 화학가

완전단백질인 달걀이나 우유 단백질의 아미노산 조성을 기준으로 평가하는 방법으로 단백질의 아미노산 조성을 비교하여 화학가를 산출한다. 달걀 단백질의 필수아미노산 조성이 인체가 필요로 하는 필수아미노산의 함량과 거의 일치하므로 달걀 단백질을 기준 단백질로 삼아 다른 식품의 단백질의 질을 비교 평가할 수 있다.

$$화학가 = \frac{평가단백질의\ g당\ 제1제한아미노산의\ mg}{기준\ 단백질의\ g당\ 위와\ 같은\ 필수아미노산의\ mg} \times 100$$

② 아미노산가

아미노산가란 세계보건기구(WHO)가 제정한 인체의 단백질 필요량에 근거한 아미노산 필요량인 이상적인 필수아미노산 표준 구성을 기준 단백질로 하여 구한 화학가이다.

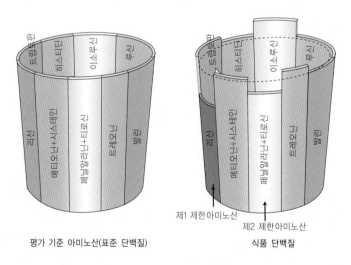

평가 기준 아미노산(표준 단백질)   식품 단백질

제1 제한아미노산
제2 제한아미노산

그림 5-15 단백질의 화학적 평가법

(2) 생물학적인 방법

① 단백질 효율비

성장하는 동물(주로 흰쥐를 사용)의 체중증가에 기여하는 단백질의 이용을 기준으로 단백질의 질을 평가하는 방법을 단백질 효율비라고 한다. 체중 증가가 반드시 체내 단백질 보유량과 비례하지 않을 수 있다는 단점이 있지만 주로 영아용 식품의 식품 표시 기준을 설정할 때 이 방법이 사용된다.

$$PER = \frac{\text{실험기간 동안의 체중 증가량(g)}}{\text{실험기간 동안의 총단백질 섭취량(g)}} \times 100$$

Note *
단백질 효율비
(protein efficiency ratio ; PER)

② 생물가

동물 체내로 흡수된 질소의 체내 보유 정도를 나타내는 것으로 흡수된 단백질이 얼마나 효율적으로 체조직 단백질로 전환되었는가를 측정하는 것이다. 생물가가 가장 높은 것은 달걀이며 우유, 육류 등도 생물가가 높다. 반면, 식물성단백질은 생물가가 낮으나 쌀은 75로 높은 편이다.

생물가
(biological value ; BV)

$$\text{생물가(BV)} = \frac{\text{보유 질소량}}{\text{흡수 질소량}} \times 100 = \frac{(\text{식품 질소} - \text{변중 질소}) - \text{뇨중 질소}}{\text{식품 질소} - \text{변중 질소}} \times 100$$

③ 단백질 실이용률

생물가는 소화흡수율이 고려되지 않은 반면, 단백질 실이용률은 총 섭취 질소 중에서 체내 보유된 질소의 비율을 말하는 것으로 소화흡수율을 고려한 값이다.

단백질 실이용률
(net protein utilization : NPU)

$$NPU = \frac{\text{보유 질소량}}{\text{섭취 질소량}} \times 100 = \text{생물가} \times \text{소화흡수율}$$

생물학적 방법 ⟨ PER → 성장기여도 측정
BV, NPU → 보유 정도 측정

표 5-7　식품단백질의 질의 평가

단백질 급원식품	아미노산가	BV	NPU	PER
달걀	100	94	94	3.92
육류, 어류, 가금류	66~70	74~76	57~80	2.30~3.55
우유	60	85	82	3.09
밀가루	28~44	52~65	40	0.6~1.53
옥수수	41	60	51	1.12
대두	47	71	61	2.32
두류(대두 이외의)	28~43	55	48	1.65

06 질소평형과 단백질 필요량

단백질 필요량은 적당한 신체활동 시 에너지 균형을 유지하면서 체내 단백질 합성과 분해가 평형을 이루어 질소평형을 유지하는데 필요한 양을 말한다. 질소평형 상태란 질소의 섭취량과 배설량이 같은 상태로 인체의 배설량만큼 식품단백질을 섭취하는 것을 의미한다.

몸 안에 새로운 조직이 형성될 때에는 질소가 보유되기 때문에 질소의 섭취량이 배설량보다 많은 양의 질소평형이 되며 성장기, 임신기 등이 여기에 해당된다. 반면

Note*

질소평형
(nitrogen balance)
양의 질소평형(positive nitrogen balance)
음의 질소평형(negative nitrogen balance)

표 5-8　질소평형

섭취 > 배설	섭취 = 배설	섭취 < 배설
양(+)의 질소 평형	질소 평형	음(−)의 질소 평형
• 성장 • 임신 • 질병으로부터 회복기 • 신체 훈련 • 인슐린, 성장호르몬 분비증가 • 남성호르몬 분비나 투여	정상 성인	• 단백질, 필수아미노산 부족 • 굶거나 소화기 질병 • 에너지 섭취부족 • 발열, 화상, 감염, 수술 • 오랜 와병 • 신장질환(체단백질의 손실) • 갑상선호르몬 분비 증가

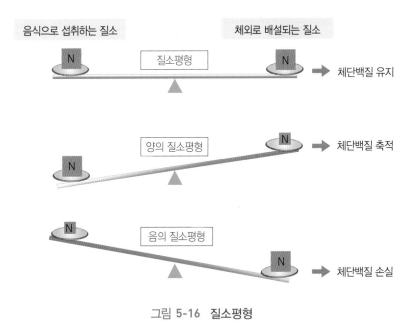

그림 5-16 질소평형

에 열량부족이나 단백질 섭취 부족 등으로 인해 조직의 단백질이 분해되면 질소 섭취량에 비해 배설량이 많은 음의 질소평형을 나타낸다.

2020년 한국인 영양소 섭취기준에 의한 우리나라의 성인 단백질 평균필요량은 남녀 구분없이 0.73g/kg체중/일로 책정하였다. 한편 개인의 단백질 권장섭취량은 인구집단의 약 97~98%에 해당하는 사람들의 영양소 필요량을 충족시키기 위해 평균필요량의 변이계수 12.5%의 2배인 25.0%를 더한 0.91g/kg체중/일로 책정하였다. 성인 단백질 권장량의 산출 방법은 다음과 같다.

• **단백질 평균필요량 산출**

질소균형 연구를 기초하여 체중 kg당 0.73g을 단백질 평균필요량으로 산정하였다.

• **개인의 단백질 권장섭취량**

개인의 권장섭취량은 평균 필요량에 변이 계수 12.5%의 2배를 더한 값으로서 체중 kg당 0.91g으로 산정하였다.

성인의 단백질 권장섭취량
= 단백질 평균 필요량×개인 간 변이 계수의 2배(25.0%)
= 0.73g/kg/일 × 1.25 = 0.91g/kg/일

한국인영양섭취기준제정위원회에서는 체중 kg당 0.91g을 한국인 성인 단백질 권장량으로 산정하였다. 성인의 1일 단백질 권장섭취량은 남자 19~49세 65g, 50~64세 60g이고 여자 19~29세 55g, 30~64세 50g이다.

표 5-9 한국인의 1일 단백질 섭취기준

성별	연령(세)	단백질(g/일)		
		평균필요량	권장섭취량	충분섭취량
영아	0~5(개월)			10
	6~11	12	15	
유아	1~2	15	20	
	3~5	20	25	
남자	6~8	30	35	
	9~11	40	50	
	12~14	50	60	
	15~18	55	65	
	19~29	50	65	
	30~49	50	65	
	50~64	50	60	
	65~74	50	60	
	75 이상	50	60	
여자	6~8	30	35	
	9~11	40	45	
	12~14	45	55	
	15~18	45	55	
	19~29	45	55	
	30~49	40	50	
	50~64	40	50	
	65~74	40	50	
	75 이상	40	50	
임신부	1분기	−		
	2분기	+12	+15	
	3분기	+25	+30	
수유부		+20	+25	

자료: 보건복지부, 한국영양학회. 2020 한국인 영양소 섭취기준

07 단백질의 결핍증과 과잉증

❶ 단백질 결핍증

Note*

콰시오커(kwashiokor)
마라스무스(marasmus)

단백질 결핍증은 단백질의 질과 양을 불충분하게 섭취하였을 경우 발생하는데, 주로 개발도상국가의 유아나 성장기 어린이들에게서 나타난다.

심한 단백질 결핍증을 콰시오커라고 하는데, 결핍 초기에는 성장이 감소하고, 신경이 예민해지며 피부의 변화, 빈혈, 식욕부진, 저항력 약화 등이 나타나고 더 진전되면 부종, 간비대증이 생긴다. 콰시오커는 우유나 양질의 고단백식을 제공하는 적절한 식사요법을 통해 치료가 가능하다.

마라스무스는 단백질과 열량이 동시에 결핍된 증상으로 콰시오커에 비해 심하게 마른 증상이 나타나나 피부나 간기능은 정상으로 나타난다. 또한 부종이 나타나지 않는 것이 콰시오커와 구별되는 점이다. 고단백식과 고열량식이로 수정이 가능하다.

성인의 경우 단백질 결핍증은 주로 알코올 과다섭취로 인해 식사를 소홀히 하는 경우에 나타난다. 간의 지방 축적이 높아져서 지방간이나 간경변증을 유발할 수 있다.

콰시오커
↓
단백질 부족 성장지연, 정지 피부와 머리카락 색소변화 근육소모 복부팽창 부종

마라스무스
↓
에너지와 단백질 부족 성장부진 체지방 소모 소화기관 질환 부종 없음

그림 5-17 콰시오커와 마라스무스

② 단백질 과잉섭취

단백질 과잉 섭취시 단백질을 열량원으로 이용하여 지질이나 탄수화물의 연소를 감소시킴으로써 체지방의 축적을 가져온다. 특히 동물성 단백질을 과잉으로 섭취할 경우에는 동물성 단백질에 풍부한 황 함유 아미노산의 대사로 산성 대사산물이 많아지면서 이를 중화시키기 위해 소변을 통해 신체 밖으로 칼슘을 배설시키게 되어 칼슘의 손실이 많아진다. 따라서 동물성 단백질을 많이 섭취하는 사람이 칼슘을 충분히 섭취하지 않고 운동도 부족한 경우에는 골다공증 발생 위험이 높아진다.

08 단백질 급원

단백질은 식물성 식품과 동물성 식품에 골고루 들어 있지만 곡류나 채소류에 비해 주로 콩류나 유제품, 어육류 및 난류에 단백질 함량이 많다.

표 5-10 단백질 주요 급원식품[1]

급원식품	함량 (g/100g)	급원식품	함량 (g/100g)
멸치	49.7	돼지고기(살코기)	19.8
대두	36.1	오징어	18.8
가다랑어	29.0	소고기(살코기)	17.1
새우	28.2	달걀	12.4
돼지 부산물(간)	26.0	백미	9.3
닭고기	23.0	두부	9.6
고등어	21.1	샌드위치/햄버거/피자	9.6
햄/소시지/베이컨	20.7	우유	3.1

1) 2017년 국민건강영양조사의 식품별 섭취량과 식품별 단백질 함량(국가표준식품성분 DB 9.1, 2019) 자료를 활용하여 단백질 주요 급원식품 16개 산출
자료: 보건복지부, 한국영양학회. 2020 한국인 영양소 섭취기준

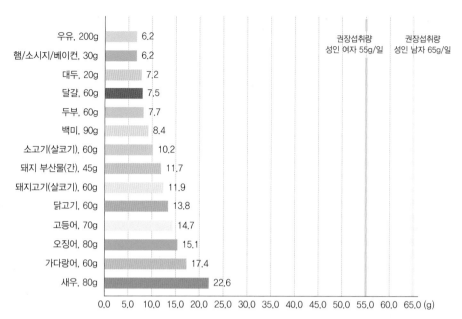

1) 2017년 국민건강영양조사의 식품섭취량과 식품별 단백질 함량(국가표준식품성분표 DB 9.1, 2019) 자료를 활용하여 단백질 주요 급원식품 14개 산출 후 1회 분량(2015 한국인 영양소 섭취기준)을 적용하여 1회 분량당 함량 산출, 19~29세 성인 에너지 필요추정량 기준(2020 한국인 영양소 섭취기준)과 비교
자료: 보건복지부, 한국영양학회. 2020 한국인 영양소 섭취기준

그림 5-18 단백질 주요 급원식품 (1회 분량당 함량)[1]

배우고나서

Question

자신이 얼마나 아는지 확인해 봅시다.

1. 탄수화물, 지질과는 달리 단백질에서만 발견되는 원소는?

2. 단백질의 소화과정에서 관여하는 효소를 순서대로 적어라.

3. 단백질의 질은 무엇에 의해 결정되는가?

4. 필수아미노산을 음식으로부터 섭취하지 못했을 때 단백질 합성에 미치는 영향은?

5. 완전단백질식품과 불완전단백질식품을 정의하고 해당 식품의 예를 들어라.

6. 단백질의 상호보완효과에 대하여 설명하라.

7. 단백질이 어린이, 임산부, 환자에게 특별히 중요한 이유는?

8. 에너지 섭취가 부족한 사람이 음의 질소평형을 나타내는 이유는?

Answer

1 탄수화물과 지질은 탄소, 수소, 산소를 기본 단위로 구성되나 단백질은 탄소, 수소, 산소 이외에도 아미노기의 구성성분으로 질소가 포함되어 있다. 또한 아미노산 중 메티오닌과 시스테인에는 황 성분도 함유되어 있다. 그러므로 질소와 황은 탄수화물과 지질과는 달리 단백질에서만 발견되는 원소이다.

2 단백질 소화에는

위액	췌장액	소장액	소장액
펩신	트립신 키모트립신 카르복시펩티데이즈	아미노펩티데이즈	디펩티데이즈

순서대로 단백질 분해효소가 관여한다.

3 식품단백질의 질은 식품의 필수아미노산 조성이 인체가 필요로 하는 필수아미노산 함량과 얼마나 일치하는지의 여부에 달려있다. 필수아미노산 중 한 가지만 부족하여도 체조직 합성이 제대로 이루어지지 않기 때문이다. 또한 소화 흡수율이 높고 체조직으로 잘 전환되는 단백질이 양질의 단백질이다.

4 단백질은 유전암호에 의해 단백질을 구성하는 특정의 아미노산이 펩티드 결합을 이루어 합성된다. 그런데, 필수아미노산이 부족되어 합성되는 순서에 필요한 특정 아미노산이 공급되지 못하면 인체에서 단백질 합성이 제대로 이루어질 수 없게 된다.

5 완전단백질식품은 필수아미노산 조성이 체내 단백질 합성에 적합한 비율로 들어 있어 인체의 성장과 생리기능 유지에 효율적으로 작용하는 단백질을 함유한 달걀, 우유 등의 동물성 식품이다.
불완전단백질식품은 필수아미노산의 함량이 극히 부족하여 인체의 성장과 유지에 충분히 활용되지 못하는 단백질을 함유한 식품으로 옥수수, 젤라틴 등이 해당된다.

6 제한아미노산이 서로 다른 두 가지 이상의 식품을 함께 섭취하는 경우 서로의 제한점을 보충하여 단백질들을 효율적으로 활용할 수 있게 되는 것을 말한다. 쌀과 콩, 밀가루와 우유를 함께 섭취함으로써 단백질의 상호보완효과를 높일 수 있다.

7 단백질은 근육, 피부, 혈액, 뼈 등을 구성하므로 성장기 어린이, 태아가 자라는 임신기, 상처 회복이 필요한 환자 등 새로운 조직이 합성되는 시기에 특별히 중요한 영양소이다.

8 에너지 섭취가 부족하면 인체는 체단백질을 분해하여 만든 아미노산으로 간에서 포도당신생 합성작용을 통해 뇌와 조직에 필요한 에너지원인 포도당을 생성한다. 그러므로 에너지 섭취가 부족하면 인체 조직단백질이 분해되어 질소배설량이 많아져 음의 질소평형을 나타낸다.

Chapter 6

에너지 대사

배우기 전에

Warming Up

Question

나는 에너지 대사에 대해 얼마나 알고 있나요?
다음 질문에 ○, ×로 답하시오.

1 식이성 발열효과(TEF)는 총 에너지 소비량 중 많은 부분을 차지한다. ☐

2 탄수화물 함량이 적은 식사를 하면 인체는 공복 시와 비슷한 반응을 나타낸다. ☐

3 에너지 섭취량이 에너지 소비량보다 많을 때 체중이 증가한다. ☐

4 kcal는 식품의 영양소이다. ☐

5 아이들은 체구가 작기 때문에 체중 kg당 에너지 필요량이 성인보다 적다. ☐

6 같은 신체활동을 하는 사람들의 에너지 필요량은 모두 같다. ☐

7 기초대사량은 1일 총 에너지 소비량 중 적은 부분을 차지한다. ☐

8 과일이라도 과잉 섭취하면 체중이 증가한다. ☐

9 신경성 거식증은 식욕을 잃는 증상을 나타낸다. ☐

10 지나치게 뚱뚱한 것은 너무 많이 먹기 때문이다. ☐

 정답

1 ×(기초대사량과 활동대사량을 합친 값의 10%에 해당한다.)

2 ○

3 ○

4 ×(식품의 열량을 표현하는 단위이다.)

5 ×(체중 kg당 에너지 필요량은 성인보다 크다.)

6 ×(에너지 필요량은 성별, 연령별, 체격에 따라서도 상당히 다르다.)

7 ×(1일 에너지 소비량의 60~70%로 가장 많이 차지한다.)

8 ○

9 ×(항상 배고픔을 느끼지만 통제한다.)

10 ×(섭취량에 비해 소비량이 적기 때문이다.)

인체가 생명을 유지하고 성장하며 생리적 기능을 유지하기 위해서는 에너지가 필요하다. 우리가 사용하는 에너지의 원천은 태양에너지이다. 식물은 태양에너지를 이용하여 광합성을 통해 탄수화물을 생성하고 이를 바탕으로 동물과 사람은 에너지를 얻게 된다. 인체는 식물성 식품과 동물성 식품을 섭취하여 얻은 에너지를 체내에서 ATP 형태로 전환시키고 이를 이용하여 생명을 유지하고 신체활동을 하게 된다.

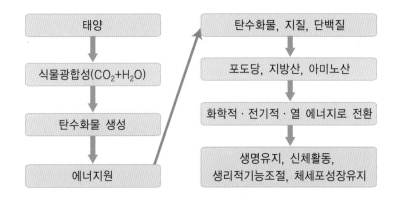

그림 6-1 에너지의 근원과 전환

① 식품에너지와 ATP

포도당, 지방산, 아미노산에 저장되어 있는 식품에너지는 소화와 흡수과정을 거친 후, 세포에서 분해되고 미토콘드리아에서 전자전달계를 통과하며 화학적 에너지인 ATP로 전환된다. 이 과정에서 식품에너지의 약 20~45%만이 ATP로 전환되고 나머지는 열로 발산되어 체온을 유지한다.

ATP는 아데노신에 인산기가 3개 달린 화합물로 모든 생물의 세포 내에 존재하며, 생물의 에너지 대사에서 매우 중요한 역할을 하고 있는 물질이다. ATP는 효소의 작용으로 무기인산인 Pi 한 개가 떨어져 나오면서 ADP로 전환될 때 7.3kcal의 에너지를 방출하게 되는데 이 에너지가 신체의 근육운동, 대사 작용, 신경전달 작용 등에 사용된다.

Note*
에너지(energy)

ATP(adenosine triphosphate)
ADP(adenosine diphosphate)

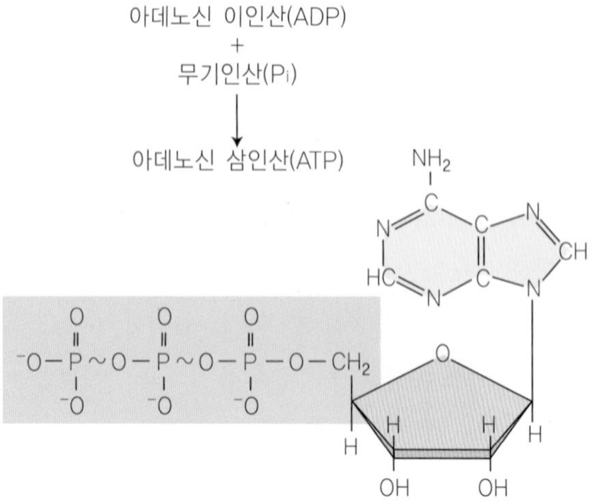

아데노신 이인산(ADP)
+
무기인산(P_i)

↓

아데노신 삼인산(ATP)

그림 6-2   ATP의 구조

② 인체 에너지의 이용과 저장

인체는 식품으로부터 얻은 에너지를 이용하여 일을 하지만 필요 이상의 에너지를 섭취하면 여분의 에너지는 체내에 저장된다. 포도당은 글리코겐으로 저장되고 여분의 아미노산, 지방산, 포도당은 모두 지방으로 전환되어 저장된다. 알코올은 7kcal를 발생하는데 에너지원으로 사용되기도 하나 과잉 섭취 시 지방으로 전환되어 체내에 저장된다. 반면에 에너지 섭취량이 인체 필요량보다 적을 경우에는 저장되었던 에너지원이 분해되어 이용된다. 간이나 근육에 저장된 글리코겐은 포도당으로 분해되고 지방조직에 저장된 지방은 지방산과 글리세롤로 분해되며, 체단백질은 아미노산으로 분해되어 에너지로 이용된다.

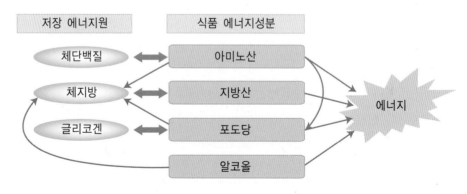

그림 6-3   인체 에너지와 식품 에너지의 전환과 이용

인체에서 소비되는 에너지로는 기초대사량(또는 휴식대사량), 활동대사량, 식이성 발열효과 그리고 적응대사량이 있다. 이들을 인체 에너지 대사량이라고 한다.

❶ 기초대사량과 휴식대사량

(1) 기초대사량

기초대사량이란 인체가 생명을 유지하기 위해서 필요한 최소한의 에너지 필요량으로 의식적인 근육 활동이 전혀 없는 완전한 휴식상태일 때 인체가 필요로 하는 에너지이다. 즉, 기초대사량은 체내의 항상성 유지, 신경 전달, 심장 박동, 혈액순환, 호흡운동, 체온 및 내분비선 유지 등에 필요한 에너지이다. 기초대사량은 식후 12시간이 경과하여 식이성 발열효과의 영향이 배제된 상태로 스트레스가 없는 쾌적한 환경조건에서 측정한다.

Note *
기초대사량(basal energy expenditure ; BEE)
휴식대사량(resting energy expenditure ; REE)

(2) 휴식대사량

휴식대사량이란 식사 후 몇 시간이 지나서 아무런 육체적 운동 없이 편안한 자세로 앉았거나 누워 있는 상태에서 정상적인 신체기능과 체내 항상성을 유지하는 데 소비되는 에너지로 기초대사량에 비해 약 10% 정도 많다. 하루 총소비에너지량의 60~75%를 휴식대사량이 차지한다.

개인 간 기초대사량 차이의 요인

① 체표면적 : 체표면적이 크면 그에 따라 피부를 통해 발산되는 에너지량이 증가하므로 기초대사량이 높다.
② 연령 : 기초대사량은 신생아기부터 점차 증가하여 생후 2세 전후에 가장 높아진다. 그러나 그 이후 감소하여 20세 전후부터 중년까지 일정하게 유지된 후 점차 낮아져 노년기에 가장 낮아진다.
③ 성별 : 여자는 남자에 비하여 근육량이 적어 남자보다 5~10% 낮은 기초대사량을 보인다.
④ 체온 : 체온이 1℃ 상승할 때 기초대사량의 13%가 증가한다.
⑤ 호르몬 : 갑상선기능항진증으로 인하여 티록신이 과잉 분비되면 기초대사량이 최대 75%까지 증가하고, 성장호르몬과 아드레날린도 기초대사량을 증가시킨다.
⑥ 임신기에는 기초대사량이 증가하고 월경 직전에도 기초대사량이 상승된다.

⑦ 에너지와 영양소의 공급 부족은 기초대사량을 감소시키고 공급 과잉은 기초대사량을 항진시킨다.
⑧ 수면 시에는 기초대사량이 10% 정도 감소한다.
⑨ 카페인, 흡연, 스트레스 등도 기초대사량을 증가시킨다.

Note*
활동대사량(thermic effect of exercise ; TEE)

❷ 활동대사량

인체가 활동을 한다는 것은 근육이 수축 운동을 한다는 것이다. 이 과정에서 에너지를 소비하게 되는데 이를 활동대사량 또는 활동을 위한 에너지 소비량이라 한다. 활동대사량은 1일 에너지 소비의 20~40% 정도를 차지하는데 활동 강도 및 활동 시간에 따라 달라지고, 체중과 체구성분에 의해 영향을 받는데 근육이 많을수록 활동을 할 때 에너지 소비량이 많아진다.

식이성 발열효과(thermic effect of food ; TEF)

❸ 식이성 발열효과

섭취한 식품이 장에서 소화, 흡수되는 과정과 각 영양소가 체내에서 운반, 대사되는 과정에서 소비되는 에너지이다. 혼합 식사를 하는 경우 총 에너지 소비의 10% 정도를 이 에너지 대사량이 차지하는데 섭취하는 식사의 열량영양소 구성비에 따라 달라 단백질 섭취의 경우 가장 높고 지질 섭취의 경우 낮아진다. 또한 강한 향신료에 의해 증가되기도 한다.

구 분	탄수화물	지 질	단백질	알코올	혼합식사
소화율(%)	98	95	92	100	
식이성 발열효과(%)	10~15	3~4	15~30	20	10

적응대사량(adaptive thermogenesis ; AT)

❹ 적응대사량

인체가 변화하는 환경에 적응하기 위해 소비되는 에너지로 추위에 노출되거나 과식, 부상, 스트레스 등의 상황에서 신경 및 호르몬 분비의 변화에 의해 열이 발생하여 소비되는 에너지를 말한다. 총 에너지 소비의 10% 정도를 차지하지만 실제 1일 에너지 필요량을 계산할 때에는 포함되지 않는다.

1 단위

에너지를 표시하는 단위로는 칼로리와 줄이 있다. 1칼로리는 물 1mL를 섭씨 14.5℃
에서 15.5℃로 상승시키는데 필요한 열량으로 에너지의 단위는 1,000칼로리를 단위
로 하여 kcal를 사용한다.

1줄은 1kg의 물체를 1m 이동시키는데 필요한 힘인 1N의 힘으로 물체를 1m만큼
이동시키는데 필요한 에너지로 1kcal = 4.184kJ이다.

2 식품 에너지 측정법

식품의 에너지는 봄 열량계로 측정하는데, 식품 시료가 연소할 때 발생하는 열
을 물의 온도 변화를 이용하여 측정하여 식품 에너지를 kcal로 환산하는 방법이다.

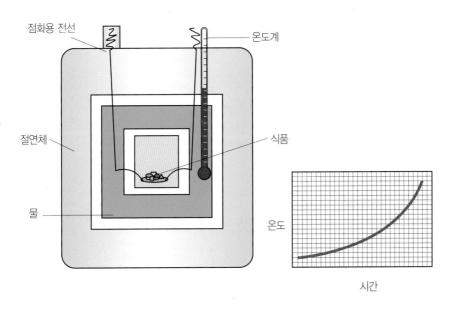

점화용 전선   온도계

절연체   식품

물

온도

시간

그림 6-4 봄 열량계

Note *

소화가능 에너지
(digestible energy)
생리적 에너지
(physiological energy)

봄 열량계에 일정량의 식품을 놓고 그 식품을 태우면 열이 발생하면서 공간을 둘러싸고 있는 물의 온도를 올리게 된다. 그러므로 식품을 태우기 전과 후의 물의 온도차를 알아내어 식품의 연소열을 계산할 수 있다. 봄 열량계로 식품의 열량을 측정하면 탄수화물은 1g에 4.15kcal, 지질은 9.45kcal, 단백질은 5.65kcal, 알코올은 7.1kcal의 연소열량을 나타낸다. 이 값들은 실제 인체에서 이용되어 나오는 생리적 에너지가보다 높은데, 이는 인체의 에너지 효율이 열량계보다 떨어지기 때문이다.

섭취된 식품은 체내에서 완전히 소화되지 못하므로 체내에서 사용될 수 있는 에너지는 측정된 연소열량에 소화흡수율을 곱해주어야 한다. 탄수화물, 지질, 단백질의 소화흡수율은 각각 0.98, 0.95, 0.92이므로 이를 곱해주면 소화가능 에너지가 계산된다. 한편 단백질이 에너지원으로 이용될 때에는 질소가 소변을 통해 배설되기 위하여 요소를 합성하는 과정에서 에너지가 손실되므로 단백질 1g당 요소합성에 소비되는 에너지량인 1.25kcal를 더 감해주어야 한다. 이렇게 소화흡수율과 체내에서 손실되는 에너지를 감안하면 인체에서 이용되는 각 열량 영양소의 1g당 생리적 에너지가는 탄수화물 4kcal, 지질 9kcal, 단백질 4kcal 그리고 알코올 7kcal가 된다.

표 6-1 각 열량영양소의 에너지가

에너지 급원	총에너지 kcal/g	소화흡수율 %	에너지 손실 kcal/g	생리적 에너지가 상용가 kcal/g 총에너지 × 소화흡수율 − 에너지손실
탄수화물	4.15	98	0	4.0
지질	9.45	95	0	9.0
단백질	5.65	92	1.25*	4.0
알코올	7.1	100	0.1**	7.0

* 소변을 통해 요소로 손실되는 에너지 손실
** 호흡으로 발산되는 에너지 손실

❸ 인체 에너지 대사량 측정법

(1) 직접 열량측정법

직접 열량측정법
(direct calorimetry)

인체가 소비하는 에너지를 직접적으로 측정하는 방법으로 열량계 안에서 실험 대상자가 활동하는 동안 생성되어 발산되는 열을 측정하는 방법이 있다. 인체에서 사용된 에너지는 결국 열로 발산된다는 것을 이용한 방법으로 식품의 열량을 측정

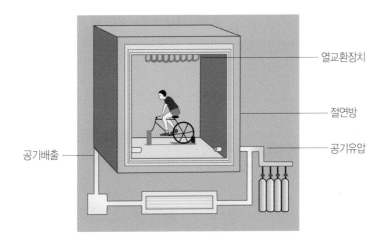

그림 6-5　직접 열량측정법

하는 방법인 봄 열량계와 원리가 같다. 이 방법으로 인체 에너지 대사량을 측정하기 위해서는 특수한 설비가 필요하고 비용이 많이 들기 때문에 최근에는 거의 사용하지 않는 방법이다.

(2) 간접 열량측정법

인체가 활동 시 소비하는 산소량과 배출하는 이산화탄소량을 측정하여 각 활동 시 소비하는 에너지를 계산하는 방법으로 호흡계를 사용하여 산소와 이산화탄소의

Note＊
간접 열량측정법
(indirect calorimetry)

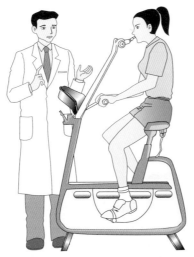

그림 6-6　간접 열량측정법

양을 측정한다. 이는 인체가 열량영양소로부터 에너지를 낼 때 사용하는 에너지원의 종류에 따라 일정량의 산소를 소비하고 일정량의 이산화탄소를 배출한다는 사실에 기초를 둔 방법이다.

간접 열량측정법으로 인체가 소비하는 에너지를 측정하기 위해서는 먼저 호흡계수를 계산한 후 대사되는 열량영양소의 조성비를 예측하여 소비 에너지를 계산한다.

Note *

호흡계수
(respiratory quotient
; RQ)

$$호흡계수(RQ) = \frac{생성된\ CO_2량}{소비된\ O_2량}$$

호흡계수는 산화되는 영양소에 따라 다른데, 탄수화물이 산화될 때는 6분자의 산소가 필요하고 6분자의 이산화탄소가 발생하므로 호흡계수가 1이다.

$$포도당 : C_6H_{12}O_6 + 6O_2 \rightarrow 6CO_2 + 6H_2O$$

$$RQ = \frac{6CO_2}{6O_2} = 1$$

지질은 탄수화물에 비해 산소함유량이 적어 연소될 때 탄수화물보다 더 많은 산소가 필요하게 되므로 지질의 호흡계수는 0.7이다.

$$중성지방(팔미트산) : 2\ (C_{51}H_{98}O_6) + 145\ O_2 \rightarrow 102\ CO_2 + 98\ H_2O$$

$$RQ = \frac{102\ CO_2}{145\ O_2} = 0.704$$

단백질은 원소 조성이 일정하지 않고 소변으로 배설되는 요소로 인한 에너지 손실이 있어 호흡계수가 정확하지 않은데 0.8정도로 추정한다. 즉, 열량영양소의 호흡계수는 1에서 0.7 사이에 있으며, 1에 가까울수록 탄수화물 산화가 많은 것이고 0.7

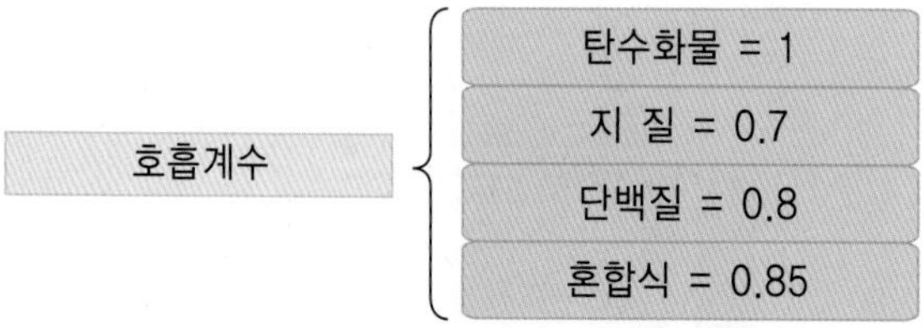

호흡계수	탄수화물 = 1
	지 질 = 0.7
	단백질 = 0.8
	혼합식 = 0.85

그림 6-7 열량영양소의 호흡계수

표 6-2 비단백 호흡계수 및 탄수화물과 지질의 산화비율

비단백호흡계수	대사에 소모된 영양소 비율(%)		산소 1L에 대한 에너지 소비량
	탄수화물	지질	
0.70	0.0	100	4.686
0.72	4.4	95.6	4.702
0.74	11.3	88.7	4.727
0.76	18.1	81.9	4.751
0.78	24.9	75.1	4.776
0.80	31.7	68.3	4.801
0.82	38.6	61.4	4.825
0.84	45.4	54.6	4.850
0.86	52.2	47.8	4.875
0.88	59.0	41.0	4.889
0.90	65.9	34.1	4.924
0.92	72.2	27.3	4.948
0.94	79.5	20.5	4.973
0.96	86.3	13.7	4.998
0.98	93.2	6.8	5.022
1.00	100.0	0	5.047

에 가까울수록 지질 산화가 많은 것이다.

임상적으로 보면 호흡계수가 0.8보다 적으면 에너지 섭취가 부족한 경우이고, 0.7보다 적으면 굶은 상태이거나 저탄수화물식사를 한다는 것을 말하며, 1 이상이면 체내에서 지방이 합성되고 있다는 의미이다. 일상적으로 섭취하는 혼합 식사의 호흡계수는 0.85가 되는데, 정상적인 상태에서 단백질은 에너지 대사에 관여하는 비율이 낮으므로 단백질 대사는 고려하지 않게 된다. 표 6-2는 비단백호흡계수에 따른 탄수화물과 지질의 산화비율과 산소 1L에 대한 에너지 소비량을 나타낸 것이다.

특수한 상황에서 소비된 산소량과 배출된 이산화탄소량을 측정한 후, 표 6-2를 이용하여 그때의 에너지 소비량을 계산할 수 있다. 예를 들어 기초대사량을 측정하는 조건에서 일정 기간동안 신체의 산소 소비량이 15.7L, 이산화탄소 배출량이 12.0L였다면 이를 이용하여 호흡계수를 계산한 후 아래와 같이 기초대사량을 계산할 수 있다.

- **호흡계수 계산**

  산소소비량 : 15.7 L/시간

  이산화탄소 배출량 : 12.0 L/시간

  → 호흡계수 = 12.0 / 15.7 = 0.76

- **기초대사량 계산**

  호흡계수 = 0.76일 때

  산소 1L당 에너지 소비량 : 4.751 kcal(표 6-2 참조)

  → 15.7 L × 4.751 kcal/L × 24시간 = 1721.7 kcal/일

(3) 이중표시 수분방법

Note

이중표시 수분방법
(doubly labeled water
technique ; DLW)

이중표시 수분방법은 에너지 소비량의 새로운 측정방법으로 인체의 이산화탄소 생성량을 측정하여 에너지 소비량을 산출하는 방법이다. 경구로 소량의 안정된 동위원소로 표지된 ^2H_2O와 H_2O^{18}를 함유한 물을 섭취한 후 2주 동안 체내수분(뇨, 타액, 혈청)을 수시로 채취하여 두 동위원소의 제거율을 측정함으로써 동위원소의 농도변화를 측정하여 CO_2 생성량을 산출하는 방법이다. 이 방법은 활동에 제한을 초래하지 않고 평상시의 활동방식을 그대로 유지하는 상태에서 에너지 소비량을 측정할 수 있으며 정확도가 뛰어나다. 그러나 안정된 동위원소 사용경비가 비싸고 시료분석 기기와 기술적인 전문성이 요구되는 등의 어려움으로 인하여 아직은 연구의 목적으로 제한적으로만 사용되고 있다.

04 에너지 소비량 계산법

개인의 에너지 소비량을 계산하기 위해서는 에너지 소비의 주 요인들인 기초(휴식)대사량, 활동대사량, 식이성 발열효과를 모두 더하는 방법을 주로 사용한다.

❶ 기초(휴식) 대사량 산출

기초대사량은 성별, 연령, 체격에 따라 차이를 보이는데, 성인의 기초대사량을 구하는 가장 간단한 방법은 다음과 같다.

성인 남자 기초(휴식) 대사량 = 1kcal/시간(h)/체중(kg) × 체중(kg) × 24시간
성인 여자 기초(휴식) 대사량 = 0.9kcal/시간(h)/체중(kg) × 체중(kg) × 24시간

해리스-베네딕트 공식을 이용하는 계산도 사용된다.

Note *
해리스-베네딕트 공식
(Harris-Benedict
equation)

성인 남자 기초(휴식) 대사량 = 66.5 + [13.8×체중(kg)] + [5×신장(cm)]−(6.8×연령)
성인 여자 기초(휴식) 대사량 = 655.1 + [9.6×체중(kg)] + [1.8×신장(cm)]−(4.7×연령)

최근 한국인 영양섭취기준에서는 20세 이상 성인의 기초대사량 산출시 다음 공식을 이용하였다.

성인남자 기초(휴식)대사량 = 204−(4×연령) + [450.5×신장(m)] + [11.69×체중(kg)]
성인여자 기초(휴식)대사량 = 255−(2.35×연령) + [361.6×신장(m)] + [9.39×체중(kg)]

그 외 단위 체표면적에 대한 에너지 소비량(kcal/시간)자료를 이용하여 기초대사량을 산출하는 방법도 있다. 체표면적이 넓어지면 열 손실이 커지므로 기초대사량은 체중보다는 체표면적과 비례한다는 사실을 기초로 한 것이다. 위의 공식을 사용하거나 그림 6-8과 표 6-3을 이용하여 신장과 체중으로 체표면적을 산출한 후 기초대사량을 계산할 수 있다. 그림 6-8은 신장과 체중에 의하여 체표면적을 추정한 계산도표이고, 표 6-3은 체표면적 $1m^2$에 대한 시간당 에너지 소비량을 연령과 성별에 따라 나타낸 표이다.

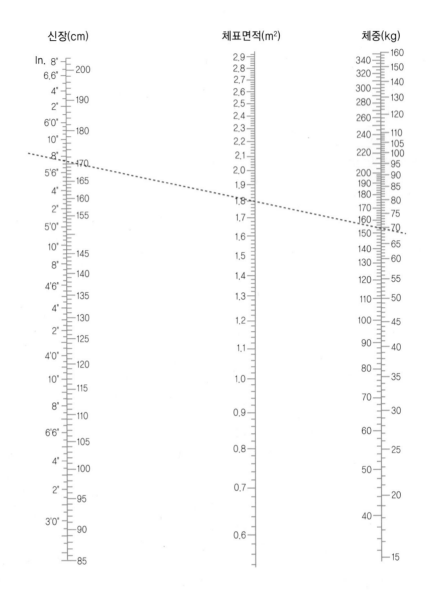

신장(cm) 체표면적(m²) 체중(kg)

그림 6-8 신장과 체중에 의하여 체표면적을 추정하는 계산 도표

표 6-3 　연령과 성별에 따른 단위 체표면적에 대한 시간당 기초대사량　(kcal/㎡/시간)

연 령	남 자	여 자
5	56.3	53.0
15	42.9	38.3
25	38.4	35.1
35	36.9	34.8
45	36.2	33.8
55	35.1	32.8
65	33.5	31.6

체표면적을 이용하는 방법으로 성인 남자의 기초대사량을 구하면 다음과 같다.

성인남자의 1일 기초대사량 계산의 예

- 나이 : 25세
- 체중 : 70kg
- 신장 : 170cm

1. 그림 6-8을 이용한 체표면적 산출

   체표면적 = 1.81m^2

2. 표 6-3을 이용한 기초대사량 계산

   38.4(kcal/m^2/시간) × 1.81(m^2) × 24(시간) = 1,668 kcal

❷ 활동대사량 산출

활동대사량은 하루 생활 활동을 분 단위로 기록한 후, 이들 활동 시의 산소 소비량을 측정하여 간접열량측정법을 사용하여 각 활동 시 소비하는 에너지를 계산하여 산출한다. 다양한 활동에 따른 활동대사량은 표 6-4에 제시되어 있다.

표 6-4 **활동에 따른 활동대사량**

활 동	에너지 소비량(kcal/kg/시간)
권투	11.4
달리기	7.0
탁구	4.4
스케이팅	3.5
빠르게 걷기	3.4
춤, 왈츠	3.0
자전거타기	2.5
보통속도로 걷기	2.0
세탁	1.3
설거지, 다림질	1.0
운전	0.9
피아노치기, 노래 부르기	0.8
갈아입기	0.7
서있기	0.6
식사, 앉아있기, 글쓰기	0.4

③ 개인 에너지 소비량의 예

중등정도의 활동을 하는 사람의 경우 기초대사량은 하루 소비 에너지의 60~70%를 차지하고 활동대사량은 15~30%를 차지하며, 식이성 발열효과는 총 에너지 섭취량의 10% 정도를 차지한다. 활동대사량은 활동의 종류나 강도, 활동시간, 체중 등에 따라 다르므로 에너지 소비량 중 개인간 차이가 가장 크다.

개인의 1일 에너지 소비량은 다음과 같은 방법으로 계산할 수 있다.

1일 에너지 소비량 = 기초대사량 + 활동대사량 + 식이성 발열효과

성인남자의 1일 에너지 소비량 계산

- 나이 : 25세
- 체중 : 70kg
- 신장 : 170cm

▶ **하루활동량** :

수면	7시간	옷 갈아입기	30분
업무(사무직)	8시간	운전	2시간 30분
식사	2시간	보통속도로 걷기	1시간
휴식, 기타	2시간	빠르게 걷기	1시간

▶ **기초대사량 계산(남자)**

1kcal × 70kg × 24시간 = 1,680 kcal

▶ **활동대사량 계산(표 6-4 참조)**

업무	0.4kcal × 70kg × 8시간	= 224kcal
식사, 휴식 및 기타	0.4kcal × 70kg × 4시간	= 112kcal
갈아입기	0.7kcal × 70kg × 0.5시간	= 24.5kcal
운전	0.9kcal × 70kg × 2.5시간	= 157.5kcal
보통속도로 걷기	2.0kcal × 70kg × 1시간	= 140kcal
빠르게 걷기	3.4kcal × 70kg × 1시간	= 238kcal
합 계		896kcal

▶ **식이성 발열효과 계산**

기초대사량 + 활동대사량 = 1,680kcal + 896kcal = 2576kcal

식이성 발열효과 = 2576kcal × 10% = 257.6kcal

▶ **1일 총 에너지 소비량 계산**

기초대사량 + 활동대사량 + 식이성 발열효과

= 1,680kcal + 896kcal + 257.6kcal = 2833.6kcal

> 수면시에는 기초대사량의 90% 정도만을 소비하므로, 수면시간을 고려하면 1일 총 에너지 소비량은 2780kcal가 된다.

05 한국인의 에너지 섭취기준

에너지는 과잉섭취 시 체중증가가 나타나고 그 결과 여러 성인병의 발생위험도가 증가하게 되므로 필요량에 안전율을 고려하여 더해주는 다른 영양소들의 권장기준과는 달리 에너지 권장량은 인구집단의 평균요구량을 필요량으로 책정하고 있다.

에너지 필요량은 기초(휴식)대사량, 활동대사량 및 식이성 발열효과를 고려하여 책정한다. 한국인의 에너지 섭취기준은 수차례에 걸쳐서 수정 보완되어 2020년 에너지 영양섭취 기준이 설정되었는데 섭취기준으로 성별과 연령에 따른 필요추정량이 설정되었다.

① 기초대사량

한국인의 영양소 섭취기준에서 사용된 기초(휴식)대사량은 성별, 연령별, 체격별, 기초대사량을 구하는 산출공식을 사용하였다. 성인의 기초대사량은 앞에서 언급한 공식을 사용하여 구한다.

② 활동대사량

신체활동에 따른 에너지 소비량은 활동의 정도에 따라 매우 다르므로 신체활동수준을 4단계로 구분하여 적용하였다. 신체활동수준이란 총 에너지 소비량을 기초대사량으로 나눈 값으로 비활동적, 저활동적, 활동적, 매우 활동적으로 구분된다.

신체활동수준
비활동적 : 신체활동 수준이 1.0 이상 1.4 미만인 경우
저활동적 : 신체활동 수준이 1.4 이상 1.6 미만인 경우
활동적 : 신체활동 수준이 1.6 이상 1.9 미만인 경우
매우 활동적 : 신체활동 수준이 1.9 이상 2.5 까지

비활동적 수준은 입원환자 등 활동이 극히 제한된 사람들의 활동 수준에 해당하며, 규칙적으로 운동하지 않고 지내는 일반 사무직 종사자들은 대부분 저활동적 수준에 해당된다(표 6-5, 표 6-6).

표 6-5 **활동 수준별 신체활동의 예**

신체활동수준	활동 예
1.0	수면
휴식, 여가 활동 : 1.1~1.9	옆으로 눕기, 앉아서 책읽기, 서예, TV 시청, 대화, 요리, 식사, 세면, 배변, 바느질, 재봉일, 꽃꽂이, 다도, 카드놀이, 악기연주, 운전, 서류정리, 워드작업, 사무용 기기 사용 등
저강도 활동 : 2.0~2.9	지하철/버스 서서 탑승, 쇼핑, 산책, 세탁(세탁기 이용), 청소(청소기 사용) 등
중강도 활동 : 3.0~5.9	정원 손질, 보통속도 걷기, 목욕, 자전거 타기, 아기 업고 보행, 게이트볼, 캐치볼, 골프, 가벼운 댄스, 하이킹(평지), 계단 오르기, 이불 널고 걷기, 체조 등
고강도 활동 : 6.0 이상	근력 트레이닝, 에어로빅, 노 젓기, 조깅, 테니스, 배드민턴, 배구, 스키, 축구, 스케이트, 수영, 달리기 등

표 6-6　신체활동 수준별 일상생활 패턴 및 1일 활동 구성

신체활동 수준		저활동적 1.50*(1.40~1.60)	활동적 1.75*(1.60~1.90)	매우 활동적 2.00*(1.90~2.20)
일상생활		대부분의 시간을 앉아서 하는 정적 활동으로 보냄	주로 앉아서 보내지만 서서 하는 작업, 통근, 물건구입, 가사, 가벼운 운동 등 포함	주로 서서 하는 작업 종사, 또는 운동 등 활발한 여가 활동
1일 활동구성 (시간/일)	수면(1.0*)	8	7~8	7
	휴식 및 여가활동 (1.5 : 1.1~1.9*)	13~14	11~12	10
	저강도 활동 (2.5 : 2.0~2.9*)	1~2	3	3~4
	중강도 활동 (4.5 : 3.0~5.9*)	1	2	3
	고강도 활동 (7.0 : 6.0이상*)	0	0	0~1

*신체활동 수준(PAL)

❸ 에너지 필요량의 추정 방법 및 활용

한국성인의 에너지 필요추정량은 에너지 소비량으로 규정하며, 에너지 소비량은 이중표시 수분방법을 사용하여 산출한 공식을 사용하였다.

성인남자 : $662 - (9.53 \times 연령) + PA^* [(15.91 \times 체중(kg) + 539.6 \times 신장(m))]$
성인여자 : $354 - (6.91 \times 연령) + PA^* [(9.36 \times 체중(kg) + 726 \times 신장(m))]$

*PA(신체홀동수준별 계수) : 1.0(비활동적), 1.11(저활동적), 1.27(활동적), 1.45(매우 활동적)

한국성인의 신체활동 수준은 운동선수와 특수 노동자를 제외한 대부분이 1.6 미만의 저활동적 상태이므로, 우리나라 성인남녀와 노인군의 에너지 필요추정량은 남녀 각각 저활동적 수준에 해당되는 신체활동 계수인 1.11과 1.12를 적용하여 산출하였다.

한편, 영·유아, 아동 및 청소년의 에너지 필요추정량은 에너지 소비량에 성장에 따른 추가 필요량을 더하여 산정하였는데, 이들 연령군에게는 각 연령군 별로 다른 산출공식을 적용하였다.

2020년 한국인 영양소 섭취기준의 에너지 섭취기준표(표 6-7)에 나타난 성별·연

표 6-7 한국인의 연령, 체위기준과 에너지 섭취기준

성별	연령(세)	신장 (cm)	체중 (kg)	체질량지수 (kg/m²)	에너지 필요추정량 (kcal/일)
영아	0~5(개월)	58.3	5.5	16.2	500
	6~11	70.3	8.4	17.0	600
유아	1~2	85.8	11.7	15.9	900
	3~5	105.4	17.6	15.8	1400
남자	6~8	124.6	25.6	16.7	1700
	9~11	141.7	37.4	18.7	2000
	12~14	161.2	52.7	20.5	2500
	15~18	172.4	64.5	21.9	2700
	19~29	174.6	68.9	22.6	2600
	30~49	173.2	67.8	22.6	2500
	50~64	168.9	64.5	22.6	2200
	65~74	166.2	62.4	22.6	2000
	75 이상	163.1	60.1	22.6	1900
여자	6~8	123.5	25.0	16.4	1500
	9~11	142.1	36.6	18.1	1800
	12~14	156.6	48.7	20.0	2000
	15~18	160.3	53.8	21.0	2000
	19~29	161.4	55.9	21.4	2000
	30~49	159.8	54.7	21.4	1900
	50~64	156.6	52.5	21.4	1700
	65~74	152.9	50.0	21.4	1600
	75 이상	146.7	46.1	21.4	1500
임신부[1]					+0 +340 +450
수유부					+340

1) 1, 2, 3분기별 부가량
자료: 보건복지부, 한국영양학회. 2020 한국인 영양소 섭취기준

령별 에너지 필요추정량 대표수치는 단체급식에서 에너지 제공량의 적절성 여부를 판단하는 기준으로 활용하기 위하여 제시된 것이다. 에너지 필요량은 성별과 연령은 물론 체중·신장 및 활동정도에 따라 매우 다르게 결정되므로 영양상담 시에는 개개인의

특성에 근거하여 개별 에너지 필요추정량을 계산하여 사용하도록 권장한다.

한국인의 에너지 주요 급원식품은 표 6-8, 그림 6-9와 같다.

표 6-8 에너지 주요 급원식품 및 함량(100g당 함량)[1]

급원식품	함량 (g/100g)	급원식품	함량 (g/100g)
콩기름	915	떡	213
과자	494	돼지고기(살코기)	186
라면(건면, 스프 포함)	369	고구마	141
백미	357	달걀	136
국수	291	소주	127
빵	279	우유	65
소고기(살코기)	223	맥주	46
샌드위치/햄버거/피자	229		

1) 2017년 국민건강영양조사의 식품별 섭취량과 식품별 에너지 함량(국가표준식품성분표 DB 9.1, 2019) 자료를 활용하여 에너지 주요 급원식품 15개 산출
자료: 보건복지부, 한국영양학회. 2020 한국인 영양소 섭취기준

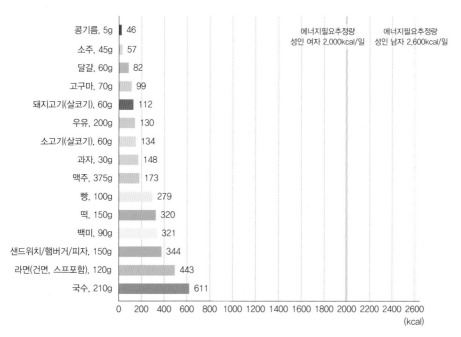

1) 2017년 국민건강영양조사의 식품섭취량과 식품별 에너지 함량(국가표준식품성분표 DB 9.1, 2019) 자료를 활용하여 에너지 주요 급원식품 15개 산출 후 1회 분량(2015 한국인 영양소 섭취기준)을 적용하여 1회 분량당 함량 산출, 19~29세 성인 에너지 필요추정량 기준(2020 한국인 영양소 섭취기준)과 비교
자료: 보건복지부, 한국영양학회. 2020 한국인 영양소 섭취기준

그림 6-9 에너지 주요 급원식품 (1회 분량당 함량)[1]

❶ 에너지 섭취 불균형

Note*
체질량지수
(body mass index ; BMI)

사람의 체중은 에너지 섭취량과 소비량이 평형을 이룰 때 일정하게 유지되는데 에너지 대사의 불균형은 체중의 변화와 함께 건강장애를 초래하게 된다. 에너지 섭취가 부족하다는 것은 체질량지수가 18.5 이하 또는 표준체중에 대한 현재체중의 비가 80% 미만인 경우로 심리적 불안정, 활동력과 감염에 대한 저항력 감소현상 등을 유발한다. 반면에 에너지의 과잉 섭취는 비만을 유발하여 그로인한 각종 성인병 발생 등의 부작용을 나타낸다.

(1) 신경성 식욕부진

신경성 식욕부진
(anorexia nervosa)

자신의 체형에 대한 불만족이나 비만에 대한 우려로 인하여 식사를 기피하여 반기아상태를 유지하거나, 설사제나 이뇨제 등의 약제를 이용하여 강제배설의 방법을 사용함으로써 극심한 체중 감소를 초래하는 정신적 질환이다. 식욕부진 증상이 장기간 지속되면 무월경, 맥박 수의 감소, 저체온, 솜털 머리카락, 갑상선기능 저하, 골다공증, 변비, 빈혈 등의 생리적 변화와 면역기능의 저하를 가져온다.

신경성 식욕부진증은 식사제한형과 마구먹기형으로 분류된다. 식사제한형은 음식 섭취를 매우 엄격하게 제한하는 경우이고 마구먹기형은 반 기아 상태와 마구먹기를 번갈아 반복하는 경우로 완하제 및 이뇨제의 사용, 구토를 통해 강제배설행위가 자주 나타난다.

(2) 신경성 폭식증

신경성 폭식증
(bulimia nervosa)

체형과 체중 때문에 자기 자신을 부정적으로 평가하고, 불만족스러운 감정을 발산시키는 방법으로 충동적으로 남몰래 마구 먹기를 한 후에 체중증가를 방지하기 위하여 강제적으로 구토를 하거나 이뇨제나 설사제를 사용하여 강제 배설을 초래하는 행위를 하거나 절식이나 과다한 운동 등의 극단적 행위를 반복하는 정신적 질환이다. 구토로 인하여 위산이 구강 및 식도를 자극하게 되어 치아의 에나멜층이 침식되고 식도에 염증이 초래된다.

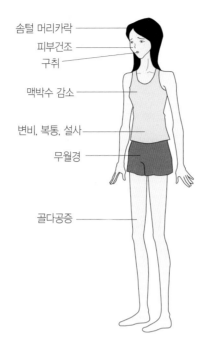

솜털 머리카락

피부건조

구취

맥박수 감소

변비, 복통, 설사

무월경

골다공증

그림 6-10　신경성 식욕부진환자의 임상증상

❷ 에너지 섭취 과잉

Note*
비만(obesity)

장기간 에너지 섭취량이 소비량보다 많아 과잉의 에너지가 체내 지방조직에 과다하게 축적되어 체중이 증가한 경우를 비만이라고 한다.

남자의 경우에는 체지방 비율이 25% 이상을 여자의 경우에는 30% 이상일 때를 말하는데 비만이 되면 합병증으로 당뇨병, 고혈압, 동맥경화 및 각종 암을 일으켜 삶의 질을 떨어뜨리게 된다.

(1) 비만의 판정

비만은 단순히 체중이 많이 나가는 것이 아니고 몸에 지방이 많이 쌓여 여러 가지 합병증을 일으키는 것을 말하므로 운동으로 인해 근육량이 증가하여 체중이 많이 나가는 과체중의 경우는 비만이라고 하지 않는다. 비만의 판정에는 신체지수, 체질량지수, 체지방측정법 및 지방조직의 분포조사 등이 사용된다.

과체중(overweight)

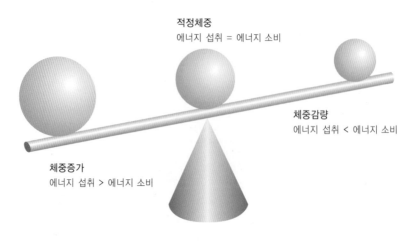

적정체중
에너지 섭취 = 에너지 소비

체중감량
에너지 섭취 < 에너지 소비

체중증가
에너지 섭취 > 에너지 소비

그림 6-11 에너지 균형

Note *
브로카지수(broca 지수)
체질량지수(body mass
index ; BMI)

① 신체지수

신체지수 중 브로카지수는 비만 판정에 가장 쉽게 사용되는 방법으로 자신의 신장에 적합한 표준 체중과 자신의 현재 체중을 비교하여 비만도를 결정하는 방법이다.

② 체질량지수

체질량지수는 비만 판정에 가장 널리 사용되고 있는 방법으로 체중(kg)을 신장의 제곱(m^2)으로 나누어 구한다. WHO에서는 체질량지수가 20~24.9를 정상으로, 25~30을 과체중으로, 30 이상을 비만으로 판정한다. 그러나 아시아인의 경우에는 체

표 6-9 비만 판정법

방 법	판정기준
신체지수(이상체중의 %, RBW 또는 Broca 지수) 이상체중산정법 신장 160cm 이상 : (신장cm − 100)×0.9 신장 150~160cm : (신장cm − 150)/2+50 신장 150cm 이하 : 신장 cm − 100	경증비만 : 120% 이상 중증비만 : 140% 이상 고도비만 : 200% 이상
체질량지수(BMI) = 체중(kg)/(신장m)^2	경증비만 : 25~30 중증비만 : 30~35 고도비만 : 35~40
총 체지방 측정 : 피부두겹집기 두께, 생체전기저항분석법	남자 : 체중의 25% 이상 여자 : 체중의 30% 이상
체지방 분포(복부비만) : 허리둘레	남자 : 90cm 이상 여자 : 85cm 이상

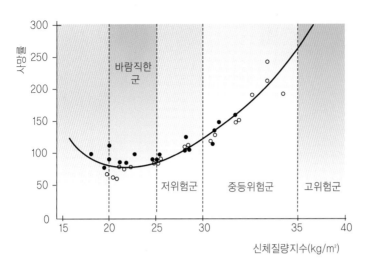

그림 6-12 체질량지수에 따른 사망위험률(WHO 기준 : 서양기준)

질량지수 18.5~22.9를 정상으로 25 이상을 비만으로 판정한다.

③ 체지방측정법

체지방측정법은 피하지방 두께를 측정하거나 전기저항을 이용하여 신체 총 체지방량을 측정하는 방법을 주로 사용하고 있다.

Note *
피하지방 두께
(skinfold thickness)

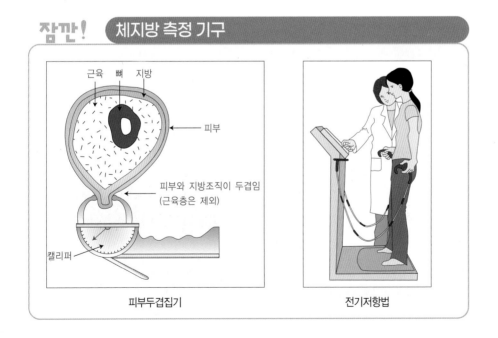

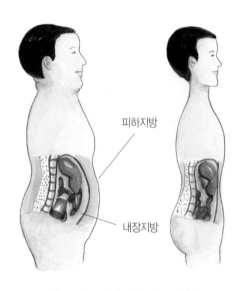

그림 6-13   피하지방과 내장지방

Note＊
캘리퍼(caliper)
전기저항법(bioelectrical
impedence analysis
; BIA)

피하지방 두께는 캘리퍼로 복부, 상완, 허벅지 등을 측정하여 기준치와 비교하여 판정하는데, 이 방법은 측정상의 오차가 있을 수 있고 내장지방은 측정하기 어려운 단점이 있다. 전기저항법은 체내의 지방이 많으면 전류가 흐르기 어려워 전기저항이 높아진다는 원리를 이용하여 체지방량을 측정하는 방법으로 최근 가장 많이 사용하고 있는 비만 판정법이다.

④ 체지방분포

허리둘레
(waist circumference)

허리둘레를 측정하여 비만을 판정하는 방법으로 남자는 허리둘레 90cm 이상일 때, 여자는 85cm 이상일 때 복부비만이라 한다. 복부비만의 경우 당뇨병, 고혈압, 동맥경화 등의 합병증이 나타나는 경우가 많다.

(2) 비만의 분류

① 남성형 비만과 여성형 비만

지방분포가 주로 상반신에 축적된 경우를 남성형 비만 또는 상체 비만(복부 비만)이라고 하고, 주로 허벅지에 축적된 경우를 여성형 비만 또는 하체 비만으로 분류한다. 비만에 의한 합병증인 당뇨병, 고지혈증 등은 남성형 비만인 복부 비만에서 주로 나타나는데 이 경우에 주로 내장 주위에 지방세포가 쌓여 있기 때문이다.

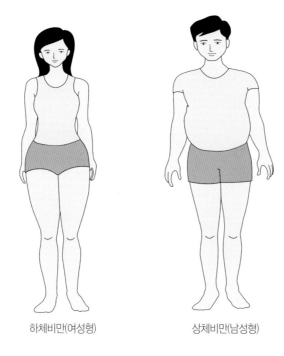

하체비만(여성형)   상체비만(남성형)

그림 6-14   지방분포에 따른 비만의 분류

② 지방세포 형태에 따른 분류

유전성 비만의 경우 정상인보다 지방세포 수가 월등히 많고 생애 주기 중 소아기, 사춘기, 임신 후반기, 수유기 등에는 지방세포의 수가 증가할 수 있는데, 이때를 제외하고는 과잉 섭취된 에너지는 지방세포의 크기를 증대시키기는 하나 세포 수를 증가시키지는 않는다. 그러므로 성장기에 과식이나 운동부족으로 인해 소아비만이 되면 지방세포의 수가 늘어나게 되어 성인 이후에도 정상화시키는 것이 어려우므로 주의하여야 한다. 지방세포의 수가 증가한 경우를 지방세포 증식형 비만이라고 하고, 지방세포의 크기가 증가한 경우를 지방세포 비대형 비만이라고 한다.

(3) 비만과 관련된 건강문제

체지방이 많은 사람은 정상인에 비해 고혈압, 당뇨병, 암, 관절염, 담낭질환, 호흡기 장애 등 다양한 질병을 일으킬 위험이 높다. 그러므로 정상체중을 유지하는 것이 건강을 지키는 중요한 요인이다.

Note*

지방세포 증식형 비만
(hyperplastic obesity)
지방세포 비대형 비만
(hypertropic obesity)

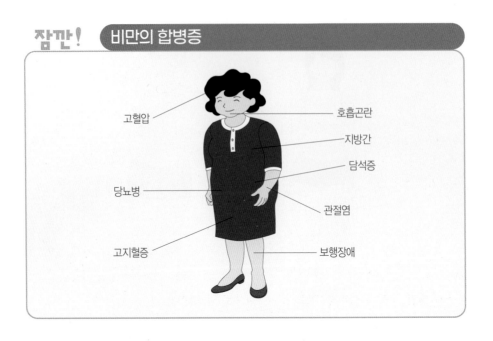

표 6-10 비만과 성인병 발생률과의 관계

병 명	비만인 사람	정상체중인 사람	마른사람
당뇨병	17%	8%	5%
심근장애	28%	13%	13%
고혈압	58%	35%	39%
동맥경화	27%	21%	8%

❸ 에너지 섭취의 생리적 조절

식이섭취를 유발하는 것은 공복감과 식욕이다. 먹고자 하는 신체의 기본적인 욕구는 신체의 내적 요인인 공복감과 맛있는 음식의 모양, 냄새 등의 외적 환경요인에 의해 발생된다. 식이섭취 조절은 시상하부를 중심으로 에너지 관련 호르몬, 신경전달물질, 장이나 지방조직에서 발견되는 여러 펩티드들이 상호작용을 하여 영향을 미침으로써 이루어진다.

식후 몇 시간이 지나 혈당이 저하되면 공복감을 느끼게 되고, 그로인해 음식물을 섭취하게 되면 위장관의 팽창이 일어나고 음식과 장 점막의 기계적 접촉은 장 펩티드를 분비시켜 즉각적으로 포만감을 유발하고 식욕을 억제시킨다. 또한 소화호르몬의

잠깐! 렙틴이란?

렙틴은 체지방조직에 지방저장량이 증가함에 따라 생성 분비되어 포만감을 증가시키는 역할을 하는 호르몬의 활성을 가진 작은 단백질이다.

렙틴은 시상하부에 영향을 미쳐 식욕을 감퇴시키고 지방조직의 소모를 촉진시켜 에너지나 저장지방의 소모를 촉진한다고 알려져 있다. 유전자 돌연변이에 의해 렙틴 생성이 조정되지 못한 동물은 결국 비만이 된다. 그러나 렙틴은 비만을 예방한다기보다는 식이섭취가 부족했을 때 이에 따른 효과를 최소화하는 역할을 한다고 하는 의견도 있어 렙틴을 체중감소에 활용할 수 있는지의 여부는 아직 명확하지 않다.

농도가 높아짐에 따라 시상하부의 포만중추가 자극을 받아 포만감을 느끼게 되어 식품섭취를 조절하게 된다. 이외에도 렙틴이나 세로토닌 같은 신경전달 물질도 포만감을 유발해 식품의 섭취를 감소시키는 것으로 알려졌다.

④ 체중관리

체지방이 많은 사람이 정상체중을 유지하기 위해서는 식사요법과 운동요법을 동시에 수행하면서 생활수정을 통해 식생활 개선하는 것이 바람직하다. 특히 요요현상 없이 감량된 체중을 유지하는 것을 목표로 하여야 한다.

(1) 식사요법

비만의 식사요법의 원칙은 소비되는 에너지보다 적은 에너지를 섭취하여 부족된 에너지를 체지방 연소를 통해 공급함으로써 체중을 감소시키는 것이다. 체중은 일주일에 0.5kg 정도를 감량하는 것이 바람직한데 그를 위해서는 하루 500kcal정도

잠깐! 요요현상이란

체중감량 후 체중이 다시 증가하는 현상을 요요현상이라고 한다. 저열량식을 하면 체내 근육량이 감소하여 기초대사량이 낮아지고, 낮아진 기초대사량 만큼의 에너지가 남게 되면 그것이 체지방의 형태로 몸에 저장되어 체중이 증가하게 된다. 요요현상을 막기 위해서는 저열량식 기간동안 단백질을 충분히 제공하는 식사요법과 함께 근육운동과 유산소운동을 병행하여 근육의 손실을 막아 기초대사량을 일정하게 유지시켜야 한다.

잠깐! 식품의 에너지밀도

에너지밀도는 식품의 에너지를 식품 중량과 비교한 것이다. 에너지밀도가 높은 식품으로는 견과, 과자, 튀긴 식품, 지방 등이 해당되고, 에너지밀도가 낮은 식품으로 과일, 채소 등을 들 수 있다.

에너지밀도가 낮은 식품을 많이 섭취하면 섭취한 에너지는 적으면서 식사 후 느끼는 포만감은 커진다. 수분과 식이섬유가 많은 식품이 식사의 에너지밀도를 낮추어서 포만감에 도움을 주는데 비해, 에너지밀도가 높은 식품, 특히 고지방 식품은 더 많은 양을 먹어야만 포만감을 느낄 수 있다.

식품의 에너지밀도에 따른 분류

매우 낮은 식품 (0.6kcal/g)	낮은 식품 0.6~1kcal/g	보통인 식품 (1.5~4kcal/g)	높은 식품 (>4kcal/g)
양상추	전유	달걀	샌드위치/쿠키
토마토	오트밀	햄	초콜릿
딸기	콩	호박파이	초콜릿 쿠키
브로콜리	바나나	전곡빵	베이컨
자몽	구운 생선	베이글	감자칩
탈지유	탈지 요구르트	건포도	땅콩
당근	찐 감자	크림치즈	땅콩버터
채소수프	밥		마요네즈
	스파게티		버터

의 에너지 섭취량을 감소시키면 된다. 이때 단백질, 비타민, 무기질 등 체내 대사 및 생리기능의 유지에 필요한 영양소의 섭취는 줄이지 않은 상태에서 에너지 섭취만을 줄이는 식사를 하도록 한다. 이를 위해서는 에너지밀도가 낮은 식품을 선택하여 섭취하도록 한다.

Note *

에너지밀도
(energy density)

비만 치료의 원칙

① 식사는 하루에 세 번, 일정한 시간에 한다.
② 식사는 저 열량식으로 하되 영양적으로 균형 있게 한다.
③ 식사는 천천히, 즐겁게 한다.
④ 과식이나 폭식 상황에서의 대처방안을 강구한다.
⑤ 자신에게 맞는 운동을 꾸준히 한다.
⑥ 일상생활 속에서 활동량을 높인다.
⑦ 규칙적인 생활을 한다.

(2) 운동요법

체중조절을 하기 위해서는 적당한 강도의 유산소운동을 일주일에 최소한 3번 이상, 일정한 간격으로 규칙적으로 하는 것이 좋다. 운동을 시작한 후 20분 이상부터 본격적으로 체지방이 연소되므로 운동은 20분 이상을 하여야 체지방을 소모하는 효과를 볼 수 있다.

(3) 행동수정요법

비만을 유도하는 습관을 고치기 위해 우선 문제가 되는 행동이 무엇인지 규명하고 과식을 피하기 위하여 섭취를 자극하는 요인을 조절하는 것이 필요하다. 바람직한 행동을 한 경우 보상을 하는 것도 좋은 방법이다.

(4) 약물요법

체질량지수(BMI)가 30 이상일 때, 또는 27 이상이지만 다른 위험요인이 있을 때 약물요법을 추가한다.

그림 6-15 미국의 운동 피라미드

체중감소를 위해 의사의 처방 하에 약물을 복용하는 경우가 있다.

식품흡수억제제 : 제니칼
경구용 지질 흡수 억제제로 지질분해효소의 기능을 억제하여 지질이 소화 흡수되지 못하게 하여 지방을 몸 밖으로 배출하는 작용을 한다. 섭취한 지질의 30% 정도가 소화되지 못한 채 창자 안에 쌓여 있다가 대변과 함께 배설되는 원리로서의 비만을 치료하는 약제이다. 지질 흡수를 차단하기 때문에 지방변을 보게 되고 지용성인 비타민 A, D, E, K 베타－카로틴도 흡수하지 못하므로 비타민을 보충해 주어야 한다.

(5) 수술요법

극도의 비만으로 건강상 위험이 있는 경우 위의 용량을 줄이는 위성형술, 위절제술, 풍선삽입술 등과 흡수를 감소시키기 위해 장의 일부를 절제하거나 우회하도록 하는 수술이 행해진다.

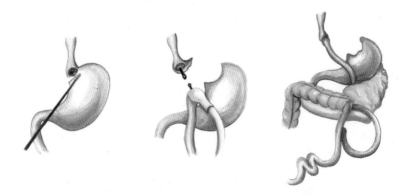

그림 6-16 비만의 수술요법-위 절제술

Question

자신이 얼마나 아는지 확인해 봅시다.

1. 기초대사량(BEE)이란 무엇이며, 기초대사량에 영향을 주는 요인은?

2. 식이성 발열효과(TEF)란 무엇인가?

3. 봄 열량계에서 측정한 식품의 열량가와 실제 인체에서 이용되는 생리적 에너지가가 다른 이유는?

4. 간접열량측정계를 이용하여 얻은 호흡계수(RQ)가 0.75인 경우 인체가 주로 사용한 에너지원은?

5. 인체에서 소비되는 에너지의 구성 요소는?

6. 상체비만이란 무엇인가?

7. 본인의 1일 에너지 필요량을 계산하시오.

Answer

1 기초대사량이란 인체가 생명을 유지하기 위해 필요한 최소한의 에너지로 체내 항상성 유지, 장기들의 기본적인 활동, 혈액순환, 체온유지, 근육의 긴장도 유지, 내분비계 유지 등에 필요한 에너지를 말한다. 기초대사량은 연령이 높아질수록 감소하고, 남자는 여자보다 근육량이 많아 기초대사량이 높다.

2 섭취한 식품이 장에서 소화·흡수·운반·대사 되는 과정에서 소모되는 에너지이다. 이 에너지대사율은 단백질을 섭취하는 경우 가장 높고, 지질 섭취의 경우 가장 낮으며, 평균적으로는 총에너지 소비량의 10%를 차지한다.

3 인체에서 이용되는 생리적 에너지가(탄수화물 4kcal/g, 단백질 4kcal/g, 지질 9kcal/g)는 봄 열량계에서 식품을 연소하여 얻은 열량가(탄수화물 4.15kcal/g, 단백질 5.65kcal/g, 지질 9.45kcal/g)에 소화흡수율을 고려한 값이므로 이 두 값은 다소 차이가 난다. 또한 단백질로부터 에너지를 얻는 경우에는 필수적으로 요소를 합성하여야 하고, 요소 합성 시에는 에너지가 소모되므로 단백질의 경우에는 두 값의 차이가 크다.

4 호흡계수(RQ)는 산화되는 영양소에 따라 다른데, 인체에서 주로 탄수화물을 산화하는 경우에는 RQ가 1에 가깝고 지질을 주로 산화하는 경우에는 RQ가 0.7에 가깝다. 그러므로 RQ가 0.75인 경우에는 인체가 주로 산화한 에너지원이 지질이라는 것을 의미하며, 유산소 운동이나 걷기 등을 하는 경우에 해당된다.

5 인체 에너지 대사량은 기초대사량, 활동대사량, 식이성 발열효과, 적응대사량이 있다. 이들은 각각 총에너지 대사량의 60~70%, 20~40%, 10%, 5~10% 정도를 차지하는데, 활동대사량의 변동량이 가장 크다.

6 상체비만이란 복부비만이라고도 하며 주로 남성이나 갱년기 이후의 여성에서 나타나는 비만으로 지방분포가 주로 상반신인 복부에 축적된 경우이다. 비만의 합병증인 당뇨병, 고혈압 등이 상체비만과 연관이 있다.

7 다음과 같이 계산한다.
① 체중에 대한 기초대사량 구하기
② 활동대사량 계산, 또는 기초대사량×활동계수 계산
③ 식이성 발열효과(약 10%)계산
④ 1일 총 에너지 소모량 계산 = 기초대사량 + 활동대사량 + 식이성 발열효과

Chapter 7

수용성 비타민

배우기전에

Question

나는 **수용성 비타민**에 대해 얼마나 알고 있나요?
다음 질문에 ○, ×로 답하시오.

1 비타민의 가장 중요한 역할은 에너지를 제공하는 것이다.

2 비타민은 과량 섭취할 필요가 없다. 필요량 이상은 소변으로 배설되기 때문이다.

3 과일과 채소는 섭취 횟수가 많을수록 비타민의 풍부한 급원이 된다.

4 우유는 리보플라빈이 풍부한 식품이다.

5 니아신은 과잉 섭취하면 붉은 발진(flushing rash), 피로증상이 나타난다.

6 알코올은 엽산의 흡수를 감소시킨다.

7 비타민 B$_{12}$는 오직 동물성 식품에만 들어 있다.

8 비타민 C 보충제는 감기를 치료하고 예방한다.

9 과량의 비타민 C는 조직의 감염에 대비해서 간에 저장된다.

10 파이토케미칼(phytochemicals)은 과일, 채소, 전곡 등에서 발견되는 유익한 비영양물질이다.

정답

1 ×(에너지생성반응에 관여한다.)

2 ×(과잉 섭취로 독성을 나타내기도 한다.)

3 ○

4 ○

5 ○

6 ○

7 ○

8 ×(예방이 아니라 감기를 앓더라도 정도를 약하게 한다.)

9 ×(과잉량은 소변으로 배설된다.)

10 ○

01 비타민의 소개

❶ 정 의

비타민은 열량영양소처럼 에너지를 생성하지는 않으나, 체내 대사조절에 관여하는 영양소로서 생명을 유지하고 성장을 위해 미량을 필요로 하는 유기화합물이다. 비타민은 체내에서 전혀 합성되지 않거나 필요량만큼 충분히 합성되지 않으므로 식사에 의해 반드시 공급되어야 하는 필수영양소로 화학구조와 생리기능이 다양하다.

❷ 비타민의 분류와 명명

(1) 분 류

비타민은 물과 기름에 대한 친화도에 따라 수용성 비타민과 지용성 비타민으로 분류된다. 수용성 비타민은 물에 녹으며 과량 섭취하면 필요량 이상은 소변으로 배설된다. 수용성 비타민에는 비타민 B군과 C가 있다. 지용성 비타민은 기름에 녹으며 과량섭취하면 체내 특히 간에 축적된다. 지용성 비타민에는 비타민 A, D, E, K가 있다.

Note*

수용성 비타민
(water-soluble vitamin)
지용성 비타민(fat-soluble vitamin)

표 7-1　**비타민의 분류**

구 분	수용성 비타민	지용성 비타민
종 류	비타민 B군, 비타민 C	비타민 A, D, E, K
성 질	물에 녹음	기름에 녹음
구성성분	C, H, O, N 외에 S, Co도 함유	C, H, O
결핍증	결핍증세가 빨리 나타남	결핍증세가 서서히 나타남
공급방법	필요량을 매일 공급해야 함	필요량을 매일 공급하지 않아도 됨
과량섭취	필요량 초과분은 소변으로 배설됨	체내 축적(간 독성 A와 D)

(2) 종류와 이름

현재까지 알려져 있는 비타민은 지용성 비타민이 4개, 수용성 비타민이 9개가 있다. 이들의 종류와 이름은 표 7-2와 같다.

표 7-2 비타민의 종류와 이름

종 류	표준명	다른 이름
수용성	티아민(Thiamin)	비타민 B_1
	리보플라빈(Riboflavin)	비타민 B_2
	니아신(Niacin)	
	비오틴(Biotin)	
	판토텐산(Pantothenic acid)	
	비타민 B_6	피리독신(Pyridoxine)
	엽산(Folate)	폴라신(Folacin)
	비타민 B_{12}	코발아민(Cobalamin)
	비타민 C	아스코르브산(Ascorbic acid)
지용성	비타민 A	레티놀(Retinol)
	비타민 D	콜레칼시페롤(Cholecalciferol)
	비타민 E	토코페롤(Tocopherol)
	비타민 K	필로퀴논(Phylloquinone)

(3) 수용성 비타민과 지용성 비타민의 비교

수용성 비타민과 지용성 비타민의 흡수와 대사상의 차이점은 표 7-3과 같다.

표 7-3 수용성 비타민과 지용성 비타민의 비교

구 분	수용성 비타민	지용성 비타민
흡 수	융모 내 모세혈관으로 흡수된다.	융모 내 림프관으로 흡수된 후 혈액으로 들어간다.
운 반	혈액 내에서 자유로이 이동한다.	단백질 운반체의 도움으로 이동한다.
저 장	체액 내에서 자유로이 순환한다.	지방과 관련된 세포 내에 머무른다.
배 설	과잉분은 소변으로 쉽게 배설된다.	과잉섭취 시 지방저장 부위에 남아 있고 쉽게 배설되지 않는다.
독 성	과잉섭취해도 독성수준에 도달하기 어렵다.	과잉섭취 시 독성수준에 도달 가능성이 크다.
요구량	소량씩 자주 섭취할 필요가 있다.	주기적인 섭취가 필요하다.

(4) 비타민 전구체와 항비타민제

① 비타민 전구체

비타민 전구체는 생리적으로 활성이 있는 비타민과 유사한 구조를 하고 있으나 체내에 흡수되어야만 비로소 활성화되는 물질을 말한다. 당근이나 호박의 황색색소인 카로티노이드, 7-디하이드로콜레스테롤, 에르고스테롤, 트립토판이 이에 해당된다. 카로티노이드는 체내에서 비타민 A로 전환되며, 7-디하이드로콜레스테롤은 비타민 D_3로, 에르고스테롤은 비타민 D_2로 전환된다. 필수아미노산인 트립토판은 체내에서 수용성 비타민인 니아신으로 전환된다.

② 항비타민

항비타민은 화학적 구조와 성질이 비타민과 대단히 유사하여 신체는 비타민으로 알고 받아들이지만 비타민과 대치되어 정상적인 생리반응을 저해하는 물질을 말하며, 길항제라고도 한다. 항비타민의 체내 흡수는 비타민 결핍증을 초래한다.

02 수용성 비타민의 특성

대부분의 수용성 비타민은 체내에서 특수한 조효소의 구성성분으로 작용한다. 비타민 B군은 열량영양소들의 에너지 생성에 관여하므로 비타민 B군 없이는 체내에서 에너지를 생성할 수 없다. 비타민 B군 중에서 특히 티아민, 리보플라빈, 니아신, 판토텐산, 비오틴은 탄수화물, 지질, 단백질로부터 에너지를 생성하는 효소들의 조효소로 작용하여 열량영양소들이 체내에서 에너지를 생성하는 것을 돕는다. 또한 비타민 B_6는 아미노산 대사에 관여하는 효소의 조효소로 작용한다. 엽산과 비타민 B_{12}는 세포의 증식에 관여하므로, 적혈구 세포와 소화관 내막세포와 같이 수명이 짧아 빨리 교체되어야 하는 세포들의 증식에 특히 중요하다.

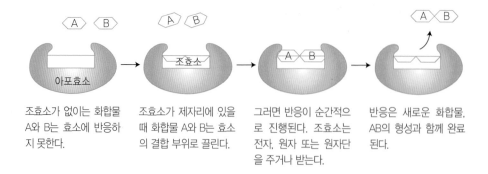

조효소가 없이는 화합물 A와 B는 효소에 반응하지 못한다.

조효소가 제자리에 있을 때 화합물 A와 B는 효소의 결합 부위로 끌린다.

그러면 반응이 순간적으로 진행된다. 조효소는 전자, 원자 또는 원자단을 주거나 받는다.

반응은 새로운 화합물, AB의 형성과 함께 완료된다.

그림 7-1 조효소의 작용

03 티아민

❶ 구조와 성질

Note*
티아민(thiamin)

티아민은 연황색 결정체로 황(S)을 함유하고 있어서 Thio-Vitamin, 즉 티아민이

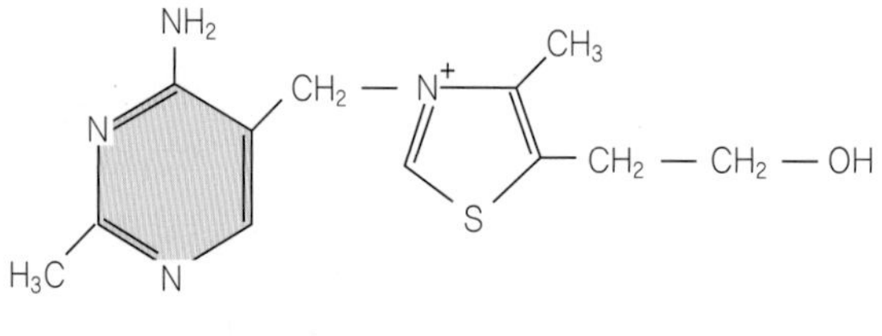

티아민

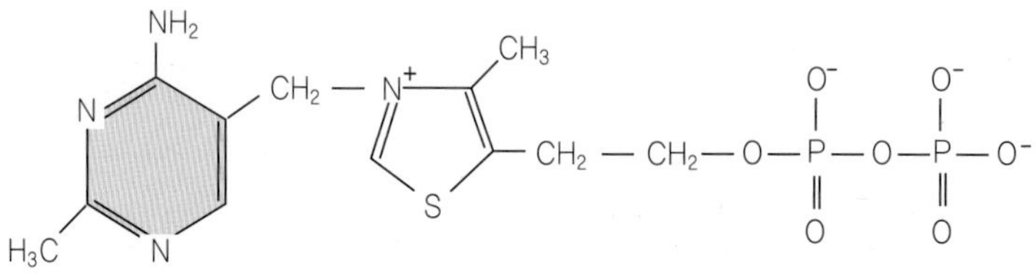

티아민 피로인산

그림 7-2 티아민과 티아민 피로인산의 구조

라고 불린다. 티아민은 산화에 강하고 물에 잘 녹으며 열과 알칼리에 약하다. 티아민은 조효소인 티아민 피로인산(TPP)의 형태로 탄수화물 대사에 관여한다.

Note*
티아민 피로인산
(thiamin pyrophosphate
; TPP)

❷ 흡수와 대사

티아민은 소장상부에서 다량 섭취한 경우에는 단순확산에 의해 흡수되고, 소량 섭취한 경우에는 능동수송에 의해 흡수된다. 흡수된 티아민은 장점막 세포 내에서 인산기와 결합하여 활성형인 TPP로 전환되며, 간문맥을 통해 간으로 이동한 후 일반 순환계로 들어간다. 티아민은 주로 근육을 비롯해 심장, 간, 뇌 등의 조직 내에 주로 TPP의 형태로 저장되며, 체내 필요량 이상은 소변으로 배설된다.

❸ 생리적 기능

(1) 에너지 대사

티아민은 탄수화물, 지질, 단백질로부터 에너지를 생성하는 과정에서 중요한 역할을 한다.

주로 티아민은 TPP의 형태로 기질로부터 이산화탄소를 제거하는 산화적 탈탄산반응의 조효소로 관여한다. 이를테면 포도당의 분해과정 중에 피루브산이 아세틸-CoA로 전환되거나 TCA 회로 상에 α-케토글루타르산이 숙시닐-CoA로 전환되는 과정에 관여한다.

산화적 탈탄산
반응(oxidative
decarboxylation)
α-케토글루타르산
(α-ketoglutarate)

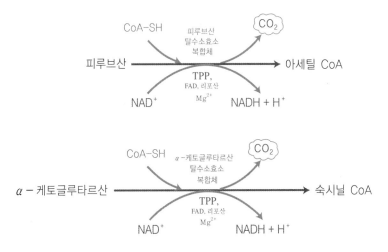

그림 7-3 TPP가 관여하는 에너지 대사과정

Note *

오탄당 인산회로(pentose
phosphate pathway ;
hexose monophosphate
shunt ; HMP shunt)
케톨기 전이효소
(transketolase)

아세틸콜린
(acetylcholine)

건성각기(dry beriberi)
습성각기(wet beriberi)

(2) 오탄당 인산회로

티아민은 포도당 대사의 다른 경로인 오탄당 인산회로에서 케톨기 전이효소의 조효소로 작용한다. 이 회로는 체내에서 DNA, RNA 합성에 필요한 리보오스, 디옥시라이보오스와 지방산 합성에 필요한 조효소인 NADPH를 제공한다.

(3) 정상적인 신경자극 전달

티아민은 신경세포와 신경세포사이에 신경자극 전달물질인 아세틸콜린 합성과정의 조효소로 작용하여 정상적인 신경자극 전달이 이루어지도록 한다.

잠깐! 아세틸콜린

아세틸콜린은 부교감신경에서 분비되는 신경자극 전달물질로 혈압 강하, 심장박동 억제, 장관수축, 골격근 수축 등의 생리작용을 나타낸다.

④ 결핍증

티아민의 대표적인 결핍증은 각기병으로 도정된 쌀을 주식으로 하는 동남아 지역 거주민에게 많이 발생한다. 이는 뇌와 신경세포의 주요 에너지원인 포도당이 티아민 결핍으로 정상적으로 대사되지 않는 데 기인한다. 티아민 결여식사 후 10일 후에 홍분, 두통, 피로, 우울, 허약증 등의 정신적인 장애가 나타나며, 티아민 결핍 증세는 심혈관계, 근육계, 신경계, 위장관 기능에 모두 영향을 미친다.

각기병에는 건성각기(신경계)와 습성각기(심장계)가 있다. 건성각기는 말초신경계의 마비로 인해 사지의 반사, 감각, 운동기능에 장애가 나타나며, 체조직의 점차적인 손실로 환자는 마르고 쇠약해진다. 습성각기는 울혈성 심부전과 유사하다. 사지에 부종현상이 나타나며 보행이 어렵고, 심장근육에 수분이 축적되어 심장이 비대해지고 호흡곤란 등의 증세가 악화되어 사망하게 된다.

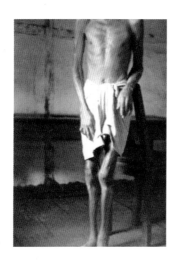

그림 7-4 건성각기

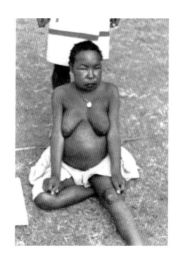

그림 7-5 습성각기

⑤ 영양섭취기준과 급원식품

한국인 성인 티아민의 1일 평균필요량은 남자 1.0mg, 여자 0.9mg이며, 1일 권장섭취량은 평균필요량의 120% 수준인 남자 1.2mg, 여자 1.1mg이다. 티아민은 에너지 대사에서 매우 중요한 역할을 하므로 열량섭취량이 감소하더라도 1일 1.0mg 이상 섭취하도록 해야 한다. 티아민이 풍부한 식품으로는 돼지고기(살코기), 닭고기, 햄 등의 육류, 장어, 강화된 시리얼, 콩류, 해바라기씨 등이 있다.

표 7-4 한국인의 1일 티아민 섭취기준

성별	연령	티아민(mg/일)			
		평균필요량	권장섭취량	충분섭취량	상한섭취량
영아	0~5(개월)			0.2	
	6~11			0.3	
유아	1~2(세)	0.4	0.4		
	3~5	0.4	0.5		
남자	6~8(세)	0.5	0.7		
	9~11	0.7	0.9		
	12~14	0.9	1.1		
	15~18	1.1	1.3		
	19~29	1.0	1.2		
	30~49	1.0	1.2		
	50~64	1.0	1.2		
	65~74	0.9	1.1		
	75 이상	0.9	1.1		
여자	6~8(세)	0.6	0.7		
	9~11	0.8	0.9		
	12~14	0.9	1.1		
	15~18	0.9	1.1		
	19~29	0.9	1.1		
	30~49	0.9	1.1		
	50~64	0.9	1.1		
	65~74	0.8	1.0		
	75 이상	0.7	0.8		
임신부		+0.4	+0.4		
수유부		+0.3	+0.4		

자료: 보건복지부, 한국영양학회. 2020 한국인 영양소 섭취기준

표 7-5　티아민 주요 급원식품(100g당 함량)[1]

급원식품	함량 (mg/100g)	급원식품	함량 (mg/100g)
시리얼	1.85	만두	0.45
장어	0.66	현미	0.26
돼지고기(살코기)	0.66	닭고기	0.20
순대	0.57	빵	0.17
햄/소시지/베이컨	0.49	시금치	0.16
옥수수	0.48	백미	0.08

1) 2017년 국민건강영양조사의 식품별 섭취량과 식품별 티아민 함량(국가표준식품성분표 DB 9.1, 2019) 자료를 활용하여
티아민 주요 급원식품 12개 산출
자료: 보건복지부, 한국영양학회. 2020 한국인 영양소 섭취기준

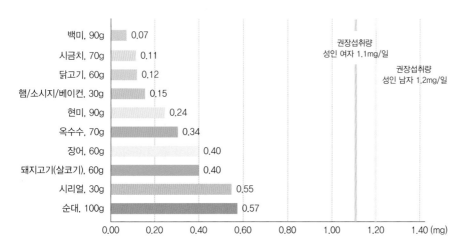

1) 2017년 국민건강영양조사의 식품별 섭취량과 식품별 티아민 함량(국가표준식품성분표 DB 9.1, 2019) 자료를 활용하여
티아민 주요 급원식품 10개 산출 후 1회 분량(2015 한국인 영양소 섭취기준)을 적용하여 1회 분량당 함량 산출, 19~29세
성인 충분섭취량 기준(2020 한국인 영양소 섭취기준)과 비교
자료: 보건복지부, 한국영양학회. 2020 한국인 영양소 섭취기준

그림 7-6　티아민 주요 급원식품(1회 분량당 함량)[1]

① 구조와 성질

Note *
리보플라빈(riboflavin)
리비톨(ribitol)
플라빈모노뉴클레오티드
(flavin mononucleotide
; FMN)
플라빈아데닌다이뉴클레
오티드(flavin adenine
dinucleotide ; FAD)

리보플라빈은 열에는 안정하지만 자외선에 약한 노란색 물질로 3개의 고리구조로 되어 있으며 중간고리에 리비톨이 결합되어 있다. 리보플라빈은 조효소 형태인 플라빈모노뉴클레오티드(FMN)와 플라빈아데닌다이뉴클레오티드(FAD), 그리고 이들의 환원형인 $FMNH_2$, $FADH_2$의 구성성분으로 체내에서 산화 환원반응에 관여한다.

② 소화, 흡수, 대사

리보플라빈은 식품 중에 리보플라빈 또는 그의 조효소 형태인 FMN이나 FAD의 형태로 존재한다. 소장에서 FMN과 FAD는 단백질 분해효소나 인산분해효소에 의해 리보플라빈으로 유리된다. 유리된 리보플라빈은 소장 상부에서 능동수송에 의해 흡수되어 장점막 세포 내에서 FMN을 형성한 후 문맥을 통해 간으로 이동된다. 간에서 FMN은 FAD로 전환되어 저장되고, 일부는 심장, 신장에 저장되며, 과잉의 리보플라빈은 소변으로 배설된다.

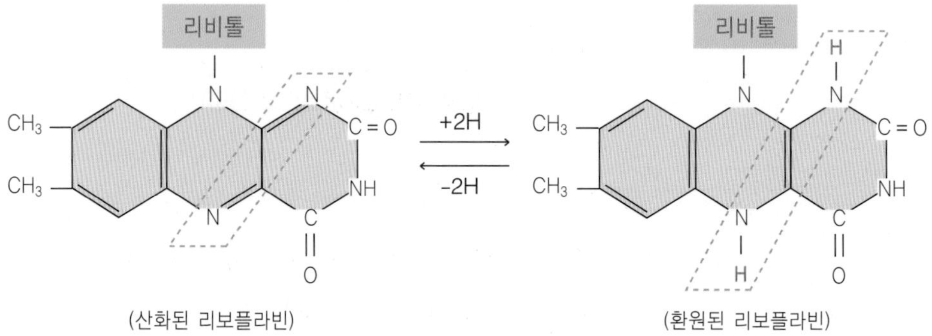

그림 7-7 리보플라빈의 구조

❸ 생리적 기능

(1) 에너지 생성

리보플라빈은 FAD와 FMN의 구성성분으로 수소이온을 받아서 다른 물질에 전달하는 수소운반체로서 세포 내에서 일어나고 있는 산화, 환원 반응에 관여한다. 따라서 리보플라빈은 포도당, 지방산, 아미노산으로부터 에너지를 생성하는 과정에 매우 중요한 역할을 한다. FAD는 피루브산이 아세틸 CoA로 산화될 때, 지방산의 β-산화과정, 아미노산의 탈아미노 반응 등에 조효소로 작용한다. 특히 TCA 회로 중에서 숙신산이 푸마르산으로 전환되는 과정은 리보플라빈이 관여하는 대표적인 반응이다. FMN은 전자전달과정에서 수소운반체로 관여한다.

Note*
숙신산(succinate)
푸마르산(fumarate)

$$\text{숙신산} \xrightarrow[\text{숙신산 탈수소효소}]{\quad FAD \quad\; FADH_2 \quad} \text{푸마르산}$$

(2) 니아신의 합성

리보플라빈은 아미노산인 트립토판으로부터 비타민인 니아신의 합성반응에 관여한다. 이외에도 비타민 B_6와 엽산의 활성화, 부신피질호르몬의 합성, 골수에서의 적혈구 형성, 글리코겐의 합성과 분해 등에 관여한다.

$$\text{트립토판 60mg} \xrightarrow[\text{피리독신}]{\text{리보플라빈}} \text{니아신 1mg}$$

❹ 결핍증

리보플라빈의 결핍은 조직의 손상과 성장지연 뿐만 아니라, 눈에도 문제가 발생된다. 리보플라빈의 결핍증세로는 코와 눈 주변의 피부염증, 입술과 입 가장자리의 균열(구순염, 구각염), 혀부풀림(설염), 두통, 각막의 충혈, 빛에 대한 과민증 등이 있다.

빛 과민증(photophobia)

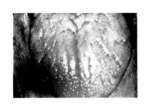

그림 7-8　설염　　　　　　　　　　**그림 7-9　구각염**

⑤ 영양섭취기준과 급원식품

한국인 성인의 리보플라빈 1일 평균 필요량은 남자 1.3mg, 여자 1.0mg이며, 1일 권장섭취량은 평균 필요량의 120% 수준인 남자 1.5mg, 여자 1.2mg이다. 리보플라

표 7-6　한국인의 1일 리보플라빈 섭취기준

성별	연령	리보플라빈(mg/일)			
		평균필요량	권장섭취량	충분섭취량	상한섭취량
영아	0~5(개월)			0.3	
	6~11			0.4	
유아	1~2(세)	0.4	0.5		
	3~5	0.5	0.6		
남자	6~8(세)	0.7	0.9		
	9~11	0.9	1.1		
	12~14	1.2	1.5		
	15~18	1.4	1.7		
	19~29	1.3	1.5		
	30~49	1.3	1.5		
	50~64	1.3	1.5		
	65~74	1.2	1.4		
	75 이상	1.1	1.3		
여자	6~8(세)	0.6	0.8		
	9~11	0.8	1.0		
	12~14	1.0	1.2		
	15~18	1.0	1.2		
	19~29	1.0	1.2		
	30~49	1.0	1.2		
	50~64	1.0	1.2		
	65~74	0.9	1.1		
	75 이상	0.8	1.0		
임신부		+0.3	+0.4		
수유부		+0.4	+0.5		

자료: 보건복지부, 한국영양학회. 2020 한국인 영양소 섭취기준

빈은 일반적으로 흰색(우유와 유제품), 적색(육류, 생선, 가금류), 녹색(채소)식품에 풍부하다. 우유와 요구르트, 치즈 등의 유제품, 달걀, 닭고기, 돼지고기(간), 생선 등 동물성 식품, 강화시리얼 등에 많이 들어 있다.

표 7-7 리보플라빈 주요 급원식품(100g당 함량)[1]

급원식품	함량 (mg/100g)	급원식품	함량 (mg/100g)
소 부산물(간)	3.43	시금치	0.24
시리얼	3.07	닭고기	0.21
돼지 부산물(간)	2.20	두부	0.18
깻잎	0.51	우유	0.16
달걀	0.47	소고기(살코기)	0.15
고등어	0.46	요구르트(호상)	0.15
빵	0.33	돼지고기(살코기)	0.09

1) 2017년 국민건강영양조사의 식품별 섭취량과 식품별 리보플라빈 함량(국가표준식품성분표 DB 9.1, 2019) 자료를 활용하여 리보플라빈 주요 급원식품 14개 산출
자료: 보건복지부, 한국영양학회. 2020 한국인 영양소 섭취기준

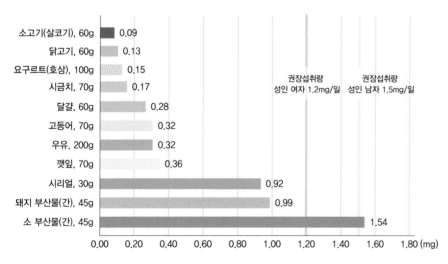

1) 2017년 국민건강영양조사의 식품별 섭취량과 식품별 리보플라빈 함량(국가표준식품성분표 DB 9.1, 2019) 자료를 활용하여 리보플라빈 주요 급원식품 11개 산출 후 1회 분량(2015 한국인 영양소 섭취기준)을 적용하여 1회 분량당 함량 산출, 19~29세 성인 권장섭취량 기준(2020 한국인 영양소 섭취기준)과 비교
자료: 보건복지부, 한국영양학회. 2020 한국인 영양소 섭취기준

그림 7-10 리보플라빈 주요 급원식품(1회 분량당 함량)[1]

① 구조와 성질

니아신은 니코틴산과 니코틴아미드를 포함하는 일반명으로 수용성 비타민 중에서 빛, 열, 산화, 산, 알칼리 등에 가장 안정한 화합물이다. 니아신은 조효소 NAD^+, $NADP^+$와 이들의 환원형인 NADH, NADPH의 구성성분으로 체내에서 산화·환원 반응에 관여한다.

② 흡수와 대사

식품 중의 니아신은 NAD, NADP의 구성성분으로 존재한다. 소화과정에서 니아신으로 유리된 후 소장에서 단순확산에 의해 흡수되어 체내에서 쉽게 NAD와 NADP로 전환된다. 니아신은 NAD와 NADP형태로 소량만이 신장, 간장 및 뇌에 저장되며 여분의 니아신은 최종 대사산물로 전환되어 소변으로 배설된다. 니아신은 아미노산인 트립토판으로부터 일부 생성되기도 한다. 트립토판 60mg이 니아신 1mg으로 전환되며, 이 과정에서 리보플라빈과 피리독신이 조효소로 관여한다. 그러나 체내 합성량이 많지 않으므로 부족하지 않도록 니아신의 형태로 섭취해야 한다.

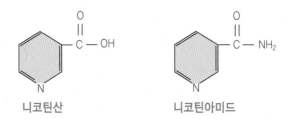

니코틴산   니코틴아미드

그림 7-11   니아신의 두 가지 형태

잠깐! **NAD와 NADP가 관여하는 반응의 예**

NAD : 니코틴아미드 + 아데닌 + 리보오스 + 2인산
• 포도당, 아미노산, 지방, 알코올의 산화

NADP : 니코틴아미드 + 아데닌 + 리보오스 + 3인산
• 탄수화물 대사과정 중 오탄당 인산회로에서 라이보오스와 함께 생성
• 지방산, 콜레스테롤 합성에 필수적 역할

❸ 생리적 기능

니아신은 NAD와 NADP의 구성성분으로 주로 산화·환원반응에 관여하는 탈수소효소의 조효소로 체내에서 여러 대사반응에 관여한다. 이를테면 NAD는 해당과정 중 피루브산이 아세틸 CoA로 전환될 때, TCA 회로와 전자전달계, 지방산의 β-산화, 아미노산의 분해와 합성, 알코올의 산화반응 등에 관여하며, NADP는 오탄당 인산 경로에서 리보오스와 함께 생성되어 지방산의 합성, 스테로이드의 합성 등에 관여한다.

❹ 니아신과 트립토판의 관계

니아신은 필수아미노산인 트립토판으로부터 합성된다. 따라서 니아신 필요량은 니아신이 풍부한 식품이나 트립토판이 풍부한 식품을 통해 일부 충당될 수 있다. 트립토판 60mg이 니아신 1mg으로 전환된다.

$$\text{트립토판 60mg} \xrightarrow[\text{비타민 } B_6]{\text{리보플라빈}} \text{니아신 1mg}$$

❺ 결핍증

니아신이 결핍되면 초기에는 허약함, 피로, 식욕 상실, 소화 불량 등의 증세가 나타난다. 니아신 결핍이 지속되면 혀와 입, 위장에 염증과 빈혈, 구토 등이 발생하며, 수개월이 지나면 펠라그라 증세가 나타나기 시작한다. 펠라그라는 '4D'병이라고도 하는 데, 진행되는 증상에 의해 붙여진 이름으로 피부염, 설사, 치매, 죽음의 순으로 진행된다.

❻ 과잉증

다른 수용성 비타민과는 달리 니코틴산의 다량 복용은 모세혈관을 확장시키고 따끔거리는 증세를 나타내는 데, 이러한 증세를 니아신 홍조라고 한다. 이외에도 두통, 시력혼란, 피부 가려움, 소화기 장애, 불규칙한 심장박동, 간장 손상 등의 증세가 나타난다.

Note *

니아신 홍조(niacin flush)

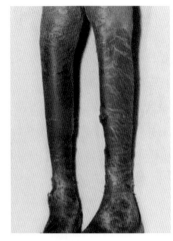

그림 7-12   펠라그라로 인한 피부염

Note *
니아신 등가
(Niacin Equivalent ; NE)

❼ 영양섭취기준과 급원식품

니아신의 섭취량 단위는 니아신 등가(NE)로 표현되며, 1NE는 니아신 1mg이나 트립토판 60mg에 해당된다.

한국인 성인의 1일 니아신의 평균필요량은 남자 12mgNE, 여자 11mgNE이며, 1일 권장섭취량은 평균필요량의 130% 수준인 남자 16mgNE, 여자 14mgNE이다. 에너지 섭취량이 감소하더라도 니아신 섭취량이 13mgNE 이하가 되지 않도록 해야 하며, 니아신 1일 상한섭취량인 니코틴산으로는 35mg, 니코틴아미드로는 1,000mg을 초과하지 않도록 한다. 니아신이 풍부한 식품으로는 소고기, 돼지고기, 닭고기의 살코기, 소간, 생선, 우유, 전곡, 버섯, 커피나 차 등이 있다. 이외에도 트립토판이 풍부한 동물성 식품으로부터 필요량을 섭취할 수 있다.

잠깐! 니아신 섭취량 계산

니아신 13mg, 트립토판 240mg 함유한 음식을 먹은 경우 니아신의 섭취량을 계산하면

$$니아신\ 섭취량(NE) = mg\ 니아신 + \frac{mg\ 트립토판}{60} = 13 + \frac{240}{60}$$
$$= 17\ mg\ 니아신$$
$$= 17\ mgNE$$

표 7-8 **한국인의 1일 니아신 섭취기준**

| 성별 | 연령 | 니아신(mg/일)[1] | | | 상한섭취량 |
		평균필요량	권장섭취량	충분섭취량	니코틴산/니코틴아미드
영아	0~5(개월)			2	
	6~11			3	
유아	1~2(세)	4	6		10/180
	3~5	5	7		10/150
남자	6~8(세)	7	9		15/350
	9~11	9	11		20/500
	12~14	11	15		25/700
	15~18	13	17		30/800
	19~29	12	16		35/1000
	30~49	12	16		35/1000
	50~64	12	16		35/1000
	65~74	11	14		35/1000
	75 이상	10	13		35/1000
여자	6~8(세)	7	9		15/350
	9~11	9	12		20/500
	12~14	11	15		25/700
	15~18	11	14		30/800
	19~29	11	14		35/1000
	30~49	11	14		35/1000
	50~64	11	14		35/1000
	65~74	10	13		35/1000
	75 이상	9	12		35/1000
임신부		+3	+4		35/1000
수유부		+2	+3		35/1000

1) 1mgNE(니아신 당량) : 1mg 니아신 = 60mg 트립토판
자료: 보건복지부, 한국영양학회. 2020 한국인 영양소 섭취기준

표 7-9 니아신 주요 급원식품(100g당 함량)[1]

급원식품	함량 (mg/100g)	급원식품	함량 (mg/100g)
시리얼	21.01	새송이버섯	4.66
소 부산물(간)	17.53	새우	4.50
닭고기	10.82	소고기(살코기)	2.38
꽁치	9.80	현미	1.68
돼지 부산물(간)	8.44	샌드위치/햄버거/피자	1.68
고등어	8.20	백미	1.20
햄/소시지/베이컨	5.16	배추김치	0.71
돼지고기(살코기)	4.90	우유	0.30

1) 2017년 국민건강영양조사의 식품별 섭취량과 식품별 니아신 함량(국가표준식품성분표 DB 9.1, 2019) 자료를 활용하여 니아신 주요 급원식품 16개 산출
자료: 보건복지부, 한국영양학회. 2020 한국인 영양소 섭취기준

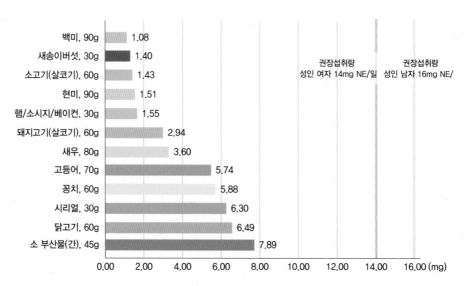

1) 2017년 국민건강영양조사의 식품별 섭취량과 식품별 니아신 함량(국가표준식품성분표 DB 9.1, 2019) 자료를 활용하여 니아신 주요 급원식품 12개 산출 후 1회 분량(2015 한국인 영양소 섭취기준)을 적용하여 1회 분량당 함량 산출, 19~29세 성인 권장섭취량 기준(2020 한국인 영양소 섭취기준)과 비교
자료: 보건복지부, 한국영양학회. 2020 한국인 영양소 섭취기준

그림 7-13 니아신 주요 급원식품(1회 분량당 함량)[1]

❶ 구조와 성질

Note *
판토텐산
(pantothenic acid)
코엔자임 A
(coenzyme A ; CoA)

판토텐산의 Pantos란 모든 곳(everywhere)을 의미하며, 모든 동물과 식물세포에 존재하므로 다양한 식품에 함유되어 있다. 판토텐산은 코엔자임 A(CoA)의 구성성분으로 작용한다.

❷ 소화, 흡수, 대사

판토텐산은 식품 중에 CoA의 구성성분으로 존재하며 소장에서 가수분해효소에 의해 유리된다. 유리된 판토텐산은 능동수송이나 단순확산에 의해 쉽게 흡수된 후 혈액을 통해 조직으로 운반되고 그곳에서 CoA를 형성한다. 혈장 내에서는 유리형태의 판토텐산으로 존재하며 적혈구 내에 더 많이 존재한다.

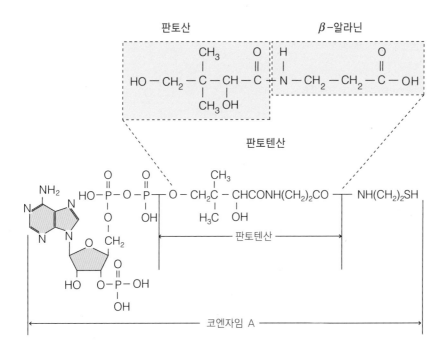

그림 7-14 판토텐산의 구조

❸ 생리적 기능

판토텐산은 CoA와 아실 운반단백질의 구성성분으로 여러 대사반응에 관여한다.

(1) 에너지 생성

판토텐산은 CoA의 구성성분으로 탄수화물, 지질, 단백질의 분해대사에서 에너지생성에 관여한다. 에너지를 생성하기 위해 탄수화물, 지질, 일부 단백질은 아세틸-CoA의 형태로 TCA 회로를 거쳐 전자전달계로 들어가게 되며 그곳에서 ATP를 형성하게 된다.

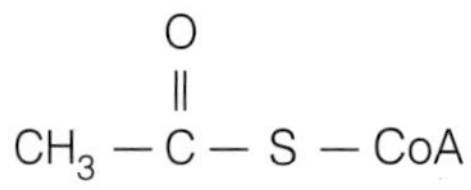

$$CH_3 - \overset{\overset{\displaystyle O}{\|}}{C} - S - CoA$$

그림 7-15 아세틸-CoA 구조

(2) 지방산, 콜레스테롤, 스테로이드호르몬의 합성

판토텐산은 아실 운반단백질(ACP) 구성성분으로 지방산, 콜레스테롤 및 스테로이드 호르몬 합성에 관여한다.

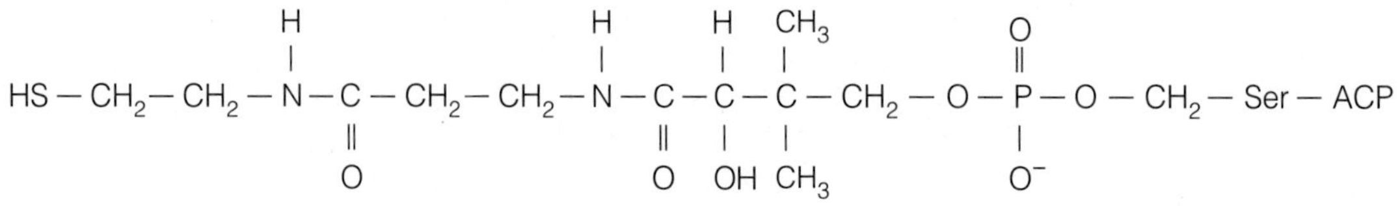

$$HS - CH_2 - CH_2 - \overset{\overset{\displaystyle H}{|}}{\underset{\underset{\displaystyle O}{\|}}{N}} - C - CH_2 - CH_2 - \overset{\overset{\displaystyle H}{|}}{\underset{\underset{\displaystyle O}{\|}}{N}} - C - \overset{\overset{\displaystyle H}{|}}{\underset{\underset{\displaystyle OH}{|}}{C}} - \overset{\overset{\displaystyle CH_3}{|}}{\underset{\underset{\displaystyle CH_3}{|}}{C}} - CH_2 - O - \overset{\overset{\displaystyle O}{\|}}{\underset{\underset{\displaystyle O^-}{|}}{P}} - O - CH_2 - Ser - ACP$$

그림 7-16 아실 운반단백질(ACP)의 구조

(3) 아세틸 콜린 합성

판토텐산은 CoA의 형태로 아세틸기를 운반하는 운반체로서 신경자극 전달물질인 아세틸콜린 합성에 관여한다. 이외에도 판토텐산은 헤모글로빈의 헴구조에서 포르피린 고리 생성에 관여한다.

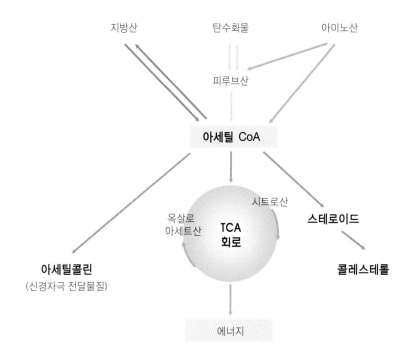

그림 7-17 아세틸 CoA의 체내 대사 기능

④ 결핍증

판토텐산은 모든 동물과 식물세포에 존재하므로 결핍증이 흔하지 않다. 실험적인 결핍증상으로는 무관심, 피로, 두통, 수면 장애, 오심, 손의 따끔거림, 복통 등이 나타나며, 그 외에도 감염에 대한 면역력이 떨어지고 신체의 전반적인 기능부전이 발생한다.

⑤ 영양섭취기준과 급원식품

판토텐산은 한국인에 대한 자료가 전혀 없는 관계로 미국의 영양섭취기준을 적용하여 1일 충분섭취량으로 남녀 5mg이 권장되고 있으며, 과량섭취로 인한 급, 만성 증상의 부작용이 없기 때문에 상한섭취량이 별도로 설정되어 있지 않다. 판토텐산은 거의 모든 식품에 상당량 존재하며, 특히 간, 닭고기, 생선, 달걀, 전곡, 콩류, 버섯 등에 많이 들어 있다.

표 7-10 한국인의 1일 판토텐산 섭취기준

성별	연령	판토텐산(mg/일)			
		평균필요량	권장섭취량	충분섭취량	상한섭취량
영아	0~5(개월)			1.7	
	6~11			1.9	
유아	1~2(세)			2	
	3~5			2	
남자	6~8(세)			3	
	9~11			4	
	12~14			5	
	15~18			5	
	19~29			5	
	30~49			5	
	50~64			5	
	65~74			5	
	75 이상			5	
여자	6~8(세)			3	
	9~11			4	
	12~14			5	
	15~18			5	
	19~29			5	
	30~49			5	
	50~64			5	
	65~74			5	
	75 이상			5	
임신부				+1.0	
수유부				+2.0	

자료: 보건복지부, 한국영양학회, 2020 한국인 영양소 섭취기준

표 7-11 판토텐산의 주요 급원식품(100g당 함량)[1]

급원식품	함량 (mg/100g)	급원식품	함량 (mg/100g)
청국장	11.50	달걀	0.91
소 부산물(간)	7.11	돼지고기(살코기)	0.86
돼지 부산물(간)	4.77	참외	0.82
넙치(광어)	2.59	닭고기	0.80
오리고기	1.84	백미	0.66
소고기(살코기)	1.63	수박	0.54
시금치	1.53	애호박	0.52
오징어	1.13	우유	0.30

1) 2017년 국민건강영양조사의 식품별 섭취량과 식품별 판토텐산 함량(국가표준식품성분표 DB 9.1, 2019) 자료를 활용하여
판토텐산 주요 급원식품 16개 산출
자료: 보건복지부, 한국영양학회. 2020 한국인 영양소 섭취기준

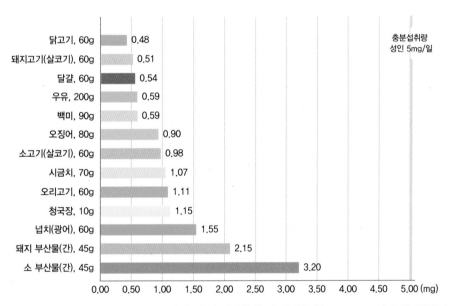

1) 2017년 국민건강영양조사의 식품별 섭취량과 식품별 판토텐산 함량(국가표준식품성분표 DB 9.1, 2019) 자료를 활용하여
판토텐산 주요 급원식품 12개 산출 후 1회 분량(2015 한국인 영양소 섭취기준)을 적용하여 1회 분량당 함량 산출, 19~29
세 성인 충분섭취량 기준(2020 한국인 영양소 섭취기준)과 비교
자료: 보건복지부, 한국영양학회. 2020 한국인 영양소 섭취기준

그림 7-18 판토텐산 주요 급원식품(1회 분량당 함량)[1]

07 비오틴

① 구조와 성질

Note*
비오틴(biotin)
비오시틴(biocytin)
라이신(lysine)

비오틴은 황을 함유하는 비타민으로 비오틴과 비오시틴의 형태가 있다. 비오틴에 단백질이 결합된 형태인 비오시틴은 아미노산인 라이신과 결합되어 있으며, 식품 중에 존재하는 주된 형태이다. 비오틴과 비오시틴 모두 공기, 빛, 열에 비교적 안정하나 자외선에 의해 서서히 파괴된다.

② 소화, 흡수, 대사

단백질과 결합된 비오틴은 장내 단백질 분해효소에 의해 리신과 분리되어 유리 비오틴이 된다. 유리된 비오틴은 섭취량이 적을 때는 촉진확산에 의해, 섭취량이 많을 때는 단순확산에 의해 흡수된다. 흡수된 비오틴은 카르복실화 효소가 많은 조직에 주로 분포한다. 비오틴은 상당량이 장내 미생물에 의해 합성된다.

③ 생리적 기능

비오틴은 카르복실기 운반체로서 탈탄산반응, 카르복실기 전이반응, 카르복실화 반응의 조효소로 지질과 탄수화물, 아미노산 대사과정에 관여한다.

(1) 옥살로아세트산의 생성

비오틴은 피루브산에서 옥살로아세트산을 생성하는 데 관여한다. 아세틸 CoA가

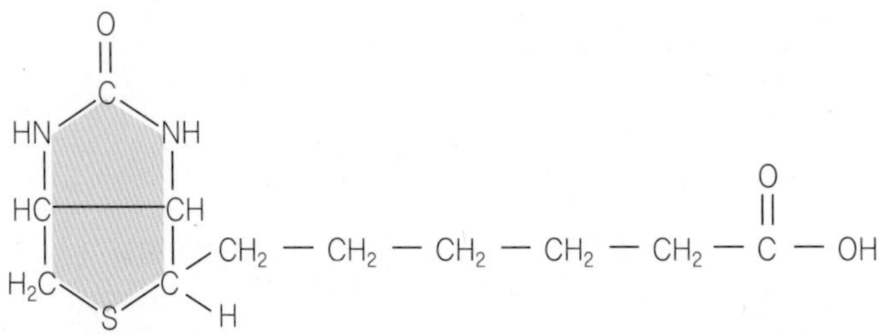

그림 7-19 비오틴의 구조

표 7-12 **비오틴을 함유한 효소**

효소	종류	반응	생화학적 역할
카르복실화 효소	피루브산 카르복실화 효소 아세틸 CoA 카르복실화 효소	피루브산 → 옥살로아세트산 아세틸 CoA → 말로닐 CoA	포도당 신생합성 지방산 합성
카르복실기 전이효소	메틸말로닐 CoA 카르복실기 전이효소	메틸말로닐 CoA+피루브산 → 옥살로아세트산+프로피오닐 CoA	탄수화물 발효
탈탄산 효소	옥살로아세트산 탈탄산 효소	옥살로아세트산 → 피루브산+CO_2	

과잉 생성되면 옥살로아세트산은 피루브산의 또 다른 경로에서 형성되어 TCA 회로가 원활하게 진행되도록 하거나 체내에 포도당이 부족해지면 포도당신생합성을 통해 포도당을 생성한다.

(2) 말로닐 CoA의 생성

비오틴은 아세틸 CoA로부터 지방산 합성의 준비단계인 말로닐 CoA의 생성에 관여한다.

❹ 결핍증

비오틴 결핍증은 흔하지는 않지만 비오틴이 결핍되면 비늘이 일어나는 붉은 피부 발진, 탈모, 식욕상실, 우울증, 설염 등의 증세를 나타낸다. 비오틴 결핍이 나타나는 경우로는 비오틴 함량이 낮은 식사를 하거나 유전적으로 비오틴 분해효소가 부족한 경우, 장기간 정맥주사를 통한 영양지원을 받는 경우이다. 또한 다량의 생난백을 섭취한 경우에도 비오틴 결핍증이 나타나는 데, 이를 생난백상해라고 한다.

Note*

생난백상해
(egg white injury)

아비딘(avidin)

> **생난백상해**
>
> 다량의 생난백을 섭취한 경우에 나타나는 비오틴 결핍증을 말한다. 생난백상해는 달걀 흰자에 들어 있는 당단백질인 아비딘이 비오틴과 결합하여 비오틴의 흡수를 방해하는 데서 비롯된다. 건강한 성인이 하루 12~24개 이상의 날달걀을 매일 먹을 경우에 나타나므로 큰 문제가 되지는 않는다. 아비딘 단백질은 가열하면 불활성화되므로 날달걀을 익혀 먹으면 비오틴 결핍증이 나타나지 않는다.

⑤ 영양섭취기준과 급원식품

비오틴은 일부 장내세균에 의해 합성되며, 사람의 경우 결핍증이 드물기 때문에 1일 충분섭취량으로 30μg을 권장하고 있다. 비오틴은 비교적 독성이 없으므로 많은 양을 장기간 주어도 해롭지 않다. 비오틴은 단백질과 결합된 형태로 거의 모든 식품에 널리 분포한다. 대두, 난황, 효모, 견과류, 버섯, 밀 등에 많이 들어 있으며, 육류, 채소류, 과일류는 비오틴의 좋은 급원이 아니다.

표 7-13 한국인의 1일 비오틴 섭취기준

성별	연령	비오틴(μg/일)			
		평균필요량	권장섭취량	충분섭취량	상한섭취량
영아	0~5(개월)			5	
	6~11			7	
유아	1~2(세)			9	
	3~5			12	
남자	6~8(세)			15	
	9~11			20	
	12~14			25	
	15~18			30	
	19~29			30	
	30~49			30	
	50~64			30	
	65~74			30	
	75 이상			30	
여자	6~8(세)			15	
	9~11			20	
	12~14			25	
	15~18			30	
	19~29			30	
	30~49			30	
	50~64			30	
	65~74			30	
	75 이상			30	
임신부				+0	
수유부				+5	

자료: 보건복지부, 한국영양학회. 2020 한국인 영양소 섭취기준

표 7-14 비오틴 주요 급원식품(100g당 함량)[1]

급원식품	함량 (μg/100g)	급원식품	함량 (μg/100g)
세발나물	537.1	굴	12.2
게	98.2	새송이버섯	5.1
땅콩	28.9	닭고기	3.8
아몬드	27.9	현미	3.2
달걀	21.0	두유	2.6
삼치	17.6	토마토	2.4
느타리버섯	15.4	우유	2.3

1) 2017년 국민건강영양조사의 식품별 섭취량과 식품별 비오틴 함량(국가표준식품성분표 DB 9.1, 2019) 자료를 활용하여 비오틴 주요 급원식품 14개 산출
자료: 보건복지부, 한국영양학회. 2020 한국인 영양소 섭취기준

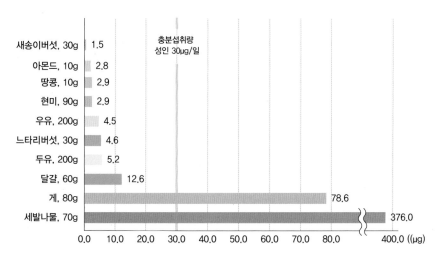

1) 2017년 국민건강영양조사의 식품별 섭취량과 식품별 판토텐산 함량(국가표준식품성분표 DB 9.1, 2019) 자료를 활용하여 비오틴 주요 급원식품 10개 산출 후 1회 분량(2015 한국인 영양소 섭취기준)을 적용하여 1회 분량당 함량 산출, 19~29세 성인 충분섭취량 기준(2020 한국인 영양소 섭취기준)과 비교
자료: 보건복지부, 한국영양학회. 2020 한국인 영양소 섭취기준

그림 7-20 비오틴 주요 급원식품(1회 분량당 함량)[1]

08 비타민 B_6

1 구조와 성질

Note*

비타민 B_6(pyridoxine)
피리독신(pyridoxine ; PN)
피리독살(pyridoxal ; PL)
피리독사민 (pyridoxamine ; PM)
피리독신 인산(pyridoxine phosphate ; PNP)
피리독살 인산(pyridoxal phosphate ; PLP)
피리독사민 인산 (pyridoxamine phosphate ; PMP)

비타민 B_6는 광선에 의해 쉽게 분해되며 피리독신(PN), 피리독살(PL), 피리독사민(PM)의 3가지 형태로 존재한다. 체조직에서는 5번 탄소 위치에 인산이 결합된 피리독신 인산(PNP), 피리독살 인산(PLP), 피리독사민 인산(PMP)의 형태로 존재하며, 강력한 활성을 지닌 조효소 형태는 피리독살 인산(PLP)이다.

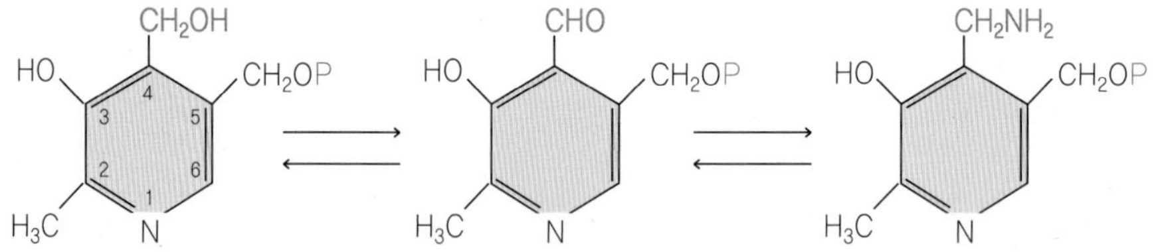

피리독신 인산 피리독살 인산 피리독사민 인산

그림 7-21 비타민 B_6 조효소 형태

2 소화, 흡수, 대사

식품 중의 비타민 B_6는 인산과 결합된 형태인 PNP, PLP, PMP로 존재한다. 이들은 소장 내에서 인산분해효소에 의해 탈인산화된 후 단순확산에 의해 공장에서 흡수되어 간으로 운반된다. 간에서 피리독신은 PLP로 전환된 후 주로 근육에 저장된다. 근육에서는 PLP의 2/3 정도가 글리코겐 분해대사에 관여하는 효소에 결합되어 있다. 한편 과량 흡수된 비타민 B_6는 대사적으로 불활성형인 피리독신산으로 산화되어 소변으로 배설된다.

피리독신산 (4-pyridoxic acid)

❸ 생리적 기능

(1) 단백질 대사

비타민 B_6는 아미노산의 대사에 필수적이다. 조효소인 PLP의 형태로 아미노산의 아미노기 전이반응, 탈아미노반응, 탈탄산반응에 관여한다. 비타민 B_6는 아미노산의 아미노기를 한 화합물로부터 제거하여 다른 화합물에 첨가하는 아미노기 전이반응에 관여하며, 이 반응을 통해 비필수아미노산을 합성한다. 또한 아미노산에서 아미노기를 떼어내는 탈아미노반응에 관여하며, 카르복실기를 떼어내는 탈탄산반응에 관여하여 신경전달물질을 생성한다.

Note *
아미노기 전이반응
(transamination)
탈아미노반응
(deamination)
탈탄산반응
(decarboxylation)

(2) 탄수화물 대사

비타민 B_6는 글리코겐 분해대사에 관여하는 효소의 조효소로 작용하여 글리코겐의 분해를 도우며, 아미노기를 전이시키고 남은 아미노산의 탄소골격으로부터 포도당이 생성되는 포도당신생합성에 관여한다.

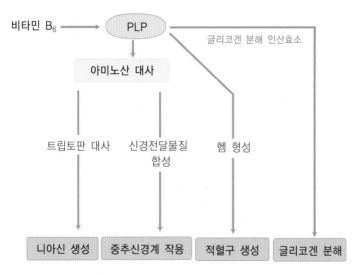

그림 7-22 PLP(피리독살 인산)가 조효소로서 참여하는 생체내 반응

신경전달물질이란 신경세포돌기 말단에서 분비되는 화학물질로서 각각 다른 작용을 하며 서로 보완하여 체내기능을 조절하는 역할을 한다.

도파민
고도의 정신기능과 창조성을 발휘하도록 하는 신경전달물질이며, 인간의 본능, 감정, 호르몬 및 미세한 운동을 조절한다.

에피네프린과 노르에피네프린
교감신경 말단에서 분비되는 신경전달물질로 혈관수축, 심장활동 촉진, 소화관 활동의 억제, 동공 확대 등의 작용을 한다. 또한 글리코겐의 분해를 촉진시켜 혈당을 상승시킨다.

히스타민
히스티딘에서 생성되는 신경전달물질로 혈관을 확장시켜 콧물, 위산분비 등에 관여한다. 콧물감기인 경우 콧물 형성을 막기 위해 항히스타민제의 복용을 권하기도 한다.

(3) 신경전달물질의 합성

비타민 B_6는 아미노산의 탈탄산반응의 조효소로 작용한다. 트립토판으로부터 세로토닌을, 타이로신으로부터 도파민과 노르에피네프린을, 히스티딘으로부터 히스타민을 형성하는 등 신경전달물질들의 합성과정에 관여한다.

(4) 적혈구의 합성

비타민 B_6는 헤모글로빈의 포르피린 고리구조 형성에 관여한다. 따라서 비타민 B_6가 결핍되면 적혈구의 크기가 작아지고 산소운반에 필요한 헤모글로빈도 부족해지는 소적혈구성 빈혈이 나타난다.

(5) 니아신의 형성

비타민 B_6는 트립토판이 니아신으로 전환되는 과정에서 조효소로 작용한다.

> **동맥경화증과 비타민 B_6**
>
> 비타민 B_6는 고호모시스테인혈증을 방지한다. 호모시스테인은 동맥경화 유발 물질로서 비타민 B_6, 엽산, 비타민 B_12가 결핍되면 메티오닌으로 전환되지 못하고 과잉의 호모시스테인은 혈액 속에 순환하게 되어 혈관 벽을 손상시킨다.

④ 결핍증

비타민 B_6가 결핍되면 피부염, 구각염, 설염, 근육경련, 신경장애, 신경과민, 비정상적 뇌파, 신결석, 빈혈(소적혈구성 빈혈) 등이 나타난다. 비타민 B_6 결핍은 경구 피임약 복용자, 노인, 만성 알코올중독자, 고단백식사, 결핵치료제(INH)나 류마티스 관절염 치료제를 장기간 복용하는 사람 등에서 나타날 수 있다.

⑤ 과잉증

비타민 B_6가 신경전달 물질의 생성에 관여하므로 비타민 B_6가 월경전 증후군 (PMS)에 도움이 되리라는 생각으로 비타민 B_6를 알약으로 과잉 복용하면 오히려 신경계의 손상을 초래할 수 있다. 손발이 무감각해지고 관절이 경직되며 보행 장애와 손발 떨림 증세가 나타난다.

Note *

월경전 증후군(premenstrual syndrome ; PMS) : 월경 시작 2~3일 전에 나타나는 증세로 우울, 걱정, 부종, 두통, 감정변화를 동반

⑥ 영양섭취기준과 급원식품

한국인 성인의 1일 비타민 B_6 평균 필요량은 남자 1.3mg, 여자 1.2mg이며, 1일 권장섭취량은 평균필요량의 120% 수준인 남자 1.5mg, 여자 1.4mg이다. 피리독신의 과잉섭취는 신경장애를 초래하므로 1일 상한섭취량인 100mg을 초과하지 않도록 한다. 비타민 B_6는 주로 동물의 근육조직에 저장되므로 단백질이 풍부한 육류, 생선류, 가금류에 많이 들어 있으며, 이외에도 바나나, 현미, 콩류, 해바라기씨, 캐슈넛, 코코넛, 시금치, 감자도 좋은 급원이다. 일반적으로 동물성 식품이 식물성 식품에 비해 비타민 B_6의 생체이용률이 높다.

표 7-15 **한국인의 1일 비타민 B₆ 섭취기준**

성별	연령	비타민 B₆(mg/일)			
		평균필요량	권장섭취량	충분섭취량	상한섭취량
영아	0~5(개월)			0.1	
	6~11			0.3	
유아	1~2(세)	0.5	0.6		20
	3~5	0.6	0.7		30
남자	6~8(세)	0.7	0.9		45
	9~11	0.9	1.1		60
	12~14	1.3	1.5		80
	15~18	1.3	1.5		95
	19~29	1.3	1.5		100
	30~49	1.3	1.5		100
	50~64	1.3	1.5		100
	65~74	1.3	1.5		100
	75 이상	1.3	1.5		100
여자	6~8(세)	0.7	0.9		45
	9~11	0.9	1.1		60
	12~14	1.2	1.4		80
	15~18	1.2	1.4		95
	19~29	1.2	1.4		100
	30~49	1.2	1.4		100
	50~64	1.2	1.4		100
	65~74	1.2	1.4		100
	75 이상	1.2	1.4		100
임신부		+0.7	+0.8		100
수유부		+0.7	+0.8		100

자료: 보건복지부, 한국영양학회. 2020 한국인 영양소 섭취기준

표 7-16 비타민 B$_6$ 주요 급원식품(100g당 함량)[1]

급원식품	함량 (mg/100g)	급원식품	함량 (mg/100g)
해바라기씨	1.18	캐슈넛	0.36
소 부산물(간)	1.02	아보카도	0.32
칠면조고기	0.60	코코넛	0.30
돼지 부산물(간)	0.57	백미	0.12
꽁치	0.42	새우	0.08
연어	0.41	무화과	0.07

1) 2017년 국민건강영양조사의 식품별 섭취량과 식품별 비타민 B$_6$ 함량(국가표준식품성분표 DB 9.1, 2019) 자료를 활용하여 비타민 B$_6$ 주요 급원식품 12개 산출
자료: 보건복지부, 한국영양학회. 2020 한국인 영양소 섭취기준

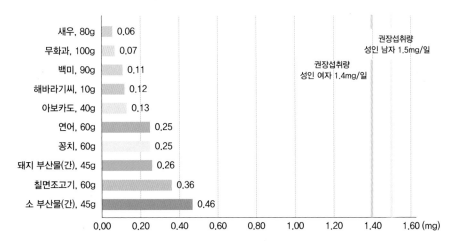

1) 2017년 국민건강영양조사의 식품별 섭취량과 식품별 비타민 B$_6$ 함량(국가표준식품성분표 DB 9.1, 2019) 자료를 활용하여 비타민 B$_6$ 주요 급원식품 10개 산출 후 1회 분량(2015 한국인 영양소 섭취기준)을 적용하여 1회 분량당 함량 산출, 19~29세 성인 권장섭취량 기준(2020 한국인 영양소 섭취기준)과 비교
자료: 보건복지부, 한국영양학회. 2020 한국인 영양소 섭취기준

그림 7-23 비타민 B$_6$ 주요 급원식품(1회 분량당 함량)[1]

① 구조와 성질

Note*

엽산(folic Acid ; folacin)
프테리딘(pteridin)
파라아미노벤조산
(*p*-amino benzoic acid)
모노글루타메이트
(monoglutamate)
폴리글루타메이트
(polyglutamate)
테트라하이드로엽산
(tetrahydrofolic acid;
THF; THFA)

엽산의 어원은 잎을 의미하는 Folium으로 시금치 등 녹엽채소에 널리 분포되어 있다. 엽산은 프테리딘, 파라아미노벤조산, 글루탐산이 결합된 수용성의 황갈색 결정체로 글루탐산이 11개까지 결합될 수 있다. 글루탐산이 1개 결합된 모노글루타메이트형이 체내에 흡수 형태이며, 일반적으로 글루탐산이 2개 이상 결합된 폴리글루타메이트형은 식품이나 체내에 저장되는 형태이다. 수소가 4개 결합된 테트라하이드로엽산(THF)이 엽산의 조효소 형태이다.

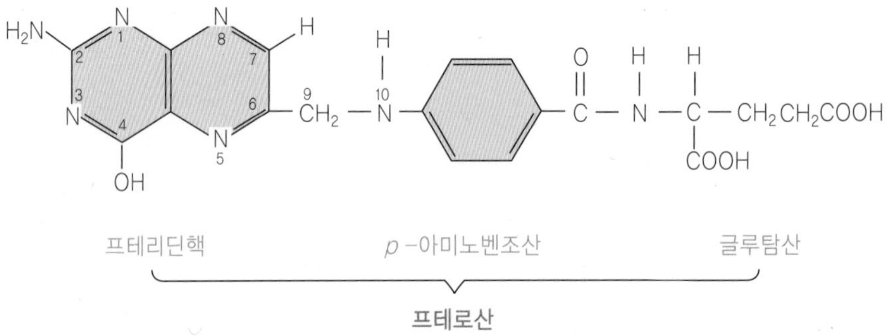

엽산(프테로일모노글루탐산)

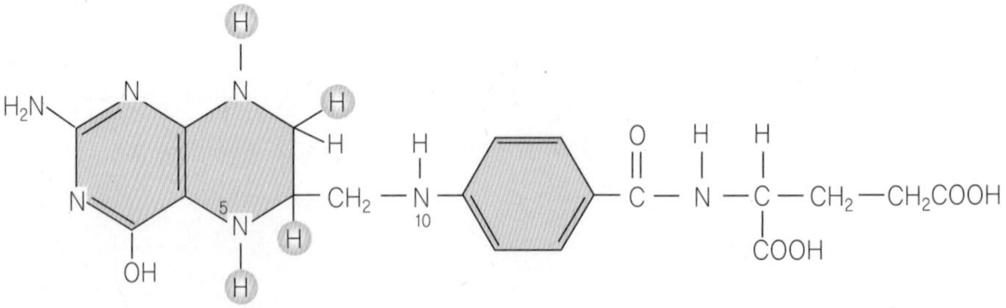

테트라하이드로엽산(THF)

그림 7-24   엽산의 구조

❷ 흡수와 대사

엽산은 소장에서 폴리글루타메이트형이 모노글루타메이트형으로 가수분해된 다음 4개의 수소가 결합하여 환원형의 THF로 전환된다. 환원형의 THF는 장점막세포로 흡수되어 메틸기와 결합한 후 간과 다른 체세포로 운반되고 그곳에서 다시 폴리글루타메이트형으로 전환되어 저장된다. 체내 엽산의 반 이상이 주로 간에 저장된다. 저장된 엽산은 필요하면 모노글루타메이트형으로 다시 가수분해되어 세포 밖으로 방출된다. 과잉의 엽산은 대부분 담즙으로 분비되며 장간순환에 의해 재흡수되거나 대변으로 배설된다.

❸ 생리적 기능

엽산의 조효소 형태인 테트라하이드로엽산은 메틸기, 포르밀기, 메틸렌기 등의 단일탄소와 결합하여 5-메틸-THF, 10-포르밀-THF, 5,10-메틸렌기-THF 등의 형태로 순환하면서 단일 탄소들이 새로운 물질의 합성에 쓰이도록 단일 탄소 운반체로 작용한다.

단일 탄소 운반체
(one carbon transfer)

(1) 퓨린과 피리미딘 염기의 합성

엽산은 비타민 B_{12}와 함께 빠르게 성장하는 세포에 필요한 DNA의 염기인 퓨린과 피리미딘 합성에 필요하다. 엽산이나 비타민 B_{12} 어느 한 가지라도 부족하면 DNA가 정상적으로 합성되지 못해서 세포분열이 제대로 이루어지지 않는다. 예를 들면 골수에서 세포분열이 제대로 이루어지지 않아 비정상적으로 커다란 적아구를 생성하게 되어 거대적아구성 빈혈을 초래한다.

```
        5,10-메틸렌-THF    THF
유리딜산(dUMP) ──────────→ 티미딜산(dTMP) ──→ ──→ DNA
```

(2) 메티오닌 합성

엽산의 조효소 형태인 메틸-THF는 메틸기를 호모시스테인으로 전해주어 메티오닌을 생성한다. 이 과정에 비타민 B_{12}가 필요하므로 엽산과 비타민 B_{12}가 상호 연관된 과정이다.

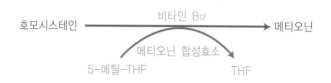

④ 결핍증

엽산의 결핍증으로는 세포분열, 단백질 손상, 적혈구 손상, 위장관 세포손상(빈혈, 위장관 퇴행), 거대적아구성 빈혈(피로, 설사, 쓰린 혀, 짜증, 망각, 숨가쁜 호흡) 등이 나타나며, 신경관이 손상된다. 엽산 결핍증은 과도한 음주, 세쌍둥이 임산부, 암, 수두나 홍역과 같은 피부가 파괴되는 질병들, 화상, 혈액 손실, 위장관 내막의 손상, 만성적인 아스피린과 제산제 사용 등으로 나타나기 쉽다.

잠깐! DNA와 엽산

DNA는 이중나사선 구조로 이루어진 세포 내 핵속에 들어 있는 핵산으로 유전정보를 함유하며, 뉴클레오티드를 기본단위로 이루어진 축합체이다. 뉴클레오티드는 당, 인산, 염기로 이루어진 형태를 말한다. 염기는 퓨린과 피리미딘으로 나뉘어지며, 퓨린염기에는 아데닌과 구아닌이, 피리미딘 염기에는 시토신과 티민, 우라실이 있다. 염기 중에 티민은 DNA에서, 유라실은 RNA에서만 발견된다. 퓨린과 피리미딘 염기의 구조 형성에 엽산이 절대적으로 필요하다.

⑤ 영양섭취기준과 급원식품

적혈구 엽산, 혈장 호모시스테인, 혈청 엽산 등의 혈중 농도를 정상으로 유지하는 데 필요한 엽산의 성인남녀의 1일 평균 필요량은 320μgDFE이며, 1일 권장섭취량

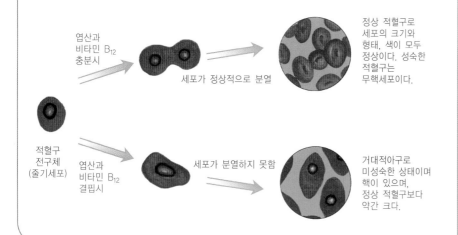

거대적아구성 빈혈

비타민 B_{12} 결핍이나 엽산 결핍 및 그 외의 원인으로 세포 내 DNA 합성에 장애가 발생하여 세포질은 정상적으로 합성되지만 핵의 세포분열이 정지하거나 지연되어 적혈구 세포의 거대화로 인해 초래되는 빈혈이다.

엽산과
비타민 B_{12}
충분시

세포가 정상적으로 분열

정상 적혈구로
세포의 크기와
형태, 색이 모두
정상이다. 성숙한
적혈구는
무핵세포이다.

적혈구
전구체
(줄기세포)

엽산과
비타민 B_{12}
결핍시

세포가 분열하지 못함

거대적아구로
미성숙한 상태이며
핵이 있으며,
정상 적혈구보다
약간 크다.

Note *

거대적아구성 빈혈
(megaloblastic anemia)

은 $400\mu g$DFE이다. 엽산을 경구투여를 하거나 식품에 첨가할 경우에는 1일 상한섭취량인 $1,000\mu g$DFE를 초과하지 않도록 해야 한다. 임신이나 세포증식이 일어나는 경우에는 엽산의 요구량이 상당히 높아진다.

엽산은 간과 조리하지 않은 신선한 과일과 채소에 풍부하다. 특히 푸른 잎채소, 브로콜리, 아스파라가스, 콩류, 오렌지주스, 과일주스, 채소주스 등에 많이 들어 있으며 이들 식품 중의 비타민 C는 엽산의 파괴를 방지한다.

DFE(μg) = 식품 중 엽산(μg)
+ 1.7 × 엽산 보충제(μg)

표 7-17 **한국인의 1일 엽산 섭취기준**

성별	연령	엽산(μg DFE/일)[1]			
		평균필요량	권장섭취량	충분섭취량	상한섭취량[2]
영아	0~5(개월)			65	
	6~11			90	
유아	1~2(세)	120	150		300
	3~5	150	180		400
남자	6~8(세)	180	220		500
	9~11	250	300		600
	12~14	300	360		800
	15~18	330	400		900
	19~29	320	400		1,000
	30~49	320	400		1,000
	50~64	320	400		1,000
	65~74	320	400		1,000
	75 이상	320	400		1,000
여자	6~8(세)	180	220		500
	9~11	250	300		600
	12~14	300	360		800
	15~18	330	400		900
	19~29	320	400		1,000
	30~49	320	400		1,000
	50~64	320	400		1,000
	65~74	320	400		1,000
	75 이상	320	400		1,000
임신부		+200	+220		1,000
수유부		+130	+150		1,000

1) Dietary Folate Equivalents, 가임기 여성의 경우 400 μg/일의 엽산보충제 섭취를 권장함.
2) 엽산의 상한섭취량은 보충제 또는 강화식품의 형태로 섭취한 μg/일에 해당됨.
자료: 보건복지부, 한국영양학회. 2020 한국인 영양소 섭취기준

표 7-18 엽산 주요 급원식품(100g당 함량)[1]

급원식품	함량 (µg DFE/100g)	급원식품	함량 (µg DFE/100g)
대두	755	들깻잎	150
오이 소박이	584	옥수수	88
파 김치	449	상추	84
김	346	달걀	81
시금치	272	딸기	54
총각김치	257	현미	49
소 부산물(간)	253	애호박	33
돼지 부산물(간)	163	콩나물	28

1) 2017년 국민건강영양조사의 식품별 섭취량과 식품별 엽산 함량(국가표준식품성분표 DB 9.1, 2019) 자료를 활용하여 엽산 주요 급원식품 16개 산출
자료: 보건복지부, 한국영양학회. 2020 한국인 영양소 섭취기준

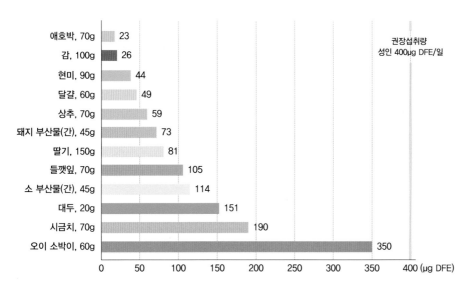

1) 2017년 국민건강영양조사의 식품별 섭취량과 식품별 엽산 함량(국가표준식품성분표 DB 9.1, 2019) 자료를 활용하여 엽산 주요 급원식품 12개 산출 후 1회 분량(2015 한국인 영양소 섭취기준)을 적용하여 1회 분량당 함량 산출, 19~29세 성인 권장섭취량 기준(2020 한국인 영양소 섭취기준)과 비교
자료: 보건복지부, 한국영양학회. 2020 한국인 영양소 섭취기준

그림 7-25 엽산 주요 급원식품(1회 분량당 함량)[1]

10 　비타민 B₁₂

❶ 성 질

Note *
비타민 B₁₂(cobalamin)

비타민 B_{12}는 헤모글로빈의 포르피린과 유사한 고리구조를 가진 비타민으로 중앙에 금속원소인 코발트(Co)를 함유하고 있어 코발아민이라고 한다. 코발트 원자에는 시안기($-CN$), 하이드록실기($-OH$), 니트로기($-NO_2$), 메틸기($-CH_3$) 등이 결합할 수 있다. 활성이 있는 비타민 B_{12}의 조효소 형태는 메틸코발아민과 5-디옥시아데노실 코발아민으로 혈장과 조직에 존재한다.

❷ 소화, 흡수, 대사

식품 중의 비타민 B_{12}는 단백질을 비롯한 다른 물질과 결합한 형태로 존재한다. 음식물을 섭취하면 위에서 위산에 의해 비타민 B_{12}가 유리되고, 유리된 비타민 B_{12}

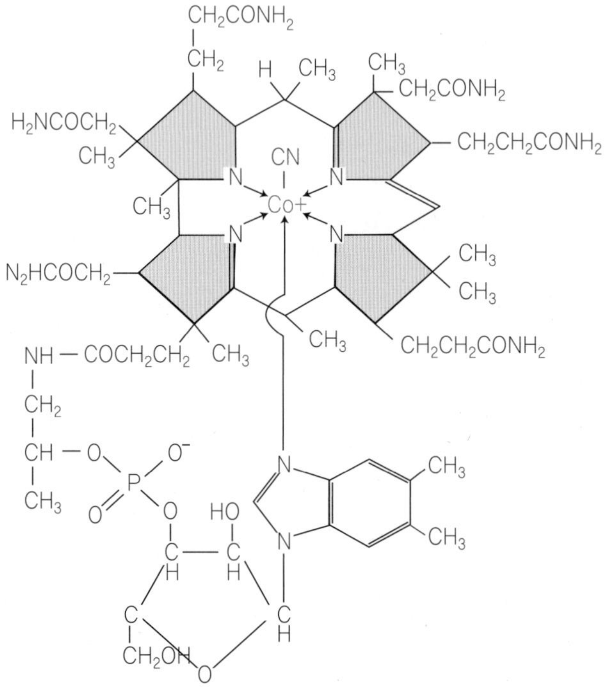

그림 7-26 　비타민 B_{12}의 구조

내적인자
(intrinsic factor, IF)
벽세포(parietal cell)

> **내적인자**
>
> 위산과 함께 위의 벽세포에서 분비되는 당단백질로 비타민 B_{12}의 흡수부위인 회장까지 안전하게 도달하도록 비타민 B_{12}를 보호하여 비타민 B_{12}의 흡수를 증진시키는 물질이다.

Note *

는 침샘에서 분비된 R-단백질(침샘)과 결합하여 R-단백질/B_{12}복합체의 형태로 소장으로 이동한다. 소장에서 트립신에 의해 R-단백질이 제거된 비타민 B_{12}는 위산과 함께 분비된 당단백질인 내적인자와 결합하여 비타민 B_{12}/내적인자 결합체를 형성한 후에 회장에 있는 수용체까지 이동한다. 회장에서 내적인자와 분리된 비타민 B_{12}는 수용체인 트랜스코발아민 II에 결합되어 간으로 운반되고 대부분이 간에 저장된다.

트랜스코발아민 II
(transcobalamin II)

③ 생리적 기능

(1) 세포의 분열과 성장에 관여

비타민 B_{12}의 조효소는 엽산 조효소와 함께 퓨린과 피리미딘을 합성하는 데 관여한다. 엽산이나 비타민 B_{12} 어느 한 가지라도 부족하면 DNA가 정상적으로 합성되지 못해서 세포분열이 제대로 이루어지지 않아 결국 지속적인 세포증식이 필요한 적혈구의 생성에 장애가 오게 된다.

(2) 메티오닌의 합성

비타민 B_{12}는 호모시스테인이 메티오닌으로 전환하는 데 관여한다. 이 과정에서 엽산의 조효소 형태인 메틸-THF의 메틸기를 호모시스테인으로 옮겨주어 메티오닌을 생성한다. 이 과정은 엽산과 비타민 B_{12}가 상호 연관된 과정으로 혈액 내 호모시스테인의 수준을 감소시켜 심장질환의 위험을 줄여주기 때문에 매우 중요하다.

```
5-메틸-THF        B₁₂           메티오닌
         ╲      ╱      ╲      ╱
          ╲    ╱        ╲    ╱
           ╳            ╳
          ╱    ╲        ╱    ╲
   THF      5-메틸-B₁₂      호모시스테인
```

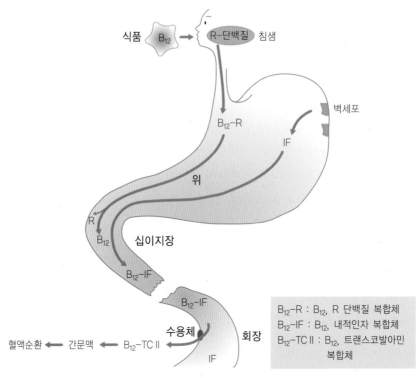

그림 7-27 비타민 B_{12}의 흡수과정

Note*

마이엘린(myelin)

(3) 신경세포의 유지

비타민 B_{12}는 신경세포의 축삭돌기를 감싸고 있는 마이엘린을 형성하고 유지시키는 데 필요하다.

④ 결핍증

악성빈혈
(pernicious anemia)

(1) 악성빈혈

비타민 B_{12} 결핍증은 비타민 B_{12}의 섭취부족이라기 보다는 부적절한 흡수에 의해 나타난다. 비타민 B_{12}의 결핍증은 식사로 충분한 비타민 B_{12}를 취한다고 해도 유전적인 결함으로 내적인자가 합성되지 않거나 위절제 수술로 내적인자가 분비되지 않을 경우에 나타나며, 비타민 B_{12} 결핍에 의한 빈혈을 악성빈혈이라고 한다. 또한 유전적 결함이 없는 사람이라도 수년간에 걸쳐 철저한 채식을 하면 섭취량이 부족해지면서 악성빈혈이 생길 수도 있다. 악성빈혈은 무기력, 창백, 식욕 상실, 숨가쁨, 체중 감소, 우울, 혼돈, 불안정 등 거대적아구성 빈혈과 같은 증상이 나타난다.

악성빈혈과 거대적아구성 빈혈

비타민 B_{12} 부족에 의한 악성빈혈은 엽산 결핍증과 같은 거대적아구성 빈혈이 발생한다. 이를 단순히 엽산 결핍증으로 여기고 엽산만을 보충할 경우 빈혈은 치유되지만, 엽산의 공급으로는 비타민 B_{12} 결핍의 또 다른 증세인 신경계 손상은 치유되지 않으므로 영구적인 신경 손상을 초래할 수 있다. 따라서 거대적아구성 빈혈의 경우 치료 이전에 정확한 원인을 아는 것이 중요하다.

악성빈혈 = 거대적아구성 빈혈 + 신경장애

잠깐! 마이엘린(Myelin)

신경세포의 축삭을 둘러싸고 있는 전기적 절연 외피로 수초라고도 한다. 마이엘린이 덮인 축삭은 절연되어 전기 자극이 전달되지 않고, 랑비에르 결절만이 신경자극을 전달할 수 있도록 함으로써 마이엘린이 형성되지 않은 축삭에 비해 신경자극을 더 빠르게 전도한다.

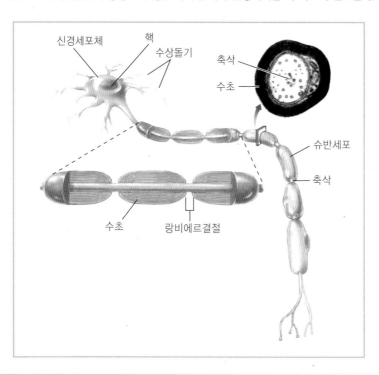

(2) 신경손상

비타민 B_{12}는 신경세포의 마이엘린 형성에 관여하므로 비타민 B_{12}가 결핍되면 신경섬유의 마이엘린이 손실되어 신경자극이 제대로 전달되지 못한다. 이로 인해 신경과 근육은 점진적인 마비를 일으키며, 사지에서 시작하여 신체 전반으로 파급된다.

⑤ 영양섭취기준과 급원식품

악성빈혈 환자 또는 식이 비타민 B_{12}를 매우 적게 섭취하는 사람이 적절한 혈청 비타민 B_{12}를 유지하는 데 필요한 성인 남녀의 1일 평균 필요량은 $2\mu g$이며, 1일 권장

표 7-19 한국인의 1일 비타민 B_{12} 섭취기준

성별	연령	비타민 B_{12}(μg/일)			
		평균필요량	권장섭취량	충분섭취량	상한섭취량
영아	0~5(개월)			0.3	
	6~11			0.5	
유아	1~2(세)	0.8	0.9		
	3~5	0.9	1.1		
남자	6~8(세)	1.1	1.3		
	9~11	1.5	1.7		
	12~14	1.9	2.3		
	15~18	2.0	2.4		
	19~29	2.0	2.4		
	30~49	2.0	2.4		
	50~64	2.0	2.4		
	65~74	2.0	2.4		
	75 이상	2.0	2.4		
여자	6~8(세)	1.1	1.3		
	9~11	1.5	1.7		
	12~14	1.9	2.3		
	15~18	2.0	2.4		
	19~29	2.0	2.4		
	30~49	2.0	2.4		
	50~64	2.0	2.4		
	65~74	2.0	2.4		
	75 이상	2.0	2.4		
임신부		+0.2	+0.2		
수유부		+0.3	+0.4		

자료: 보건복지부, 한국영양학회, 2020 한국인 영양소 섭취기준

섭취량은 2.4μg이다. 비타민 B_{12}의 상한섭취량은 설정되어 있지 않다. 비타민 B_{12}는 동물성 식품 외에 일부 해조류에 들어 있다. 특히 간을 비롯한 내장육이 가장 풍부한 급원이고, 육류, 어류, 조개류, 달걀, 우유, 강화시리얼, 매생이 등도 좋은 급원이다. 또한 비타민 B_{12}는 장내세균에 의해 일부 합성되기도 한다.

표 7-20 비타민 B_{12} 주요 급원식품(100g당 함량)[1]

급원식품	함량 (μg/100g)	급원식품	함량 (μg/100g)
바지락	74.0	꽁치	16.3
소 부산물(간)	70.6	고등어	11.0
김	66.2	매생이	10.3
꼬막	45.9	연어	9.4
굴	28.4	미꾸라지	6.3
멸치	24.2	오징어	4.4
가리비	22.9	오리고기	3.3
돼지 부산물(간)	18.7	새우	2.0

1) 2017년 국민건강영양조사의 식품별 섭취량과 식품별 비타민 B_{12} 함량(국가표준식품성분표 DB 9.1, 2019) 자료를 활용하여 비타민 B_{12} 주요 급원식품 16개 산출
자료: 보건복지부, 한국영양학회. 2020 한국인 영양소 섭취기준

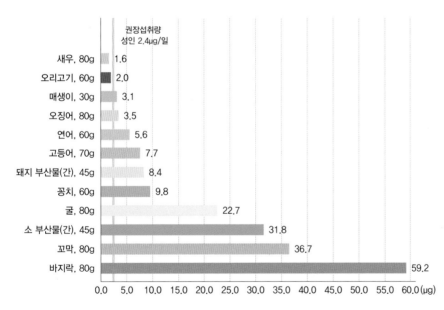

1) 2017년 국민건강영양조사의 식품별 섭취량과 식품별 비타민 B_{12} 함량(국가표준식품성분표 DB 9.1, 2019) 자료를 활용하여 비타민 B_{12} 주요 급원식품 12개 산출 후 1회 분량(2015 한국인 영양소 섭취기준)을 적용하여 1회 분량당 함량 산출, 19~29세 성인 권장섭취량 기준(2020 한국인 영양소 섭취기준)과 비교
자료: 보건복지부, 한국영양학회. 2020 한국인 영양소 섭취기준

그림 7-28 비타민 B_{12} 주요 급원식품(1회 분량당 함량)[1]

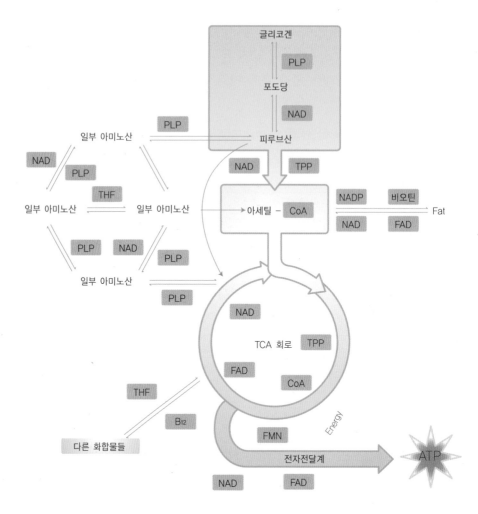

그림 7-29 비타민 B 복합체를 필요로 하는 신체 대사과정

11 비타민 C(Ascorbic Acid)

❶ 구조와 성질

Note *
비타민 C(ascorbic acid)
항괴혈성인자
(antiscorbutic factor)

비타민 C는 다른 이름으로 아스코르브산이라고도 하며, 항괴혈성인자라는 의미를 나타낸다. 비타민 C는 단당류인 포도당과 유사한 구조의 간단한 화합물로, 대부분의 동물들은 포도당으로부터 비타민 C를 합성하지만 사람을 포함하는 영장류, 기

니피그, 조류, 박쥐, 생선류 등 일부는 포도당에서 비타민 C로 전환되는 최종단계의 효소인 굴로노락톤 산화효소가 결핍되어 비타민 C를 합성하지 못한다(그림 7-30).

Note ✱
굴로노락톤 산화효소
(gulonolactone oxidase)

$$\alpha\text{-D-포도당} \longrightarrow \longrightarrow \longrightarrow \text{L-굴로노락톤} \xrightarrow{\text{굴로노락톤 산화효소}} \text{L-아스코르브산}$$

비타민 C는 일반적으로 산에는 안정하나 산화, 빛, 알칼리와 열에 쉽게 파괴되며 특히 철이나 구리와 함께 있으면 쉽게 파괴된다. 비타민 C의 활성형태는 아스코르브산(환원형)과 디하이드로아스코르브산(산화형)으로 이들은 세포 내에서 쉽게 상호 전환된다. 디하이드로아스코르브산은 환원형의 80% 활성을 나타내며, 더 산화되면 다이케토굴론산이 생성되면서 비타민 C의 활성이 사라진다.

디하이드로아스코르브산
(dehydroascorbic acid,
산화형)
다이케토굴론산
(diketogulonic acid)

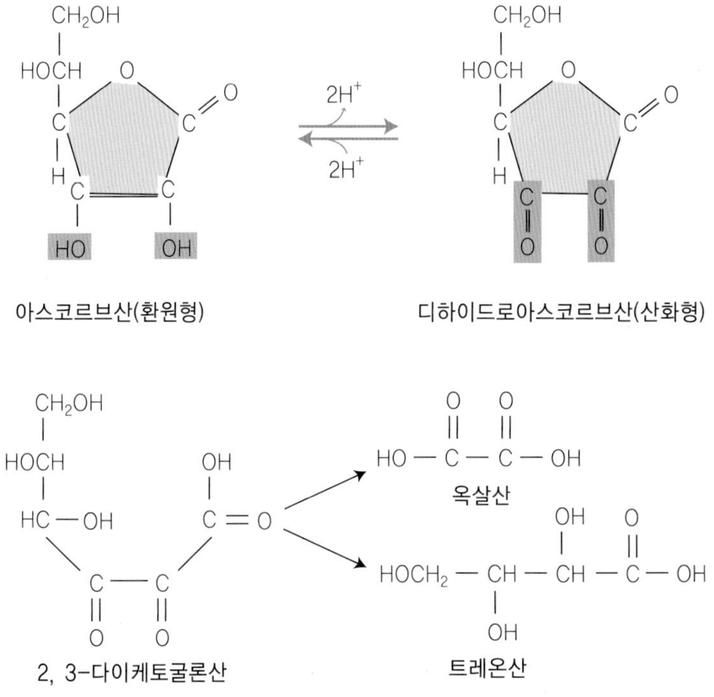

아스코르브산(환원형)　　　　디하이드로아스코르브산(산화형)

2, 3-다이케토굴론산　　　　옥살산　　　트레온산

그림 7-30　비타민 C의 구조와 대사

② 흡수와 대사

아스코르브산은 주로 능동수송에 의해 공장에서 흡수되며 일부는 단순확산에 의해서도 흡수된다. 하루 비타민 C 섭취량이 100mg 이하일 때는 흡수율이 80~90%이지만 비타민 C 섭취량이 100mg 이상일 때는 흡수율이 감소된다.

흡수된 아스코르브산은 혈액을 통해 조직으로 운반되고 초과량은 대사되지 않고 그대로 소변으로 배설된다. 조직 중에 비타민 C의 농도가 높은 곳은 뇌하수체와 부신, 수정체로 혈청농도의 50배 정도가 되며 그 외에 뇌, 신장, 폐, 간에 혈청농도의 5~30배 정도가 존재한다. 산화형인 디하이드로아스코르브산은 더 산화되면 다이케토글론산을 거쳐 옥살산과 트레온산으로 대사되고 대사되지 않은 비타민 C와 함께 소변으로 배설된다.

③ 생리적 기능

(1) 항산화작용

비타민 C는 비타민 E와 베타-카로틴과 마찬가지로 항산화 기능을 가지고 있어서 유리기에 의한 세포 내 여러 손상을 막아주는 작용을 한다. 항산화작용으로 식도암, 구강암, 위암 등의 암을 예방하고 심장 질환 및 기타 만성질환의 발병을 억제한다.

(2) 콜라겐의 합성

비타민 C는 뼈, 연골, 치아, 결체조직, 피부, 혈관벽 등에 많이 함유되어 있는 콜라겐의 합성에 필수적이다. 콜라겐은 다른 단백질에 비해 하이드록시 프롤린과 하이드록시 리신이 많은 데, 이들은 아미노산인 프롤린과 리신의 수산화 반응에 의해 형성되며 안정된 콜라겐 구조를 형성하는 데 중요한 역할을 한다. 이때 비타민 C는 수산화 반응의 조효소로 작용한다.

> **항산화제**
>
> 활성산소로 인해 우리 몸이 노화되고 손상되는 것을 막아주는 물질을 항산화제라고 한다. 자연적으로 존재하는 항산화제로는 글루타치온 환원효소 등의 효소가 있으며 외부에서 투여해 주는 것으로는 비타민 E, 비타민 C, 베타-카로틴이 있다. 무기질 중에는 셀레늄이 대표적인 항산화 작용을 한다.

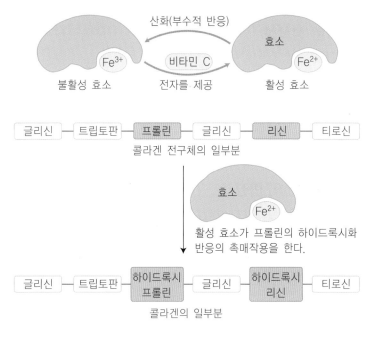

그림 7-31 콜라겐 합성과정

잠깐! **콜라겐**

콜라겐은 주로 결체조직, 골격, 치아, 연골, 피부, 혈관벽를 구성하는 3중 나사선 형태의 구조단백질로 체내 총 단백질의 1/4을 차지하고 있다. 콜라겐을 구성하는 주된 아미노산으로는 글리신, 프롤린, 하이드록시 프롤린, 하이드록시 리신 등으로 다른 단백질과는 다른 독특한 조성으로 이루어진다. 콜라겐은 비타민 C가 부족하면 구조적으로 안정된 콜라겐이 만들어지지 않아서 괴혈병을 초래한다.

(3) 철, 칼슘의 흡수

식품 내 존재하는 철의 대부분은 제2철(Fe^{3+})의 형태로 소장에서 흡수되기 위해서는 제1철(Fe^{2+})의 형태로 환원되어야 한다. 이때 비타민 C는 Fe^{3+}를 Fe^{2+}로 환원시킴으로써 철의 흡수를 돕는다. 또한 장내에서 칼슘이 불용성염을 형성하는 것을 방지함으로써 Ca의 흡수를 돕는다.

Note*
제1철(환원형, Fe^{2+} ; ferrous iron)
제2철(산화형, Fe^{3+} ; ferric iron)

(4) 카르니틴 생합성

비타민 C는 카르니틴의 생합성에 필요하다. 카르니틴은 지방산이 세포질로부터 미토콘드리아로 이동하는 데 필요한 수송화합물로, 지방산이 산화되어 에너지를 생성하는 데 반드시 필요하다. 카르니틴은 아미노산인 리신과 메티오닌으로부터 합성되는 데 이때 비타민 C와 철이 필요하다.

(5) 신경전달물질의 합성

비타민 C는 콜라겐 합성을 위한 수산화 반응 외에 또 다른 수산화 반응으로 신경자극 전달물질 합성에 관여한다. 뇌중추신경계에서 도파민으로부터 노르에피네프린이 생성될 때나 트립토판으로부터 세로토닌이 생성될 때 진행되는 수산화 반응에 비타민 C가 필요하다.

이외에도 엽산의 활성화 및 유지, 갑상선 호르몬, 스테로이드 호르몬의 합성, 담즙산 생성에 관여하며 피부에 멜라닌 색소 생성을 억제하고 면역력을 강화시켜 질병을 예방한다.

④ 결핍증

콜라겐은 혈관벽의 완전성을 유지시켜 준다. 비타민 C가 결핍되면 초기에는 구조적으로 안정된 콜라겐이 생성되지 못해서 잇몸출혈, 피하 모세혈관의 출혈, 동맥내 동맥경화성 플라그 침착 등의 증세가 나타난다. 비타민 C의 결핍이 장기간 지속되면 본격적인 괴혈병 증세로 심한 피하출혈, 점상출혈, 심장근육 등의 근육 퇴화, 거칠고 건조한 피부, 상처치유 지연, 뼈의 재형성 억제, 치아탈락, 빈혈, 감염증, 히스테리, 우울증이 나타난다.

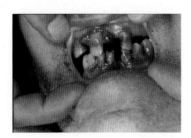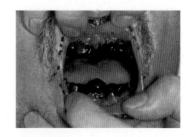

그림 7-32 괴혈병환자의 잇몸

⑤ 과잉증

비타민 C의 과잉 섭취는 메스꺼움, 복부경련, 설사 등을 초래하고 혈액응고 방지제의 약효를 감소시키며, 유전적으로 비타민 C의 분해가 안되는 환자나 통풍환자의 경우 신장 결석(수산결석)을 형성한다.

⑥ 영양섭취기준과 급원식품

비타민 C의 남녀 1일 평균필요량은 75mg이며, 권장섭취량은 100mg이다. 흡연자, 알코올 중독자, 약물복용, 저소득층, 노년층, 스트레스, 수술환자 등은 특히 결핍되기 쉬우므로 비타민 C를 충분히 섭취해야 한다. 그러나 위장장애 가능성을 피하기 위해 1일 상한섭취량인 2,000mg를 초과하지 않도록 한다.

비타민 C는 식물성 식품에만 함유되어 있으며, 채소류와 과일류가 가장 좋은 급원이다. 오렌지, 밀감, 구아바, 키위, 딸기, 오렌지주스 등의 과일과 과일주스, 풋고추, 파프리카, 양배추, 시금치, 고춧잎 등의 녹엽채소, 토마토 등에 많이 들어있다. 곡물에는 자연적으로는 함유되어 있지 않지만 비타민 C가 첨가된 시리얼은 풍부한 급원이다. 식품 중의 비타민 C를 잘 보존하기 위해서는 자른 단면이 장시간 공기에 노출되거나 다량의 조리액에 담가두거나 중조를 첨가하여 조리하거나 장시간 가열하는 것은 피해야 한다.

잠깐! 흡연과 비타민

담배에 함유되어 있는 니코틴은 혈액 내에서 비타민 C를 소비하기 때문에 흡연자는 비흡연자에 비해 비타민 C의 필요량이 증가한다. 또한 비타민 A와 베타-카로틴은 폐의 상피조직을 보호하고 폐암을 예방하는 효과가 있으므로 흡연자가 충분히 섭취하도록 권장되는 비타민이다.

표 7-21 한국인의 1일 비타민 C 섭취기준

성별	연령	비타민 C(mg/일)			
		평균필요량	권장섭취량	충분섭취량	상한섭취량
영아	0~5(개월)			40	
	6~11			55	
유아	1~2(세)	30	40		340
	3~5	35	45		510
남자	6~8(세)	40	50		750
	9~11	55	70		1,100
	12~14	70	90		1,400
	15~18	80	100		1,600
	19~29	75	100		2,000
	30~49	75	100		2,000
	50~64	75	100		2,000
	65~74	75	100		2,000
	75 이상	75	100		2,000
여자	6~8(세)	40	50		750
	9~11	55	70		1,100
	12~14	70	90		1,400
	15~18	80	100		1,600
	19~29	75	100		2,000
	30~49	75	100		2,000
	50~64	75	100		2,000
	65~74	75	100		2,000
	75 이상	75	100		2,000
임신부		+10	+10		2,000
수유부		+35	+40		2,000

자료: 보건복지부, 한국영양학회. 2020 한국인 영양소 섭취기준

표 7-22　비타민 C 주요 급원식품(100g당 함량)[1]

급원식품	함량 (mg/100g)	급원식품	함량 (mg/100g)
구아바	220.0	오렌지	43.0
시리얼	190.9	귤	29.1
파프리카	91.8	유산균음료	24.4
키위	86.5	양배추	19.6
딸기	67.1	고구마	14.5
시금치	50.4	토마토	14.2
파인애플	45.4	감	14.0
가당음료(오렌지주스)	44.1	오이	11.3
풋고추	44.0	감자	4.5

1) 2017년 국민건강영양조사의 식품별 섭취량과 식품별 비타민 C 함량(국가표준식품성분표 DB 9.1, 2019) 자료를 활용하여 비타민 C 주요 급원식품 18개 산출
자료: 보건복지부, 한국영양학회. 2020 한국인 영양소 섭취기준

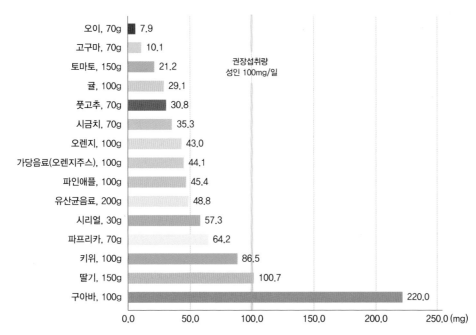

1) 2017년 국민건강영양조사의 식품별 섭취량과 식품별 비타민 C 함량(국가표준식품성분표 DB 9.1, 2019) 자료를 활용하여 비타민 C 주요 급원식품 15개 산출 후 1회 분량(2015 한국인 영양소 섭취기준)을 적용하여 1회 분량당 함량 산출. 19~29세 성인 권장섭취량 기준(2020 한국인 영양소 섭취기준)과 비교
자료: 보건복지부, 한국영양학회. 2020 한국인 영양소 섭취기준

그림 7-33　비타민 C 주요 급원식품(1회 분량당 함량)[1]

표 7-23   수용성 비타민 요약

비타민	조효소	생화학적 기능	1일 영양섭취기준				결핍증	과잉증	풍부한 식품
			EAR	RNI	AI	UL			
티아민	TPP	• 에너지 대사에서 조효소 TPP의 구성성분 • 탈탄산반응(해당과정, TCA 회로) • 펜토오스 인산회로 • 신경계에서의 기능	남자 1.0 mg 여자 0.9 mg	남자 1.2 mg 여자 1.1 mg			각기병 (beriberi)	보고 된 바 없음	돼지고기, 전곡, 강화곡류, 내장육, 땅콩, 두류
리보플라빈	FMN FAD	• 에너지 대사에서 조효소 FMN, FAD의 구성성분 • 산화, 환원반응에서 수소 전달 • 지방 분해	남자 1.3 mg 여자 1.0 mg	남자 1.5 mg 여자 1.2 mg			구각염, 설염, 각막충혈, 코·입 주위의 피부염, 눈부심 (photophobia)	보고 된 바 없음	우유 및 유제품, 전곡, 강화곡류, 녹색채소(브로콜리, 무청, 시금치 등), 간
니아신	NAD NADP	• 에너지대사에서 조효소 NAD, NADP의 구성성분 • 전자, 수소이온 전달 • 포도당, 알코올, 지질대사에 기여	남자 12 mgNE 여자 11 mgNE	남자 16 mgNE 여자 14 mgNE		니코틴산 35mg 니코틴아미드 1000mg	펠라그라 (피부염, 설사, 치매, 사망)	피부발진, 간 손상, 내당능 손상	단백질 함량이 높은 식품(참치, 닭고기, 육류)들, 간, 버섯, 땅콩, 완두콩, 밀기울
판토텐산	CoA	• 코엔자임 A 구성성분 • 모든 에너지 대사에 관여 • 스테로이드 호르몬, 아세틸콜린, 헴구조 합성에 관여			남녀 5mg		신체의 전반적인 기능부전 (불면증, 피로, 우울증, 불안감, 무기력증, 두통, 복통)	보고 된 바 없음	대부분의 식품 : 난황, 간, 치즈, 버섯, 땅콩, 생선, 전곡
비오틴	비오시틴	• CO_2를 운반하는 카르복실화 효소의 조효소 역할			남녀 30μg		각질화, 피부염, 탈모, 식욕감퇴, 메스꺼움, 환각, 우울증	보고 된 바 없음	난황, 간, 이스트, 땅콩, (소화기관 내의 미생물에 의해 합성)
비타민 B_6	PLP	• PLP, PMP의 구성성분 • 아미노기전이반응, 단백질, 요소 합성에 관여 • 신경전달물질생성 • 헤모글로빈 합성	남자 1.3 mg 여자 1.2 mg	남자 1.5 mg 여자 1.4 mg		남녀 100 mg	피부염, 설염, 발작, 구토, 두통, 빈혈	신경관 퇴화, 피부 손상	육류, 닭고기, 연어, 바나나, 해바라기씨, 감자, 시금치, 밀배아

비타민	조효소	생화학적 기능	1일 영양섭취기준				결핍증	과잉증	풍부한 식품
			EAR	RNI	AI	UL			
엽산	THF	• THF, DHF의 구성성분 • 새로운 세포 성장을 위한 DNA합성에 관여(퓨린, 피리미딘 염기생성) • 비타민 B_{12}에 메틸기를 제공하여 활성형 형성	남녀 320 μg DFE	남녀 400 μg DFE		남녀 1,000 μgDFE	거대적아구성 빈혈, 설염, 설사, 성장장애, 정신질환, 신경관 결함	비타민 B_{12} 결핍을 가림	시금치, 짙푸른 잎채소, 내장육, 오렌지주스, 밀배아, 아스파라거스, 멜론
비타민 B_{12}	메틸코발아민	• 새로운 세포성장을 위한 DNA 합성 • 신경세포의 마이엘린 형성	남녀 2μg	남녀 2.4μg			악성빈혈, 거대적아구성 빈혈, 신경섬유의 파괴, 신경계 손상	보고된 바 없음	동물성 식품(특히 내장육), 굴, 조개류
비타민 C		• 콜라겐, 카르니틴, 호르몬, 신경전달물질의 합성 • 항산화 역할	남녀 75 mg	남녀 100 mg		남녀 2,000 mg	괴혈병 (scurvy), 빈혈	설사, 위장관질환, 철 흡수 증가	식물성급원 : 감귤류, 오렌지, 자몽, 토마토, 딸기, 레몬, 콩, 양배추, 고추

EAR : 평균섭취량   RNI : 권장섭취량   AI : 충분섭취량   UL : 상한섭취량
자료 : 2020 한국인 영양소 섭취기준

12 비타민 유사물질들

① 콜린

콜린은 인체 내에서 아미노산의 일종인 메티오닌으로부터 생성되며 체내에서 신경전달물질인 아세틸콜린과 인지질, 레시틴을 만드는 데 사용된다. 콜린은 항지방간 인자로 부족되면 간 손상을 초래하며, 과잉 섭취하면 불쾌한 체취, 발한, 저혈압, 성장률의 저하 등이 발생된다. 콜린은 우유, 달걀, 땅콩, 간 등에 풍부하다.

> **항지방간인자**
> 지방간을 예방하는 물질을 말하며 간에서 합성된 지방을 다른 조직으로 운반하는 지단백질 형성에 필요한 물질을 말한다. 주로 인지질 형성에 필요한 물질로 콜린, 베타인, 레시틴, 이노시톨, 메티오닌 등이 있다.

Note*
항지방간인자
(lipotropic factor)
베타민(betaine)

❷ 이노시톨

이노시톨은 항지방간인자로 포도당으로부터 생성되고, 인지질의 구성성분이며 세포막의 구성성분이다. 콜린과 같이 인체 내에서 생성되며 식품 중에 널리 존재한다.

❸ 카르니틴

카르니틴은 아미노산인 리신과 메티오닌으로부터 생성되며, 지방산이 산화되기 위해 미토콘드리아로 운반되는 것을 돕는다. 육류와 우유 및 유제품 같은 동물성 식품에 많이 들어 있다.

❹ 타우린

타우린(taurine)

타우린은 체내에서 함황 아미노산인 시스테인과 메티오닌으로부터 생성되며 담즙산의 성분으로 근육과 신경조직, 혈소판 등에 다량 존재한다. 주로 혈구 내 항산화작용, 중추신경 기능, 눈의 광수용 기능에 관여한다. 동물성 식품에만 들어 있다.

잠깐! 항산화 비타민

항산화 작용을 하는 비타민은 스스로가 산화되면서 다른 물질의 산화를 막는 역할을 하는 것들로서 비타민 C, 비타민 E, 베타-카로틴이 있다. 비타민 E는 지용성 항산화제로 인지질이 주요 구성성분인 세포막에서 지방산의 산화를 방지하는 작용을 한다. 베타-카로틴은 항산화 작용에서 비타민 E와 서로 유익하게 상승작용을 한다. 비타민 C는 수용성 항산화제로서 특히 오염된 공기와 담배 연기로부터 생성된 유리(자유)라디칼이라는 강한 산화력을 가진 물질을 무력화시키고 산화된 비타민 E를 활성상태로 되돌려 놓는 역할을 한다.

Note *
파이토케미칼
(phytochemicals)

파이토케미칼은 과일과 채소 같은 식물성 식품에서 발견되는 비영양소 화합물로서 식품에 맛과 색, 향기를 주고 체내에서 항산화 역할 및 질병 발생을 억제하는 생리적 활성을 지닌 물질이다. 파이토케미칼이 풍부한 전곡류, 콩류, 채소와 과일들은 특히 암과 심장질환 등을 예방하며 건강을 증진시키므로 매일 다양한 식품을 섭취하는 것이 바람직하다.

식품	체내 기능	함유 화합물
사과	심장병 예방	페놀 화합물
살구 	노화지연 폐기능 강화 및 폐암 등을 예방 당뇨병성 합병증 예방	베타-카로틴
블루베리 	노화방지 암 예방과 혈중 콜레스테롤 감소	안토시아닌 엘라직산
양배추 	암 예방	술포라팬, 인돌
브로콜리 	노화지연 암 예방 폐기능 강화 백내장으로부터 보호 알레르기 관련 염증반응 저하 당뇨병성 합병증 예방	술포라팬 인돌 베타-카로틴 루테인 쿼세틴
당근 	노화지연 암 예방 폐기능 강화 당뇨병성 합병증 예방	베타-카로틴

배우고나서

Question

자신이 얼마나 아는지 확인해 봅시다.

1 수용성 비타민 세 가지와 그들이 체내에서 하는 주요 기능들을 들라.

2 비타민 복합체/무기질 보충제가 필요한 그룹 3가지를 들라.

3 끓이기, 찌기, 전자레인지로 조리할 경우 채소에서 발생하는 영양소의 손실을 비교하라.

4 가임기 여성의 경우 엽산의 섭취를 권고하는 이유를 설명하라.

5 우유를 불투명한 그릇에 담아 유통해야 하는 이유는?

6 콜라겐 형성과 상처치유에서의 비타민 C의 역할은?

7 파이토케미칼을 정의하라.

Answer

1 티아민, 리보플라빈, 니아신, 비오틴, 판토텐산은 에너지 대사에서 조효소로 작용하고, 비타민 B$_6$는 단백질 대사에, 엽산과 비타민 B$_{12}$는 적혈구 생성과 새로운 세포의 합성에, 또한 비타민 B$_{12}$는 신경세포 유지에 필요하다. 비타민 C는 항산화제이며 콜라겐 합성에 필요하다.

2 초저열량식, 엄격한 채식주의자, 임산부와 수유부는 특히 비타민과 무기질 복합체 보충제가 필요하다.

3 채소류는 항상 최소량의 물에, 가능한 단기간에 조리하는 것이 최선이다. 많은 수용성 비타민은 찌거나 전자레인지에 조리하는 것보다 끓이는 조리과정에서 더 많이 손실된다.

4 가임기 여성은 임신 전과 임신 초기 몇 주간은 신경관이 손상된 아기의 출산 위험을 감소시키기 위해 엽산의 섭취를 권장한다.

5 우유는 리보플라빈의 좋은 급원이다. 리보플라빈은 자외선에 의해 쉽게 파괴되므로 불투명한 용기에 담아 유통되어야 한다.

6 비타민 C의 대표적인 기능은 결체조직의 구성성분인 콜라겐을 합성하는 것이다. 콜라겐은 세포와 세포를 접합시켜주는 시멘트와 같은 역할을 하며, 전체 체단백질의 1/3을 차지하는 단백질로서 골격과 혈관벽 유지, 상처회복 등에 중요한 역할을 한다. 피부에 상처가 생기면 콜라겐은 갈라진 조직을 서로 붙여 상처가 아물도록 한다.

7 파이토케미칼은 식물에서 발견되는 화학물질로 영양소는 아니지만 식품에 맛과 색, 향기를 주고 체내에서 항산화 역할 및 암과 같은 질병 발생을 억제하는 생리 활성 물질이다.

Chapter 8

지용성 비타민

배우기 전에

Question

나는 지용성 비타민에 대해 얼마나 알고 있나요?
다음 질문에 ○, ×로 답하시오.

1   일반적으로 영양소는 식품 형태건 보충제 형태건 똑같이 잘 흡수된다.

2   오트밀은 기능성 식품 중의 하나이다.

3   신선한 채소가 냉동채소보다 더 많은 비타민을 함유한다.

4   야맹증은 비타민 D 결핍으로 발생한다.

5   지용성 비타민은 체내에 저장된다.

6   카로틴은 동물성식품에서 발견되는 비타민 A의 전구체이다.

7   지용성 비타민은 수용성 비타민보다 일반적으로 조리 시 쉽게 손실된다.

8   비타민 E는 에너지 발생 반응에 필요한 효소이다.

9   녹엽채소는 비타민 K의 풍부한 급원이다.

10 콜레스테롤은 비타민 D의 전구체이다.

정답

1   ×(식품에는 흡수를 도와주는 물질의 존재로 흡수율이 더 좋다.)

2   ○(식이섬유 함유)

3   ×(반드시 그렇지는 않다.)

4   ×(비타민 A결핍증)

5   ○

6   ×(식물성 식품급원이다.)

7   ×(지용성 비타민은 물에 쉽게 녹지 않으므로 대부분의 수용성 비타민과 같은 정도의 비타민 손실이 없다.)

8   ×(비타민 E는 에너지 생성반응보다는 항산화 반응에 관여하는 비타민이다.)

9   ○

10 ○

지용성 비타민은 식품의 지방이나 기름 부위에서 발견되며 물에 녹지 않으므로 소화를 위해서 담즙이 필요하고 흡수와 운반을 위해서 지단백질인 카일로마이크론을 필요로 하는 등 지방의 이동경로와 함께 한다. 수용성 비타민과는 달리 지용성 비타민은 일단 체내에 들어오면 쉽게 배설되지 않으며, 필요량 이상을 섭취하면 간과 지방조직에 축적되므로 장기간 지속될 경우 독성이 나타난다. 지용성 비타민에는 비타민 A, D, E, K의 4종류가 있다.

01 비타민 A

① 구조와 성질

비타민 A는 동물성 급원인 레티놀, 레티날, 레티노인산의 레티노이드와 비타민 A 활성을 지닌 식물성 급원의 카로티노이드를 모두 일컫는다.

비타민 A는 동물성 식품 중에서 레티놀에 지방산이 결합한 레티닐 에스테르 형태로 존재한다. 식물성 식품에는 노란색에서 주홍색에 이르는 색소를 제공하는 600여 종의 카로티노이드가 있는 데, 이 중 몇 개만이 체내에서 레티놀로 전환될 수 있으며 레티놀로 전환되어야만 비타민 A의 기능을 수행할 수 있다. 비타민 A의 기능을 수행할 수 있는 카로티노이드를 비타민 A의 전구체 혹은 프로비타민 A라고 한다. 이 중 베타-카로틴이 생리 활성면에서 가장 중요하다. 비타민 A와 베타-카로틴의 구조식은 그림 8-1과 같다. 비타민 A와 비타민 A 전구체는 열, 산, 알칼리에 안정하나 산소와 자외선에는 불안정하여 쉽게 분해된다.

Note*

비타민 A(retinol)
레티날(retinal)
레티노인산(retinoic acid)
레티노이드(retinoid)
카로티노이드(carotinoid)
베타-카로틴
(beta-carotene ;
β-carotene)

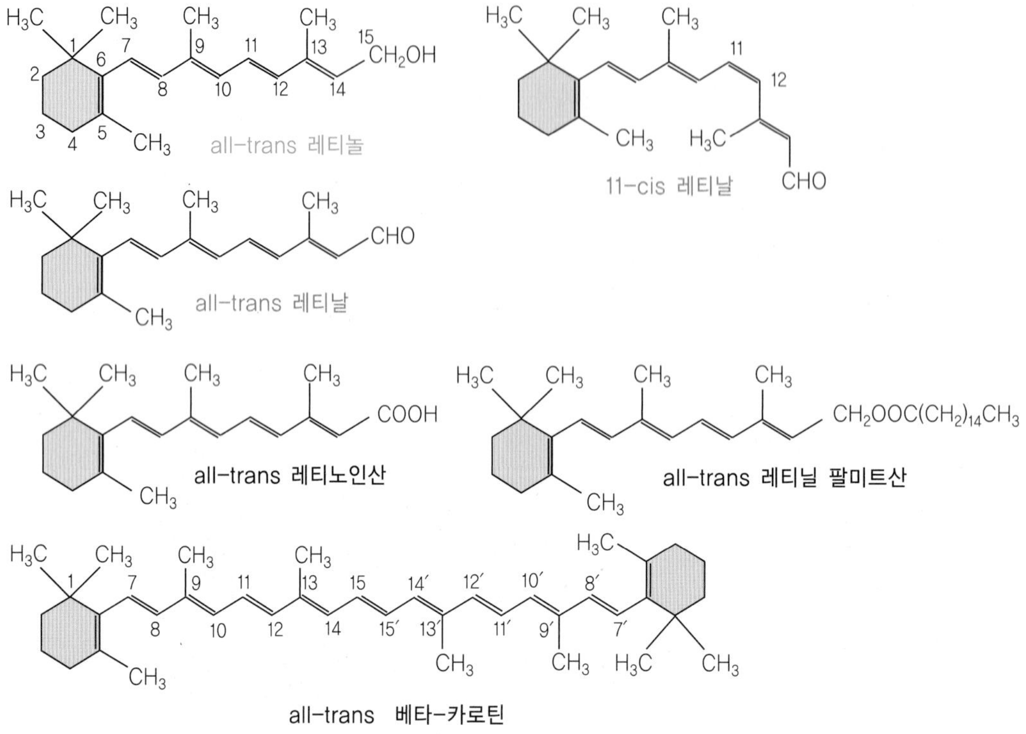

그림 8-1 비타민 A의 구조

② 소화, 흡수, 대사

식품 중의 비타민 A는 주로 레티닐 에스테르의 형태로 존재한다. 식품 중의 비타민 A는 소장에서 담즙과 췌장효소에 의해 레티놀과 지방산으로 가수분해된다. 유리된 레티놀은 소장에서 흡수되는데 지질의 소화·흡수과정과 동일하여 이에 영향을 미치는 요인들에 의해 영향을 받으므로 담즙이 부족하거나 지방흡수계의 기능이 떨어지면 레티놀의 흡수도 방해된다. 유리 레티놀은 소장 점막 내에서 지방산과 다시 결합하고, 카일로미크론에 합류되어 림프계를 통해 간으로 이동한다.

유리된 베타-카로틴은 소장점막 내에서 레티놀로 전환되고, 전환되지 못한 베타-카로틴은 카일로마이크론에 합류되어 간으로 운반된다. 간에서 레티놀은 레티닐 에스테르의 형태로 저장되고, 일부는 레티놀 결합단백질과 결합하여 눈이나 다른 체조직으로 이동한다. 소장에서 미처 전환되지 못한 베타-카로틴은 간에서 레티놀로 전환되고 지방산과 결합하여 레티닐 에스테르의 형태로 저장된다.

③ 생리적 기능

(1) 시각회로

비타민 A는 암적응에 관여하는 로돕신 회로에 필요하다. 눈의 망막에는 시각세포로 간상세포와 원추세포가 있다. 명암과 형태를 감지하는 데 관여하는 간상세포는 로돕신 색소를, 색상을 감지하고 밝은 빛에 민감한 원추세포는 요돕신 색소를 함유하고 있다. 어두운 곳에 들어가면 레티놀은 레티날로 전환되고 옵신 단백질과 결합하여 로돕신을 생성한다. 생성된 로돕신은 빛에 의해 옵신과 레티날로 분리되며, 이때 신경 자극이 발생되어 시신경을 통해 뇌로 전달된다. 다시 말해서 빛에너지는 신경자극이라는 신호로 전환되고 시각 이미지를 뇌로 전달하여 사물을 볼 수 있게 하는 것이다. 분리된 레티날은 재이용되지 않고 체외로 배설된다.

Note *
로돕신(rhodopsin)
요돕신(Iodopsin)

어두운 곳에서 시각과정이 계속되기 위해서는 보다 많은 로돕신이 재생되어야 한다. 따라서 식사를 통해 비타민 A가 충분히 공급되지 않으면 비타민 A 저장량이 부족하여 로돕신 생성이 방해되거나 느려지고 이로 인해 어두운 곳에서 사물을 구별하기 어려운 야맹증이 나타난다. 야맹증은 비타민 A 결핍의 초기증세로 레티놀이나 카로티노이드를 충분히 섭취하면 회복될 수 있으며, 또한 방지될 수 있다.

(2) 세포분화, 상피조직의 유지

비타민 A는 상피세포의 완전성을 유지하기 위해 점액을 합성하고 분비하는 세포의 분화를 증진시키므로, 비타민 A가 부족하면 점액분비가 저하되어 각막의 상피세포나 피부, 장점막 세포의 각질화를 초래한다.

각질화(keratinization)

(3) 치아와 골격의 정상적인 성장과 발육

비타민 A는 정상적인 치아와 골격의 성장에 필요하다. 비타민 A는 주로 뼈의 재구성에 관여하여 골격이상이나 성장지연을 방지한다.

뼈의 재구성
(bone remodeling)

(4) 항산화 작용

프로비타민 A인 베타-카로틴은 활성산소를 제거하는 항산화제로 작용하며 항암작용이 있다. 특히 다량의 카로티노이드 섭취는 폐암에 걸릴 위험률을 낮추는 것으로 알려지고 있다.

활성산소(singlet oxygen)

로돕신

로돕신은 동물의 망막에 있는 간상세포 내에 함유된 붉은색을 띤 감광색소로서 망막의 간상체에서 어두울 때 물체를 볼 수 있는 신경신호가 되는 물질로 비타민 A인 레티날(11-cis-레티날)과 옵신의 결합으로 만들어진다. 비타민 A가 결핍되면 충분히 만들어지지 않으므로 야맹증이 나타난다.

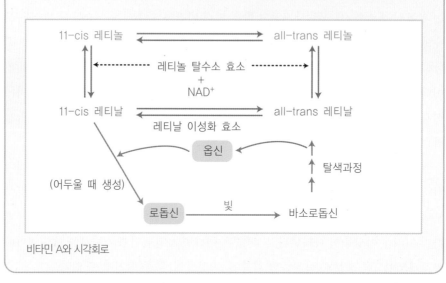

비타민 A와 시각회로

(5) 면역기능

비타민 A는 질병에 대한 면역력을 증진시킴으로써 질병의 감염을 막아준다.

④ 결핍증

비타민 A 결핍의 초기 증상으로는 식욕감퇴, 성장정지 그리고 모든 조직의 감염에 대한 저항력의 감소로 나타난다.

비타민 A가 약간 부족할 때에는 야맹증이 나타난다. 비타민 A 결핍이 장기간 지속되면 점액분비가 감소하면서 망막에 각질화가 진행되어 안질이 발생한다. 안질은 비토반점과 함께 안구건조증, 각막연화증으로 진행되며 심하면 실명하게 된다. 또한 피

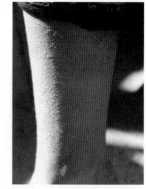

그림 8-2 **비타민 A 결핍으로 인한 피부질환(모낭각화증)**

Note *
야맹증(night blindness)
비토반점(bitot's spot)
안구건조증
(xerophthalmia)
각막연화증
(keratomalacia)
모낭각화증(folliculosis)

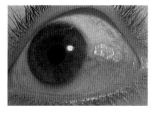
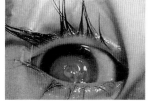

결막건조증　　　　　　　각막연화증　　　　　심한 각막연화증(실명단계)

그림 8-3　비타민 A 결핍으로 인한 안질환

부도 건조하고 거칠게 되어 목 안 , 팔다리 바깥 부분 등에 닭살과 같은 모낭각화증이 나타난다. 이외에도 뼈와 치아 발달이 손상된다.

⑤ 과잉증(비타민 A 독성)

동물성 식품이나 보충제의 형태로 권장량의 10~15배 이상 농축된 레티놀을 섭취할 경우 독성이 나타난다. 증세로는 식욕상실, 건조한 피부, 탈모, 뼈 통증, 간과 비장의 비대, 월경중지, 메스꺼움, 비정상적인 피부착색, 두통, 신경과민, 임신시 태아의 기형 등이 있다.

한편 카로티노이드는 지방조직에 저장되므로 과잉 섭취하면 카로티노이드 색소가 두툼한 피하조직인 손바닥, 발바닥, 코 주변 등에 침착되어 피부가 노랗게 된다. 이를 고카로틴증 혹은 베타-카로틴혈증이라고 한다. 베타-카로틴 함유식품의 섭취를 멈추면 2, 3개월 후엔 피부가 원래의 색으로 되돌아온다.

⑥ 영양섭취기준과 급원식품

비타민 A의 평균 필요량 및 권장섭취량은 남녀 간에 차이가 있다. 비타민 A의 1일 평균 필요량은 남자의 경우 19~29세 570μgRAE, 30~49세 560μgRAE이며, 여자의 경우 19~29세 460μgRAE, 30~49세 450μgRAE, 50~64세 430μgRAE이다. 비타민 A의 저장효율(40%)을 고려한 1일 권장섭취량은 성인 남자 19~49세 800μgRAE, 50~64세 750μgRAE이며 성인 여자는 19~49세 650μgRAE, 50~64세 600μgRAE이다.

레티놀 활성당량(RAE)

RAE(retinol activity equivalent)는 비타민 A의 단위로 레티놀 활성당량이라고 한다. 레티놀과 레티놀의 전구체인 카로티노이드의 1RAE에 해당되는 양의 관계는 다음과 같다.

$$1\mu g \text{ RAE} = 1\mu g \text{ (트랜스) 레티놀(all-trans-retinol)}$$
$$= 2\mu g \text{ (트랜스) 베타-카로틴 보충제(supplement all-trans-}\beta\text{-carotene)}$$
$$= 12\mu g \text{ (트랜스) 베타-카로틴(식품 중)}$$
$$= 24\mu g \text{ 기타 비타민 A 전구체 카로티노이드}$$

식이 중 비타민 A 함량 계산하기

레티놀 620μg, 베타-카로틴 420μg, 기타 카로티노이드 960μg을 함유하는 식사를 한 경우에 비타민 A의 총섭취량은 770μg RAE이다.

$$\text{식사내 총 비타민 A량(RAE)} = \mu g \text{ 레티놀} + \frac{\mu g \text{ 베타-카로틴}}{12} + \frac{\mu g \text{ 기타 카로티노이드}}{24}$$

$$= 620 + \frac{420}{12} + \frac{960}{24}$$
$$= 620 + 35 + 40$$
$$= 695\mu g \text{ 레티놀}$$
$$= 695 \text{ RAE}$$

비타민 A는 과량섭취하면 독성을 나타내므로 1일 상한섭취량인 3,000μgRAE 이상을 섭취하지 않도록 한다. 식품 중의 베타-카로틴은 독성이 거의 없으나 보충제에 첨가된 베타-카로틴은 흡연자나 석면에 노출된 경우 폐암 발생 위험을 증가시키므로 베타-카로틴은 보충제의 형태로 섭취하지 않는 것이 바람직하다.

비타민 A의 단위는 레티놀 활성당량으로 표현하며, 1RAE(retinol activity equivalent)는 기름 형태로 정제된 베타-카로틴의 비타민 A 활성을 레티놀의 1/2, 식이 중의 베타-카로틴은 정제된 베타-카로틴이 가진 비타민 A 활성의 1/6으로 적용하고, 이에 따라 식품 중의 베타-카로틴의 활성은 비타민 A 활성 1/12, 베타-카로틴 이외의 카로티노이드인 알파-카로틴, 베타-크립토잔틴의 활성은 1/24의 레티놀 활성당량에 해당된다.

비타민 A는 동물성 급원으로 식품 중에 레티닐 에스테르의 형태로 존재한다. 비

Note*

레티놀 활성당량
(retinol activity
equivalent, RAE)

타민 A가 풍부한 급원으로는 간, 육류, 생선, 우유, 버터, 달걀 등이 있다. 식물성 식품에는 비타민 A가 들어 있지는 않지만 비타민 A의 전구체인 카로티노이드가 풍부하다. 비타민 A의 활성을 가진 식물성 식품으로는 적색, 황색 색소를 가진 채소와 과일들로 시금치, 당근, 들깻잎, 고춧잎, 무청, 감, 복숭아, 살구, 김 등이 있다.

표 8-1 한국인의 1일 비타민 A 섭취기준

성별	연령	비타민 A(μg RAE/일)			
		평균필요량	권장섭취량	충분섭취량	상한섭취량
영아	0~5(개월)			350	600
	6~11			450	600
유아	1~2(세)	190	250		600
	3~5	230	300		750
남자	6~8(세)	310	450		1,100
	9~11	410	600		1,600
	12~14	530	750		2,300
	15~18	620	850		2,800
	19~29	570	800		3,000
	30~49	560	800		3,000
	50~64	530	750		3,000
	65~74	510	700		3,000
	75 이상	500	700		3,000
여자	6~8(세)	290	400		1,100
	9~11	390	550		1,600
	12~14	480	650		2,300
	15~18	450	650		2,800
	19~29	460	650		3,000
	30~49	430	650		3,000
	50~64	430	600		3,000
	65~74	410	600		3,000
	75 이상	410	600		3,000
임신부			+70		3,000
수유부			+490		3,000

자료: 보건복지부, 한국영양학회, 2020 한국인 영양소 섭취기준

표 8-2 　비타민 A 주요 급원식품(100g당 함량)[1]

급원식품	함량 (μg RAE/100g)	급원식품	함량 (μg RAE/100g)
소 부산물(간)	9,442	시금치	588
돼지 부산물(간)	5,405	당근	460
닭 부산물(간)	3,981	상추	369
시리얼	1,605	과일음료	219
장어	1,050	무청	149
김	991	달걀	136
들깻잎	630	우유	55

1) 2017년 국민건강영양조사의 식품별 섭취량과 식품별 레티놀과 베타-카로틴 함량(국가표준식품성분표 DB 9.1, 2019) 자료를 활용하여 비타민 A 주요 급원식품 14개 산출
자료: 보건복지부, 한국영양학회. 2020 한국인 영양소 섭취기준

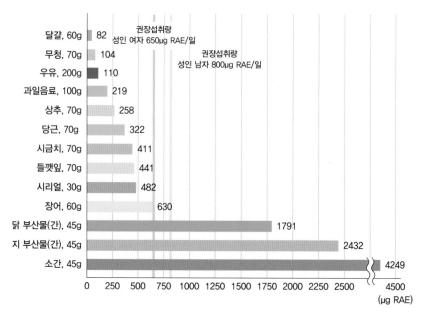

1) 2017년 국민건강영양조사의 식품별 섭취량과 식품별 레티놀과 베타-카로틴 함량(국가표준식품성분표 DB 9.1, 2019) 자료를 활용하여 비타민 A 주요 급원식품 13개 산출 후 1회 분량(2015 한국인 영양소 섭취기준)을 적용하여 1회 분량당 함량 산출, 19~29세 성인 권장섭취량 기준(2020 한국인 영양소 섭취기준)과 비교
자료: 보건복지부, 한국영양학회. 2020 한국인 영양소 섭취기준

그림 8-4　비타민 A 주요 급원식품 (1회 분량당 함량)[1]

① 구조와 성질

Note ✱
비타민 D (cholecalciferol)
에르고스테롤(ergosterol)
7-디하이드로콜레스테롤
(7-dehydrocholesterol)

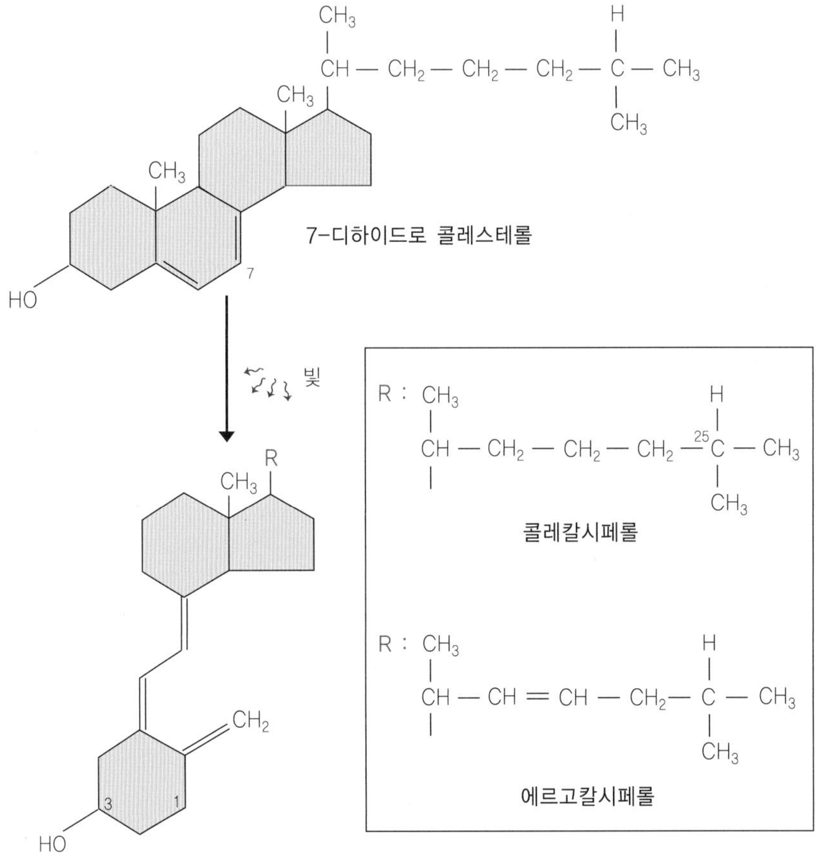

비타민 D는 체내에서 콜레스테롤로부터 만들어지며 비타민 D_2와 D_3가 있다. 비타민 D_2는 식물성 급원으로 버섯과 효모에 들어 있는 에르고스테롤로부터 햇빛 중 자외선에 의해 생성되며, 비타민 D_3는 동물성 급원으로 동물의 피부에 들어있는 7-디하이드로콜레스테롤이 햇빛 또는 자외선에 노출될 때 형성된다. 체내에서는 비타민 D_2와 D_3 모두 유효하며, 이들은 간과 신장에서 활성화된다.

비타민 D는 무색의 결정체로 열, 빛, 산소에 매우 안정하지만 알칼리에는 불안정하여 쉽게 분해되고 산성에서는 서서히 분해된다.

그림 8-5 비타민 D의 구조

② 흡수와 대사

식사로 섭취한 비타민 D의 소화와 흡수는 비타민 A와 마찬가지로 지질의 소화, 흡수과정과 동일하여 담즙이 부족하거나 지질흡수 기능이 떨어지면 비타민 D의 흡수가 방해된다. 소장에서 흡수된 비타민 D는 카일로마이크론에 합류되어 림프관을 통해 혈액으로 들어가서 간으로 이동된다. 비타민 D는 간에 주로 저장되며, 피부, 뇌, 비장 및 뼈에도 소량 저장된다.

비타민 D가 활성화되기 위해서 간과 신장에서 하이드록실화 반응이 이루어져야 한다. 간에서 비타민 D_3는 하이드록실화 반응에 의해 25-OH-비타민 D_3가 생성되고, 이것은 신장에서 또 다른 하이드록실화 반응에 의해 활성형인 1,25-$(OH)_2$-비타민 D_3로 전환된다.

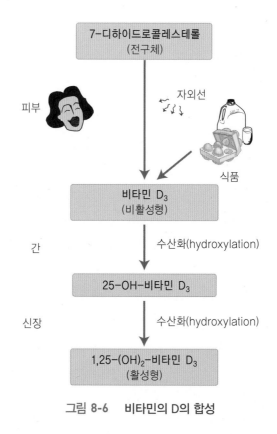

그림 8-6　비타민의 D의 합성

❸ 생리적 기능

(1) 골격 형성

비타민 D는 1,25-(OH)$_2$-비타민 D$_3$의 형태로 소장에서 칼슘과 인의 흡수를 촉진시키고, 신장에서의 칼슘과 인의 재흡수율을 높여서 체내 칼슘과 인을 골격으로 이동시켜 골격 형성에 중요한 역할을 한다.

(2) 혈중 칼슘의 항상성 유지

비타민 D의 또 다른 중요한 생리기능은 사람을 포함한 척추동물에서 혈액내 칼슘 농도를 적절하게 유지시켜 주는 것이다. 혈액 내 칼슘 농도가 감소하면 부갑상선호르몬(PTH)이 분비되어 신장에서 칼슘의 재흡수와 1,25-(OH)$_2$-비타민 D$_3$의 생성을 증가시킨다.

Note ✱

부갑상선호르몬(PTH)

생성된 1,25-(OH)$_2$-비타민 D$_3$는 소장에서 칼슘흡수를 촉진시켜 혈액 내 칼슘 농도를 증가시키며, 부갑상선호르몬과 함께 뼈에 저장되어 있는 칼슘을 분해시켜 혈액으로 이동하게 하여 혈액 내 칼슘 농도를 증가시킨다. 칼슘 농도가 일정수준을 초과

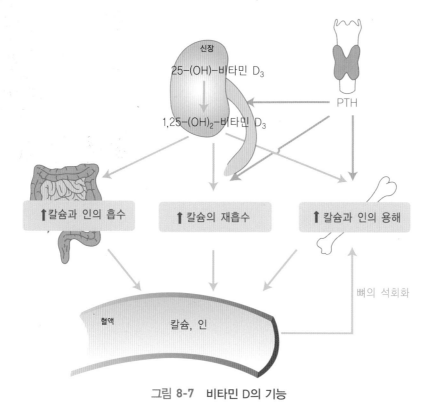

그림 8-7 비타민 D의 기능

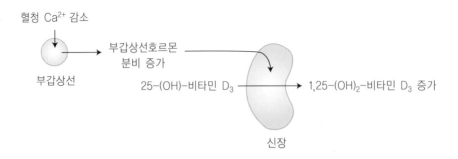

혈청 Ca^{2+} 감소

부갑상선

부갑상선호르몬
분비 증가

25-(OH)-비타민 D_3 → 1,25-$(OH)_2$-비타민 D_3 증가

신장

그림 8-8 부갑상선 호르몬과 비타민 D의 관계

Note *

칼시토닌(calcitonin)

하면 갑상선에서 칼시토닌이 분비되어 초과량을 다시 뼈로 이동시킨다. 이와 같은 방식으로 혈액 내 칼슘은 비타민 D(1,25-$(OH)_2$-비타민 D_3), 부갑상선호르몬(PTH), 칼시토닌에 의해 항상 일정한 수준이 유지된다.

❹ 결핍증

비타민 D의 결핍은 성장기 아동의 경우 골격형성에 이상이 생기거나 형태가 변형되어 머리, 흉곽, 관절이 커지고 다리가 굽는 구루병(곱추병)이 나타난다. 보통 비타민 D를 충분히 섭취하지 못하거나 햇볕에 노출이 적은 경우, 지질흡수에 문제가 있는 질환을 가진 경우에 발생하게 된다. 성인의 경우 성인 구루병이라 불리는 골연화증이 발생하는데 비타민 D 섭취가 부적절한 여성이 계속적인 출산과 수유를 할 경우에 발생하기 쉽다. 심하면 뼈의 밀도가 감소되어 골절이 쉽게 일어나는 골다공증을 초래한다.

구루병(rickets)
골연화증(osteomalacia)
골다공증(osteoporosis)
근육경련(tetany)

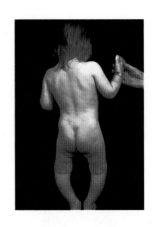

그림 8-9 구루병

그 외에도 비타민 D 결핍 증세로는 혈액 내 칼슘 농도가 감소하여 발생하는 근육경련이 있는데, 이는 칼슘이 특정 부위의 근육과 신경에 충분히 공급되지 않아서 발생한다.

골연화증과 골다공증의 차이점

성인 구루병이라 불리워지는 골연화증은 비타민 D 섭취가 부적절한 여성이 계속적인 출산과 수유를 할 경우에 발생하기 쉽다. 심하면 뼈의 밀도가 감소되어 골절이 쉽게 일어나는 골다공증을 초래한다.

골연화증	골다공증
• 성인 중 다산 여성에게서 발생 • 비타민 D와 칼슘결핍이 원인 • 뼈의 기질 총량은 정상이나 기질의 무기질 결핍에 의한 석회화의 감소로 골밀도 감소 • 뼈의 크기는 그대로 유지되나 강도가 약해짐 • 골반뼈 또는 갈비뼈의 골절이 쉽게 발생	• 중년기 이후, 폐경기 여성에게 자주 발생 • 칼슘의 흡수율이 떨어지고 혈청칼슘 농도가 감소 • 뼈기질과 석회화의 감소로 뼈의 총량이 정상보다 감소하여 골밀도는 정상과 같거나 감소 • 뼈의 크기도 감소하고 가늘고 약해짐 • 척추뼈 또는 골반뼈의 골절이 쉽게 발생

⑤ 과잉증

식품으로 너무 많은 양의 비타민 D를 섭취할 경우 과잉증이 나타나는 데 모든 비타민 중 독성이 가장 강하다. 비타민 D 권장량의 5배 이상을 장기 섭취하면 탈모, 체중감소, 설사, 메스꺼움, 식욕 부진, 과다한 소변, 혈중 요소의 증가, 성장 지연 등이 나타난다. 또한 비타민 D의 과량섭취로 인해 혈액 내 비타민 D가 증가되면 혈액 내 칼슘량이 증가되는 고칼슘혈증이 나타나고, 이는 연조직의 석회화를 초래하여 여분의 칼슘이 혈관벽에 침착되어 혈관경화를 일으키거나 신장에서 신장결석을 형성한다.

Note *
고칼슘혈증
(hypercalcemia)
석회화(calcification)

⑥ 영양섭취기준과 급원식품

한국인의 비타민 D 수준은 계절에 따라 다르며 현재 성인의 실외 활동량은 부족하다. 특히 자외선 노출 시간이 절대적으로 부족한 실정이다. 성인의 1일 비타민 D 충분섭취량은 $10\mu g$이며, 65세 이후에는 외부 활동량이 거의 없는 경우로 보고 남녀 모두 $15\mu g$으로 책정하였다.

한편 비타민 D의 과잉섭취는 고칼슘혈증을 일으킬 수 있으므로 이를 방지하기 위해서는 1일 상한섭취량인 $100\mu g$을 초과하여 섭취하지 않도록 한다.

비타민 D는 식품 중에 거의 들어 있지 않지만, 어류의 간유, 난황, 연어, 고등어, 꽁치 등의 등 푸른 생선, 오징어, 조기, 비타민 D 강화우유, 치즈, 버섯 등이 비교적 좋은 급원이다.

표 8-3 한국인의 1일 비타민 D 섭취기준

성별	연령	비타민 D(μg/일)			
		평균필요량	권장섭취량	충분섭취량	상한섭취량
영아	0~5(개월)			5	25
	6~11			5	25
유아	1~2(세)			5	30
	3~5			5	35
남자	6~8(세)			5	40
	9~11			5	60
	12~14			10	100
	15~18			10	100
	19~29			10	100
	30~49			10	100
	50~64			10	100
	65~74			15	100
	75 이상			15	100
여자	6~8(세)			5	40
	9~11			5	60
	12~14			10	100
	15~18			10	100
	19~29			10	100
	30~49			10	100
	50~64			10	100
	65~74			15	100
	75 이상			15	100
임신부				+0	100
수유부				+0	100

자료: 보건복지부, 한국영양학회. 2020 한국인 영양소 섭취기준

표 8-4　비타민 D 주요 급원식품(100g당 함량)[1]

급원식품	함량 (μg/100g)	급원식품	함량 (μg/100g)
쥐치포	33.7	미꾸라지	5.5
연어	33.0	넙치(광어)	4.3
달걀	20.9	멸치	4.1
어패류알젓	17.0	시리얼	3.8
꽁치	13.0	메추리알	2.3
전갱이	11.7	고등어	2.1
조기	8.4	두유	1.0
오징어	6.0	돼지고기(살코기)	0.8

1) 2017년 국민건강영양조사의 식품별 섭취량과 식품별 비타민 D 함량(국가표준식품성분표 DB 9.1, 2019) 자료를 활용하여 비타민 D 주요 급원식품 16개 산출
자료: 보건복지부, 한국영양학회. 2020 한국인 영양소 섭취기준

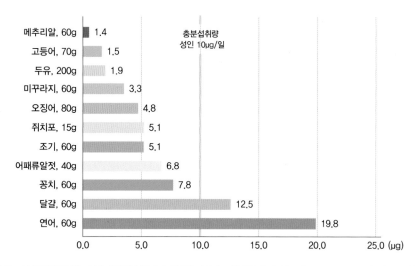

1) 2017년 국민건강영양조사의 식품별 섭취량과 식품별 비타민 D 함량(국가표준식품성분표 DB 9.1, 2019) 자료를 활용하여 비타민 D 주요 급원식품 11개 산출 후 1회 분량(2015 한국인 영양소 섭취기준)을 적용하여 1회 분량당 함량 산출, 19~29세 성인 충분섭취량 기준(2020 한국인 영양소 섭취기준)과 비교
자료: 보건복지부, 한국영양학회. 2020 한국인 영양소 섭취기준

그림 8-10　비타민 D 주요 급원식품(1회 분량당 함량)[1]

03 비타민 E

① 구조와 성질

비타민 E는 토코페롤이라고도 불리는데, 그 어원은 그리스어로 '자손을 낳는다(to bear offspring)'는 의미이다.

비타민 E의 활성을 가지는 물질은 복합고리 구조에 긴 포화 곁사슬로 이루어진 토코페롤 4종류와 긴 불포화 곁사슬로 이루어진 토코트리에놀 4종류가 있다. 이들은 각각 생리활성이 다른 데, 천연 중에 가장 풍부하며 생물학적인 활성도가 가장 큰 것은 알파-토코페롤이다.

한편 비타민 E는 연황색의 점성 있는 기름으로 지용성이며 열에 안정하지만 산화와 자외선에 의해 쉽게 파괴된다.

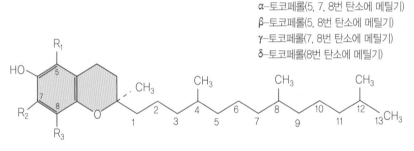

α-토코페롤(5, 7, 8번 탄소에 메틸기)
β-토코페롤(5, 8번 탄소에 메틸기)
γ-토코페롤(7, 8번 탄소에 메틸기)
δ-토코페롤(8번 탄소에 메틸기)

그림 8-11 비타민 E의 구조

② 흡수와 대사

식사로 섭취한 비타민 E의 소화 흡수 과정은 다른 지방이나 지용성 물질들의 소화 흡수 과정과 동일하다. 소장에서 담즙의 도움을 받아 유화되고 효소에 의해 소화된 후에, 카일로마이크론의 형태로 림프관으로 흡수되어 일반 혈액순환계로 들어간다. 혈액 내에서 카일로마이크론속의 비타민 E는 혈액 내 LDL로 이동하여 필요한 조직으로 운반된다. 비타민 E의 흡수율은 20~50% 정도이며, 80%까지 흡수될 때도 있다. 비타민 E 섭취량이 많을수록 흡수율은 감소한다. 비타민 E는 주로 지방조직, 세포막에 저장되며 간, 폐, 심장, 근육, 부신, 뇌에는 소량 들어 있다.

장에서 흡수되지 않거나 장세포에서 떨어져 나온 비타민 E, 그리고 담즙과 함께 장내로 분비된 비타민 E는 주로 대변으로 배설된다. 뇨를 통한 배설은 정상적인 경우에 섭취된 양의 1%를 넘지 않는다.

③ 생리적 기능(항산화 기능)

비타민 E의 가장 중요한 생리기능은 항산화 기능이다. 비타민 E는 자신이 먼저 산화됨으로써 다른 물질의 산화에 필요한 산소를 제거하여 다른 물질의 산화를 방지

비타민 E와 셀레늄

비타민 E와 셀레늄은 항산화제로서 세포막에서 유리 라디칼의 작용을 억제시킨다. 비타민 E는 세포막에서 이미 생성된 유리 라디칼이 더 이상 작용하지 못하도록 연쇄반응을 차단하는 반면 셀레늄은 세포질에서 이미 생성된 과산화물을 분해하는 역할을 한다. 세포 내 셀레늄이 충분하면 항산화 작용에 필요한 비타민 E가 절약된다.

잠깐! 비타민 E와 유리 라디칼

분자는 안정된 결합을 형성하는 여러 쌍의 전자로 구성되어 있는데 이 결합 중 하나가 깨어지면서 전자쌍 중 한 전자만 남게 되면 그 분자는 다른 전자를 찾아 전자쌍을 이룰 때까지 반응력이 큰 불안정한 상태인 유리 라디칼이 된다. 유리 라디칼은 매우 강한 산화제로써 전자가 많은 DNA나 세포막 등을 공격하여 이들을 손상시키게 된다. 비타민 E는 이러한 유리 라디칼의 생성을 막거나 활성을 억제시켜 연쇄반응을 차단한다.

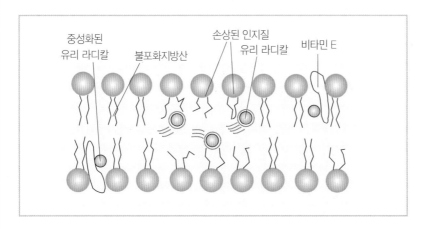

한다. 이를테면 비타민 E와 함께 존재하는 비타민 A나 다중불포화지방산은 비타민 E에 의해 산화로부터 보호된다.

이러한 작용은 식품에서 뿐만 아니라 세포막 인지질의 다중불포화지방산 부분에서도 일어난다. 체내 혹은 세포막 내에 유리 라디칼이 형성되면 유리 라디칼의 연쇄반응으로 지질이 손상되는데 이때 비타민 E는 유리 라디칼의 생성 혹은 연쇄반응을 차단한다. 이와 같이 비타민 E는 항산화 작용을 통해 세포막 지방산의 과산화를 방지하며, 노화를 막고 암 발생을 막아준다.

④ 결핍증

Note*
용혈성 빈혈
(hemolytic anemia)
적혈구 용혈
(erythrocyte hemolysis)

다른 비타민과는 달리 비타민 E만의 특이한 결핍증상은 없다. 단지 미숙아에게서 비타민 E 부족으로 용혈성 빈혈이 발생될 수 있다. 적혈구 용혈은 적혈구가 파괴되어 그 내용물이 흘러나오는 증상으로 특히 미숙아에서 발견되는데, 이는 비타민 E 부족으로 적혈구 세포막에 있는 다중불포화지방산이 산화되어 세포막이 손상된 결과이다. 또한 비타민 E의 부족으로 척추와 망막을 포함하는 신경 · 근육계의 기능이 감소되며, 이로 인해 근육의 조정과 반사 능력이 상실되고 시력과 언어구사력이 손상된다.

⑤ 과잉증

비타민 E를 과잉 섭취하게 되면 혈중 중성지방의 증가, 갑상선호르몬의 저하, 심한 설사와 구토감, 두통, 피로감, 흐린 시력, 근육 약화, 발한과 맥박이 증가되며, 지혈이 지연된다.

⑥ 영양섭취기준과 급원식품

토코페롤 등가(tocopherol
equivalent, α-TE)

비타민 E의 섭취단위는 토코페롤 등가(α-TE)로 표현하며, 1 α-TE는 1mg α-토코페롤에 해당된다. 한국인 1일 성인 남녀의 비타민 E 충분섭취량은 남녀 12mg α-TE이며, 1일 성인 남녀의 비타민 E 상한섭취량은 540mg α-TE이다. 비타민 E가 풍부한 식품으로는 식물성 기름, 마요네즈, 달걀, 새우, 광어, 견과류, 종실류, 진한 녹색 잎채소 등이 있다.

표 8-5 한국인의 1일 비타민 E 섭취기준

성별	연령	비타민 E(mg α-TE/일)			
		평균필요량	권장섭취량	충분섭취량	상한섭취량
영아	0~5(개월)			3	
	6~11			4	
유아	1~2(세)			5	100
	3~5			6	150
남자	6~8(세)			7	200
	9~11			9	300
	12~14			11	400
	15~18			12	500
	19~29			12	540
	30~49			12	540
	50~64			12	540
	65~74			12	540
	75 이상			12	540
여자	6~8(세)			7	200
	9~11			9	300
	12~14			11	400
	15~18			12	500
	19~29			12	540
	30~49			12	540
	50~64			12	540
	65~74			12	540
	75 이상			12	540
임신부				+0	540
수유부				+3	540

자료: 보건복지부, 한국영양학회. 2020 한국인 영양소 섭취기준

표 8-6　비타민 E 주요 급원식품(100g당 함량)[1]

급원식품	함량 (mg α-TE/100g)	급원식품	함량 (mg α-TE/100g)
고춧가루	27.6	새우	2.3
유채씨기름	10.3	넙치(광어)	2.2
마요네즈	10.2	시금치	1.4
콩기름	9.6	달걀	1.3
아몬드	8.1	배추김치	0.8
시리얼	6.1	현미	0.8
참기름	5.8	두부	0.7
대두	2.6	복숭아	0.5

1) 2017년 국민건강영양조사의 식품별 섭취량과 식품별 α-, β-, γ-, δ- 토코페롤과 α-, β-, γ-, δ- 토코트리에놀 함량(국가표준식품성분표 DB 9.1, 2019) 자료를 활용하여 비타민 E 주요 급원식품 16개 산출
자료: 보건복지부, 한국영양학회. 2020 한국인 영양소 섭취기준

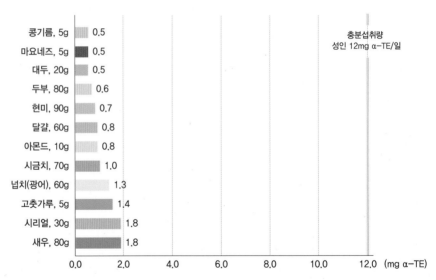

1) 2017년 국민건강영양조사의 식품별 섭취량과 식품별 α-, β-, γ-, δ- 토코페롤과 α-, β-, γ-, δ- 토코트리에놀 함량(국가표준식품성분표 DB 9.1, 2019) 자료를 활용하여 비타민 E 주요 급원식품 12개 산출 후 1회 분량(2015 한국인 영양소 섭취기준)을 적용하여 1회 분량당 함량 산출, 19~29세 성인 충분섭취량 기준(2020 한국인 영양소 섭취기준)과 비교
자료: 보건복지부, 한국영양학회. 2020 한국인 영양소 섭취기준

그림 8-12　비타민 E 주요 급원식품(1회 분량당 함량)[1]

① 구조와 성질

비타민 K는 혈액 응고에 필수적인 영양소로서 퀴논류에 속하는 화합물이다. 가장 잘 알려진 것에는 비타민 K_1과 비타민 K_2의 두 가지 형태가 있다. 비타민 K_1은 식물성 급원으로 목초 알팔파에서 발견되었다. 비타민 K_2는 동물성 급원으로 장내세균에 의해 합성되는 미생물의 대사산물이며, 비타민 K_1의 75% 활성을 나타낸다. 비타민 K_3는 자연계에 존재하지 않고 실험실에서 인공적으로 합성된 형태이다.

비타민 K는 황색의 결정체 화합물로 열, 공기, 습기에는 안정하지만 강한 산, 알칼리, 빛에 의해 쉽게 파괴된다.

Note *

비타민 K(phylloquinone)
퀴논(quinone)
비타민 K_1(phylloquinone)
비타민 K_2(menaquinone)
알팔파(alfalfa)
비타민 K_3(menadione)

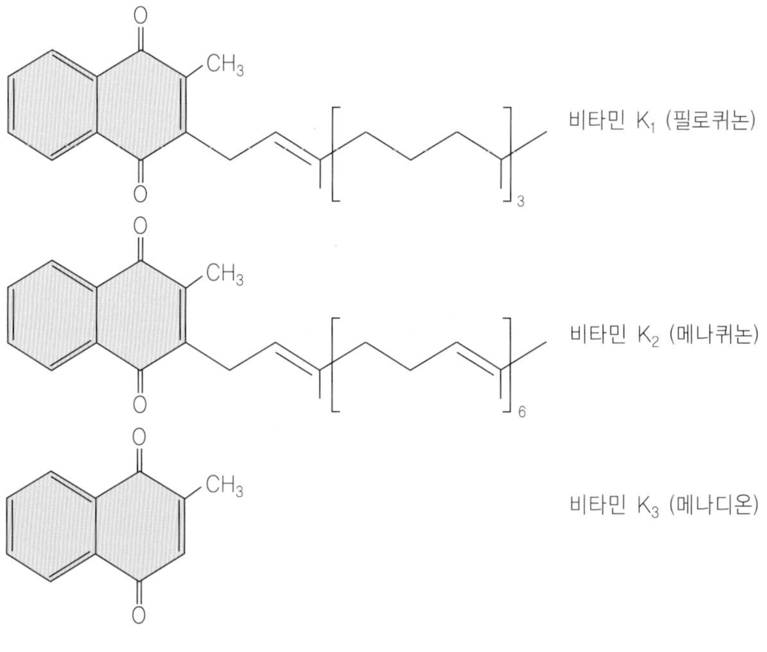

비타민 K_1 (필로퀴논)

비타민 K_2 (메나퀴논)

비타민 K_3 (메나디온)

그림 8-13 비타민 K의 구조

② 흡수와 대사

식사로 섭취한 비타민 K의 소화와 흡수과정은 함께 섭취한 다른 지방이나 지용성 물질들의 흡수과정과 같아서 담즙의 도움을 받아 유화되고 효소에 의해 소화된 후에 카일로마이크론에 포함되어 림프관을 통해 간으로 이동된다. 간은 비타민 K의 주된 저장소이지만 전환률이 빨라 체내 풀의 크기는 매우 작다. 간에서 비타민 K는 초저밀도지단백질(VLDL)에 포함되어 혈액을 통해 여러 조직으로 운반되며, 부신, 폐, 골수, 신장, 림프절에 많이 존재한다. 비타민 K와 대사산물은 주로 담즙으로 배설되지만 일부는 소변으로도 배설된다.

Note *

초저밀도지단백질(VLDL)

③ 생리적 기능(프로트롬빈의 합성)

비타민 K는 혈액응고에 관여하는 단백질인 프로트롬빈의 합성에 관여한다.

혈액응고 과정에 관여하는 몇 개의 혈액응고인자들은 간에서 불활성형 단백질의 형태로 합성되므로 활성화되기 위해서는 비타민 K가 반드시 필요하다. 이를테면 간에서 프로트롬빈은 비타민 K에 의해 활성화된 글루탐산 카르복실화효소의 작용으로 합성되어 혈액으로 방출된다. 이 불활성형의 프로트롬빈은 칼슘과 트롬보플라스틴

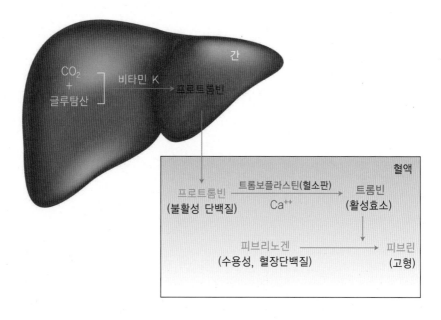

그림 8-14 비타민 K의 기능

에 의해 트롬빈으로 활성화되면서 다음 혈액응고 과정으로 진행된다.

이 외에도 비타민 K는 뼈단백질인 오스테오칼신의 합성에 관여한다.

Note *

오스테오칼신(osteocalcin)

④ 항비타민제

비타민 K의 작용을 방해하는 항비타민제로는 항응고제이며 혈전치료제에 사용되는 와파린과 디쿠마롤이 있다.

와파린(wafarin)
디쿠마롤(dicumarol)

⑤ 결핍증

비타민 K의 결핍으로 혈액응고시간이 지연되거나 용혈 등이 나타난다. 건강한 성인은 장내세균에 의해 합성되므로 결핍증이 거의 나타나지 않지만, 담즙생성이 불가능한 경우, 설사 등으로 지방 흡수가 손상되는 경우, 항생제 복용으로 장내 비타민 K의 합성과 작용에 교란이 생긴 경우, 신생아의 경우 발생할 수 있다. 신생아의 경우는 장내 세균이 존재하지 않으므로 장에서의 비타민 K 합성이 부족해져 신생아 출혈이 일어날 수 있다.

⑥ 과잉증

식품형태로 비타민 K의 섭취로는 과잉증이 나타나지 않지만 합성된 메나디온의 과량섭취로 적혈구의 용혈, 황달, 뇌손상 등이 나타날 수 있다.

⑦ 영양섭취기준과 급원식품

비타민 K의 성인 1일 충분섭취량은 남자 $75\mu g$, 여자 $65\mu g$이다. 비타민 K가 풍부한 식품은 배추김치, 시금치, 들깻잎, 무시래기, 상추, 고춧잎 등의 녹색잎 채소, 콩(낫또), 김 등이며, 곡류군, 어육류군, 과일군, 우유 및 유제품 등에는 거의 들어 있지 않다. 모유에도 비타민 K가 거의 들어 있지 않다. 장내 박테리아에 의해 합성되어 대장에서 흡수되는 메나퀴논은 인체의 주요 비타민 K 공급원으로 1일 요구량의 약 50%를 공급한다.

표 8-7 한국인의 1일 비타민 K 섭취기준

성별	연령	비타민 K(μg/일)			
		평균필요량	권장섭취량	충분섭취량	상한섭취량
영아	0~5(개월)			4	
	6~11			6	
유아	1~2(세)			25	
	3~5			30	
남자	6~8(세)			40	
	9~11			55	
	12~14			70	
	15~18			80	
	19~29			75	
	30~49			75	
	50~64			75	
	65~74			75	
	75 이상			75	
여자	6~8(세)			40	
	9~11			55	
	12~14			65	
	15~18			65	
	19~29			65	
	30~49			65	
	50~64			65	
	65~74			65	
	75 이상			65	
임신부				+0	
수유부				+0	

자료: 보건복지부, 한국영양학회. 2020 한국인 영양소 섭취기준

표 8-8   비타민 K 주요 급원식품(100g당 함량)[1]

급원식품	함량 (μg/100g)	급원식품	함량 (μg/100g)
고춧잎	871	두릅	323
들깻잎	787	상추	209
김	656	브로콜리	182
쑥	606	취나물	150
무시래기	461	양상추	106
아욱	454	콩나물	93
시금치	450	부추	92
열무	346	배추김치	75

1) 2017년 국민건강영양조사의 식품별 섭취량과 식품별 비타민 K 함량(국가표준식품성분표 DB 9.1, 2019) 자료를 활용하여 비타민 K 주요 급원식품 16개 산출
자료: 보건복지부, 한국영양학회. 2020 한국인 영양소 섭취기준

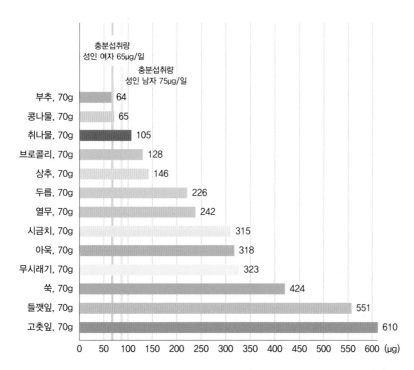

1) 2017년 국민건강영양조사의 식품별 섭취량과 식품별 비타민 K₁ 함량(국가표준식품성분표 DB 9.1, 2019) 자료를 활용하여 비타민 K 주요 급원식품 13개 산출 후 1회 분량(2015 한국인 영양소 섭취기준)을 적용하여 1회 분량당 함량 산출, 19~29세 성인 충분섭취량 기준(2020 한국인 영양소 섭취기준)과 비교
자료: 보건복지부, 한국영양학회. 2020 한국인 영양소 섭취기준

그림 8-15   비타민 K 주요 급원식품(1회 분량당 함량)[1]

표 8-9   지용성 비타민 요약

비타민	생화학적 기능	1일 식사섭취기준				결핍증	과잉증	풍부한 식품
		EAR	RNI	AI	UL			
비타민 A 레티놀	• 시력유지 • 각막, 상피세포, 점막, 피부의 정상 유지 • 골격과 치아 성장 • 생식 • 면역	남자 (19~29세) 570μgRAE (30~49세) 560μgRAE 여자 (19~29세) 460μgRAE (30~49세) 450μgRAE	남자 (19~49세) 800μgRAE (50~64세) 750μgRAE 여자 (19~49세) 650μgRAE (50~64세) 600μgRAE		3,000 μgRAE	• 야맹증 • 실명(각막건 조증) • 각질화 • 성장부진 • 면역기능 약화 • 생식기능 장애 • 감염성 질환	• 골격 이상 • 피부 발진 • 탈모증 • 선천적 결핍증 • 두통, 구토 • 간, 췌장 비대	• 레티놀 : 소 간, 달걀노 른자 • 베타-카로 틴 : 녹황색 채소
비타민 D 에르고칼시 페롤 : D_2 콜레칼시페 롤 : D_3	• 골격의 석회화(소 화관의 흡수 촉진, 신장에 의한 보유 를 자극함으로써 혈 중 칼슘과 인을 증 가시킴)			남녀 10μg	100μg	• 구루병 (어린이) • 골연화증 (성인) • 골다공증 (성인)	• 칼슘의 불균 형(연조직의 석회화와 결 석형성) • 성장 지연 • 구토, 설사 • 신장 손상 • 체중 감소	• 햇빛에 의 해 체내 합 성됨 • 생선 간유, 달걀, 비타 민 D 강화 우유
비타민 E 토코페롤 토코트리 에놀	• 항산화제(세포막 안정화, 산화반응 조절, 다불포화지 방산과 비타민 A 보호) • 리포퓨신(노화물 질)의 축적 방지 • 동물에서 생식에 관여			남녀 12mg α-TE	540mg α-TE	• 적혈구 용혈 • 용혈성 빈혈 • 신경파괴	• 흔하지 않음 • 근육허약, 두통, 피로, 오심 • 비타민 K 대사방해	• 식물성 기 름, 씨앗 • 녹황색 채소 • 마가린, 쇼트닝
비타민 K 필로퀴논 : K_1 메나퀴논 : K_2 메나디온 : K_3	• 혈액응고 단백질 인 프로트롬빈과 혈중 칼슘을 조절 하는 골격 단백질 의 합성			남자 75μg 여자 65μg		• 출혈 (내출혈)	• 흔하지 않음 • 빈혈, 황달	• 장내 박테리 아에 의해 합성 • 녹황색 채 소, 간, 곡 류, 과일

EAR : 필요섭취량, RNI : 권장섭취량, AI : 충분섭취량, UL : 상한섭취량

자료 : 2020 한국인 영양소 섭취기준

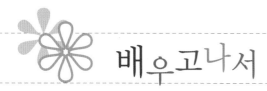

배우고나서

Question

자신이 얼마나 아는지 확인해 봅시다.

1. 베타-카로틴과 비타민 A의 차이를 설명하라.
2. 시각에서의 비타민 A의 역할을 설명하라.
3. 사람들이 식사로부터 비타민 D 필요량을 모두 섭취할 필요가 없는 이유는?
4. 비타민 E의 항산화제로서의 역할을 설명하라.
5. 체내에서 비타민 K의 주된 기능은 무엇이며, 비타민 K 결핍증이 나타나는 조건을 들라.

Answer

1. 비타민 A의 전구체인 베타-카로틴은 식물에서 발견되는 노란색 색소로서 체내에서 활성 비타민으로 전환된다. 비타민 A는 활성형태이다.

2. 비타민 A의 활성형 중 하나인 레티날은 비타민 A에서 생성되며 눈에서 시각색소인 로돕신의 구성성분으로 작용한다.

3. 인체는 햇빛에 의해 비타민 D를 합성할 수 있기 때문에 비타민 D 필요량을 모두 식품으로 섭취할 필요가 없다.

4. 유리 라디칼의 연속반응을 차단하여 더 많은 유리 라디칼의 생성을 막아준다. 더 확실하게는 다불포화지방산의 산화를 막아준다.

5. 체내에서 비타민 K는 혈액응고에 관여하는 단백질의 활성화에 필요하다. 특히 트롬빈의 전구체이며 간에서 합성되는 프로트롬빈 합성에 절대적으로 필요하다. 비타민 K 결핍은 드물지만, 비타민 K 결핍증이 나타나는 조건으로는 항생제의 남용이나 담즙분비의 부족으로 지방의 흡수에 문제가 있을 경우이다.

Chapter 9

다량 무기질

배우기 전에

Question

나는 **다량 무기질**에 대해 얼마나 알고 있나요?
다음 질문에 ○, ×로 답하시오.

1 칼슘은 사람의 영양에서 가장 중요한 무기질이다.

2 우유는 모든 영양소가 풍부하기 때문에 자연식품 중에서 거의 완벽한 식품이다.

3 일반적으로 여자는 남자보다 적절한 양의 칼슘을 식사로부터 섭취하기 어렵다.

4 우유는 어린이에게 꼭 필요한 칼슘의 공급원이지만, 어른에게는 우유 이외에도 칼슘을 공급할 수 있는 좋은 급원이 있다.

5 골다공증은 특정한 연령대에서만 발생하는 질환이다.

6 나트륨은 인체에 해롭기 때문에 섭취하지 말아야 한다.

7 짜게 먹는 사람은 모두 고혈압이 된다.

 정답

1 ×(모든 무기질이 체내의 기능을 원활히 하는데 중요하다.)

2 ×(우유는 모든 영양소가 풍부하게 있으나 철 함량은 적은 편이므로 적절한 철분 공급원이 되지 못한다.)

3 ○(성인의 경우 식사로 섭취하는 칼슘의 약 10~30%가 흡수되나, 체내 칼슘 보유량, 연령, 성별 등의 여러 요인에 의해 흡수율이 달라진다. 폐경 후 여성이나 노년층의 경우 칼슘의 흡수 능력이 저하되어 필요량을 식사로 섭취하기는 어렵다.)

4 ×(어른도 우유만큼 칼슘의 좋은 공급원은 없다.)

5 ×(골다공증은 골질량이 감소하는 질병으로 골절의 위험을 증가시킨다. 골다공증의 위험인자는 나이, 성별(여성), 에스 트로겐 결핍, 골다공증의 가족력, 흡연, 과량의 알콜 섭취 등이다.)

6 ×(필수 영양소이기 때문에 섭취해야 하지만 과량섭취는 제한해야 한다.)

7 ×(고혈압은 혈압이 지속적으로 높아져 있는 상태를 말하는 것으로 혈압이 140/90mm/Hg 이상으로 높은 것이다. 나트륨 이온이 체내 과잉 축적되면 세포 외액량이 증가되어 고혈압이 될 수 있다. 그러나 동일한 양의 나트륨을 섭취하더라도 각 개인의 유전적 소인에 따라서 생물학적 반응이 다르므로 나트륨 섭취에 따른 고혈압 발생률은 개인차가 있다.)

01 무기질의 소개

❶ 정의

무기질은 인체를 구성하는 원소 중 유기물의 구성원소인 C, H, O, N을 제외한 원소들을 총칭하는 것으로 대부분이 한 개의 화학원소로 이루어진 금속물질이다. 체중의 약 4~5%를 차지하며, 체중이 70kg인 성인의 경우 2.8~3.5kg 정도 들어있다. 무기질은 탄소를 함유하지 않으므로 에너지를 생성할 수는 없으나 체내 여러 생리기능의 조절 및 유지에 필수적이다.

❷ 분류 및 체내 분포

무기질은 체내 함량과 필요량에 따라 다량 무기질과 미량 무기질로 분류된다(표 9-1). 체내 무기질의 분포를 살펴보면 칼슘과 인이 전체 무기질의 3/4을 차지하고, 칼륨, 황, 나트륨, 염소, 마그네슘이 나머지 1/4을 차지한다. 그 외 미량으로 철, 구리, 요오드 등이 혈액과 각 기관에 들어있다(그림 9-1).

Note *
다량 무기질
(macrominerals)
미량 무기질
(microminerals)

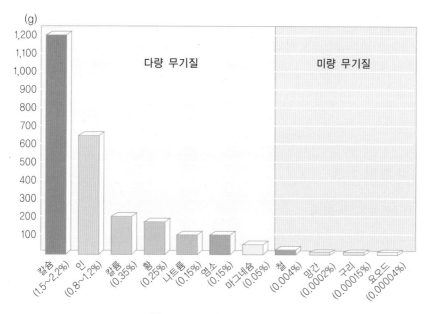

그림 9-1 무기질의 체내 분포

표 9-1 다량 무기질과 미량 무기질

다량 무기질	미량 무기질
1일 필요량이 100mg인 무기질	1일 필요량이 100mg 이하인 무기질
칼슘(Ca), 인(P), 마그네슘(Mg), 나트륨(Na), 염소(Cl), 칼륨(K), 황(S)	철(Fe), 요오드(I), 망간(Mn), 구리(Cu), 아연(Zn), 코발트(Co), 불소(F), 셀레늄(Se), 크롬(Cr), 몰리브덴(Mo)

❸ 특성 및 기능

(1) 구성성분

무기질은 신체의 각 부분을 구성하는 데 필요한 물질로, 칼슘과 인은 하이드록시아파타이트(인산칼슘염)의 형태로 골격의 단백질 기질에 침착되어 뼈를 단단하게 해준다. 아연은 당대사에 관여하는 인슐린의 생산과 저장에 필요하며, 염소는 위액의 산도 유지에 필요하다. 철분은 적혈구 혈색소인 헤모글로빈의 구성분이며, 코발트는 비타민 B_{12}, 요오드는 갑상선호르몬의 구성성분이다. 또한 여러 호르몬과 조효소의 합성에 칼슘, 마그네슘, 구리, 철 등이 이용된다.

(2) 조절 작용

무기질은 여러 대사 반응의 촉매로 작용하거나 반응 속도를 조절한다(그림 9-2). 마그네슘은 열량영양소인 탄수화물, 단백질, 지질의 분해 및 합성에 필요하며, 구리, 칼슘, 망간, 아연 등 많은 종류의 무기질들이 체내 이화작용과 동화작용에서 촉매 역할을 한다. 세포막을 통한 나트륨과 칼륨의 이온교환은 신경 자극을 전달하고, 체내 무기질 간의 평형은 근육의 수축 및 이완을 조절한다.

(3) 평형 작용

Note *
산, 알칼리 평형
(acid-alkali balance)

① 산, 알칼리 평형

무기질은 체내에서 여러 대사 반응이 일어나기 적합한 산도(pH)를 형성해 준다. 체내에서 양이온을 형성하는 무기질인 칼슘, 마그네슘, 나트륨, 칼륨 등은 체액을 알칼리성으로, 음이온을 형성하는 무기질인 염소, 황, 인 등은 체액을 산성으로 기울게 한다. 곡류와 육류, 닭고기, 달걀, 생선에는 체내에서 산을 형성하는 무기질이 많

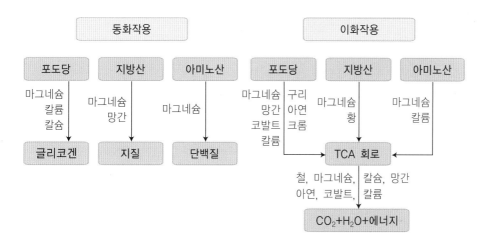

그림 9-2 효소작용을 촉매하는 무기질

잠깐! 체액의 산·알칼리 평형

인체의 혈액은 항상성을 유지하며 중성에 가까운 약알칼리성으로 pH 7.4 전후이다. 이러한 산·알칼리 평형이 깨져 혈액이 산성으로 기울어지면 산증이라 하며, 알칼리성으로 기울어지면 알칼리증이라고 한다.

산성 식품
몸 안에서 산화, 연소되고 남은 무기질 성분의 수용액이 산성을 띠는 식품으로 유황, 인, 염소가 많은 식품이 해당된다.

산성 식품의 종류	치즈, 달걀 노른자, 어패류, 육류, 채소류(아스파라거스), 김, 곡물, 홍차 등
산성도가 높은 음식	달걀 노른자, 닭고기, 오징어, 쌀겨, 현미 등
약 산성 식품	버터, 아스파라거스 등

알칼리성 식품
몸 안에서 산화, 연소되고 남은 무기질 성분의 수용액이 알칼리성을 띠는 식품으로 칼슘, 칼륨, 마그네슘 같은 양이온을 형성하는 무기질이 많은 식품이 해당된다.

알칼리성 식품의 종류	우유, 달걀 흰자, 두부, 강낭콩, 채소(아스파라거스, 대파 제외), 과일, 해조류(김은 제외), 굴, 버섯류, 포도주, 커피, 녹차 등
알칼리도가 높은 식품	시금치, 표고버섯, 강낭콩, 미역, 다시마 등
약 알칼리성 식품	우유, 두부, 포도주, 커피

중성 식품
설탕, 지질 등 무기질 함량 없는 식품이 해당된다.

이 함유되어 있는 반면 과일과 채소에는 알칼리를 형성하는 무기질이 많다. 신맛 나는 과일은 산성을 나타내리라 생각하지만, 과일의 신맛을 내는 물질은 체내에서 완전히 대사되는 유기산으로써 체액의 산도에는 영향을 미치지 않는다. 우유는 알칼리를 형성하는 칼슘과 산을 형성하는 인을 둘 다 가지고 있으므로 중성이다. 그러나 인체는 체액의 산도를 pH 7.35~7.45로 일정하게 중성으로 유지하며 항상성을 유지하기 때문에 섭취하는 식품이 산성이건 알칼리성이건 거의 영향을 받지 않는다.

② 체액의 평형 조절

Note*
전해질(electrolyte)

체액은 세포 내 액과 세포 외 액으로 구분되는데, 세포 내외의 체액교환은 반투막인 원형질막을 통하여 이루어진다. 상호간의 수분 평형은 나트륨, 칼륨, 염소 등의 체내의 주요 전해질에 의해 조절된다. 전해질이란 물속에서 전류를 이동시킬 수 있는 능력을 가진 이온으로 해리되는 물질을 뜻한다. 이들 전해질의 삼투압 차이에 따라 체내 수분의 흐름이 이루어지므로 무기질들이 적절한 균형을 이루어야만 부종이나 탈수현상이 일어나지 않고 체액의 균형이 이루어진다.

02 칼슘

칼슘은 체내에 가장 많이 존재하는 무기질로 체중의 1.5~2%를 차지한다. 인체 내 칼슘의 99%는 골격과 치아를 구성하는 데 사용되고, 나머지 1%가 혈액 및 체액에 존재하면서 여러 생리작용을 조절한다.

① 흡수와 대사

(1) 흡 수

칼슘(calcium ; Ca)

성인의 경우 식사로 섭취하는 칼슘의 약 10~30%가 흡수되나, 흡수율은 체내 칼슘 보유량, 연령, 성별 등의 여러 요인에 의해 달라진다. 골격 발달이 왕성한 성장기에는 흡수율이 75%까지, 임신기에는 60%까지 증가한다. 반면, 폐경 후 여성이나 노인의 경우 칼슘의 흡수 능력이 저하된다.

칼슘은 주로 십이지장에서 능동적 수송을 통해 흡수되고 공장과 회장에서는 수동적 확산에 의해 흡수된다. 능동적 수송으로 흡수되는 경우 칼슘은 십이지장에서 칼슘결합단백질 운반체와 결합하여 체액으로 이동된다.

Note *
칼슘결합단백질 운반체
(ca binding protein carrier ; CaBP)

표 9-2　칼슘 흡수에 영향을 미치는 요인

흡수를 증진시키는 요인	흡수를 방해하는 요인
소장상부의 산성 환경	소장하부의 알칼리성 환경
유당	수산, 피틴산, 탄닌
비타민 D, 비타민 C	비타민 D 결핍
성장기와 임신기	과량의 식이섬유소
식사 내 칼슘과 인의 비슷한 비율	과량의 인, 철분, 아연
정상적인 소화관 운동	폐경(에스트로겐 감소)
아미노산(리신, 아르기닌)	노령기
부갑상선호르몬	고지방 식사

① 칼슘의 흡수를 증진시키는 요인들

칼슘은 산성용액에서 효과적으로 용해되므로 장내 산성 환경은 칼슘의 흡수를 용이하게 해준다. 유당은 유산균에 의해 젖산으로 바뀌어 장을 산성화함으로써 칼슘의 흡수를 돕는다. 비타민 D는 십이지장의 점막 세포에 있는 칼슘결합단백질 운반체의 합성을 촉진하여 칼슘의 흡수를 증가시키며, 비타민 C는 칼슘의 이온화를 촉진하여 칼슘의 흡수를 증가시킨다.

식사 내 칼슘과 인의 비율에 따라 칼슘의 흡수와 이용률에 차이가 나타난다. 일반적으로 칼슘과 인의 비율이 1 : 1일 때는 칼슘의 흡수가 최대인 반면, 인의 공급량이 칼슘보다 많아지면 불용성의 인산칼슘을 형성하여 칼슘이 흡수되지 않고 대변으로 배설된다. 그러므로 식사의 칼슘과 인의 비율이 1 : 2를 넘지 않도록 하는 것이 바람직하다.

② 칼슘의 흡수를 방해하는 인자들

수산은 소화관에서 칼슘과 결합하여 불용성 염인 수산칼슘을 형성함으로 칼슘의 흡수를 방해하는데, 수산은 주로 시금치, 무청, 근대 등과 같은 녹색 채소와 과일에 다량 함유되어 있다. 피틴산도 수산과 마찬가지로 소화관에서 칼슘과 결합하여

수산(oxalic acid)
수산칼슘
(calcium oxalate)
피틴산(phytic acid)
칼슘피틴산
(calcum phytate)

불용성 염인 칼슘피틴산을 형성함으로 칼슘의 흡수를 방해하는데, 피틴산은 곡류의 외피에 다량 함유되어 있다.

다량의 지질이나 식이섬유는 칼슘과 함께 불용성 화합물을 형성하여 대변으로 배설되므로 칼슘의 흡수를 방해한다. 그 밖에도 차에 함유된 탄닌 성분이나 운동부족, 심리적 불안 등도 칼슘의 흡수를 저하시킨다.

(2) 대 사

칼슘은 소장을 통해 흡수된 후 혈액으로 운반되어 세포의 기능과 사용 목적에 따라 공급된다. 칼슘의 배설은 대변, 소변, 피부를 통해서 이루어지는데, 대변으로 배설되는 칼슘은 장막으로 분비된 액에 함유된 칼슘 중 재흡수되지 않은 내인성 칼슘과 식이 칼슘이다.

(3) 칼슘의 항상성

혈중 칼슘 농도는 9~11mg/dL로 항상 일정한 수준으로 유지되는데, 부갑상선호르몬과 칼시토닌 그리고 비타민 D가 칼슘의 항상성을 조절한다(그림 9-3). 혈액 내 칼슘의 농도가 정상이하로 떨어지면 부갑상선호르몬이 분비되어 골격조직으로부터 칼슘을 나오게 하는 동시에 신장에서 칼슘의 재흡수를 증가시킴으로써 혈중 칼슘 농도를 증가시킨다. 부갑상선 호르몬은 비타민 D를 신장에서 활성형인 $1,25-(OH)_2-$ 비타민 D로 전환시킨다. 활성형 비타민 D는 소장의 칼슘흡수와 신장의 재흡수를 증가시켜 혈중 칼슘 농도를 높인다. 반면, 혈중 칼슘 농도가 상승하면 갑상선에서 칼시토닌이라는 호르몬이 분비되어 혈중 칼슘이 골격으로 흡수되도록 자극함으로써 혈중 칼슘 농도를 정상수준까지 낮추어 준다.

잠깐! 부갑상선호르몬과 칼시토닌

칼슘 대사에 관여하는 부갑상선호르몬과 칼시토닌은 내분비선인 부갑상선과 갑상선에서 각각 분비되는 호르몬이다. 인체의 호르몬들은 내분비선에서 분비되어 혈액을 통해 표적기관으로 운반되어 체내 대사를 조절하는 역할을 한다.

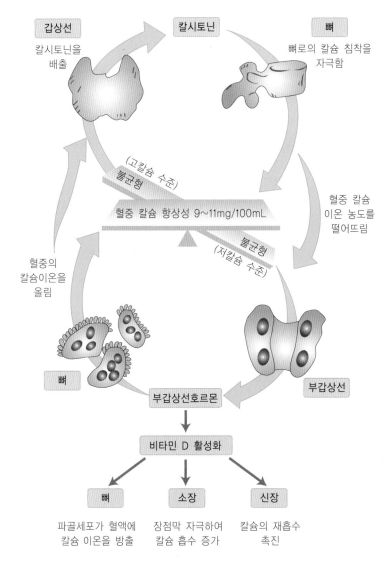

갑상선

칼시토닌을 배출

칼시토닌

뼈

뼈로의 칼슘 침착을 자극함

(고칼슘 수준)

불균형

혈중 칼슘 항상성 9~11mg/100mL

불균형

(저칼슘 수준)

혈중 칼슘 이온 농도를 떨어뜨림

혈중의 칼슘이온을 올림

뼈

부갑상선호르몬

부갑상선

비타민 D 활성화

뼈

파골세포가 혈액에 칼슘 이온을 방출

소장

장점막 자극하여 칼슘 흡수 증가

신장

칼슘의 재흡수 촉진

그림 9-3 혈액 칼슘 농도 조절

❷ 생리적 기능

(1) 골격과 치아의 구성 성분

골격, 즉 뼈는 그물모양의 단백질인 콜라겐이 모양을 이루고 그 사이에 칼슘과 인이 주성분인 하이드록시아파타이트라는 입자가 축적된 단단한 조직이다. 칼슘의 주된 기능은 이들 골격과 치아를 구성하고 유지하는 것이다. 뼈는 일생동안 계속적으

Note*

하이드록시아파타이트
(hydroxyapatite,
$Ca_{10}(PO_4)_6(OH)_2$

로 재생되며 활발한 대사가 일어나는 조직인데, 뼈의 대사는 조골세포와 파골세포에 의해 이루어진다. 조골세포는 뼈의 기질 형성과 석회화를 유도하여 새로운 뼈를 만드는 세포이고, 파골세포는 무기질을 용해하고 뼈의 콜라겐 기질을 분해함으로써 뼈를 분해하는 세포로 두 세포의 작용에 의해 칼슘이 뼈와 혈액을 지속적으로 이동함으로써 골격의 교체가 이루어진다. 이 두 종류의 세포들은 부갑상선호르몬과 비타민 D 등에 의해 영향을 받는다.

(2) 혈액응고

혈관이 손상되면 트롬보플라스틴이 생성되어, Ca^{++}과 함께 불활성형인 프로트롬빈을 트롬빈으로 전환시킨다. 트롬빈은 피브리노겐을 불용성인 피브린으로 전환시켜 혈액을 응고시킨다(그림 9-4). 그러므로 칼슘은 혈액응고에 필수적이다.

(3) 신경전달물질의 방출

칼슘은 신경전달물질의 방출을 촉진함으로써 신경세포와 근육 사이에 신경 자극을 전달하는 작용을 한다(그림 9-5).

잠깐! 치밀골과 해면골

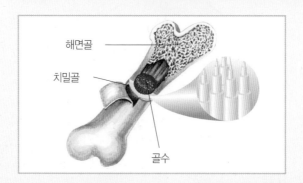

해면골
치밀골
골수

뼈는 형태학적으로 치밀골과 해면골로 나뉘는데, 전체 뼈의 80%를 차지하는 치밀골은 뼈의 바깥층을 구성한다. 해면골은 척추, 골반 등의 양 쪽 말단에 존재하는데 스펀지처럼 부드러운 조직으로 되어 있다. 해면골은 칼슘을 저장하고 있다가 필요시 칼슘을 혈액으로 용출시킴으로써 혈액 칼슘 농도를 일정하게 유지하는 역할을 한다. 그러므로 칼슘이 부족하면 이 부분이 듬성듬성하게 되어 골다공증이나 골절이 잘 발생한다. 한편 뼈의 맨 중앙은 단단한 뼈 대신 골수로 채워져 있어 이곳에서 혈구를 생산한다.

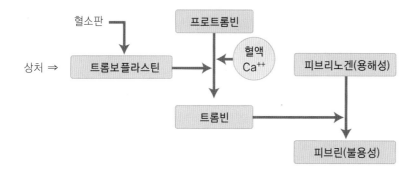

그림 9-4 혈액의 응고 과정

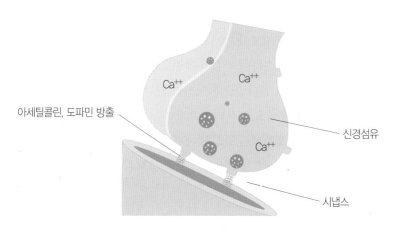

그림 9-5 신경전달물질의 방출

(4) 근육 수축 및 이완 작용

근육 단백질은 액틴과 미오신으로 구성되어 있는데 신경 자극에 의해 근육이 흥분되면 세포 안에 있던 칼슘이 방출되어 액틴과 미오신이 결합하여 근육이 수축된다. 방출된 칼슘이 세포 내 저장 장소로 되돌아가면 액틴과 미오신이 분리되면서 근육이 이완된다(그림 9-6).

Note *

액틴(actin)
미오신(myosin)

③ 결핍증

(1) 골다공증

골다공증(osteoporosis)

칼슘 결핍이 계속되면 성장기 어린이의 경우 구루병이 발생하며, 성인에게는 골다

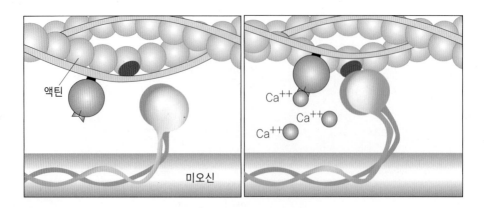

그림 9-6 액틴과 미오신

공증이 나타난다. 골다공증은 뼈의 강도가 약화되어 골절의 위험이 증가하는 골격질 환으로 뼈의 크기는 정상 골격과 비슷하나 칼슘이 혈중으로 방출되어 뼈의 무게가 감소한 경우이다. 골다공증은 폐경기 골다공증과 노인기 골다공증으로 분류되는데(표 9-3), 폐경이 되면 에스트로겐의 부족으로 뼈의 형성보다는 손실이 커져 골다공증 발생의 위험이 증가한다. 골다공증 초기에는 증상이 나타나지 않으나 진행됨에 따라 신장 감소(그림 9-7)와 요통 등이 나타나며 넘어지는 경우 골반 뼈의 골절 등이 나타난다.

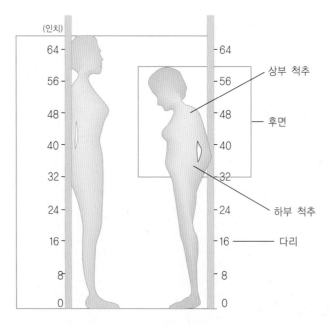

그림 9-7 골다공증으로 인한 신장의 감소

자료 : Dupuy & Mermel. *Focus on Nutrition*, p. 153(1995)

표 9-3 골다공증의 분류

구 분	폐경기 골다공증	노인기 골다공증
발생시기	50~70세	70세 이상
손실되는 뼈	해면골	해면골과 치밀골
골절 부위	손목과 척추	엉덩이
남녀 발생비율(여자:남자)	6 : 1	2 : 1
주된 이유	폐경 후 에스트로겐의 급속한 손실(여성), 나이 증가에 따른 테스토스테론의 손실(남성)	칼슘 흡수율의 감소, 뼈 무기질 손실량 증가, 잘 넘어짐

(2) 골감소증과 골연화증

장기간의 칼슘 섭취상태는 성인기의 최대 골밀도에 많은 영향을 미친다. 일생 동안 골밀도가 가장 높은 시기는 20대 후반에서부터 30대 초반까지이며, 그 이후에는 골격으로부터 용출되는 칼슘의 양이 골격에 축적되는 양보다 많아져 골밀도가 감소하게 된다. 따라서 이 시기에 칼슘의 섭취가 부족하면 골질량과 골밀도가 저하되어 체내 골질량을 충분히 유지할 수 없으므로 골감소증이 나타난다. 또한 칼슘의 섭취 수준이 낮으면 뼈의 기질 내 칼슘이 부족하게 되어 뼈가 연화되는 골연화증이 초래된다. 골연화증은 주로 잦은 임신이나 오랜 기간 수유를 한 여성에게 나타나며, 비타민 D의 결핍에 의해서도 발생한다. 골연화증은 동통, 압통, 근무력증을 나타낸다.

Note *
골감소증(osteopenia)
골연화증(osteomalacia)

(3) 기 타

혈중 칼슘 농도가 감소하면 저칼슘혈증이 유발된다. 이는 신경세포에 적절한 자극이 전달되지 않아 신경의 흥분성이 증가하고 근육의 경련을 일으키는 테타니 증세를 일으킬 수 있다.

저칼슘혈증
(hypocalcemia)
테타니(tetany)

잠깐! **테타니**

혈액 칼슘 농도의 저하로 말초신경과 근육이 접합되는 부위의 흥분성이 높아져 가벼운 자극으로도 손, 발, 안면의 근육이 수축되고 경련을 일으키는 상태를 나타낸다.

④ 과잉증

과량의 칼슘 섭취는 고칼슘혈증, 변비, 신장결석, 신장기능 손상 등을 초래한다. 특히 고칼슘혈증은 심장이나 신장과 같은 연조직에 칼슘을 축적시킴으로써 생명에 지장을 줄 수도 있다. 과량의 우유를 제산제와 함께 복용하는 경우 우유−알칼리증이 초래되어 혈중 칼슘 농도가 매우 증가하므로 조직에 칼슘이 침착되어 국소 조직의 파괴가 일어날 수 있다. 또한 1일 2,500mg 이상의 칼슘 섭취는 철, 아연 등 기타 무기질의 장내 흡수를 방해한다.

⑤ 영양섭취기준과 급원식품

체내의 칼슘 평형을 유지하기 위해 우리나라에서 권장하고 있는 연령별, 성별 권장량은 표 9-4와 같다. 성인남녀의 1일 권장량은 남자 800mg, 여자 700mg이며, 상한섭취량은 2.5g로 하였다(표 9-4).

칼슘의 주요 급원식품은 우유, 치즈, 요구르트와 같은 유제품이다. 우유 한 잔에는 약 200mg 정도의 칼슘이 함유되어 있다. 우유와 유제품은 칼슘 함량이 높을 뿐만

잠깐! 칼슘 800mg과 1,200mg을 섭취하려면?

성인의 1일 칼슘권장량은 800mg이고 골다공증의 위험이 있는 대상자의 칼슘권장량은 1,200~1,500mg이다. 칼슘 800mg과 칼슘 1,200mg을 각각 섭취하기 위해서는 다음과 같은 식품을 하루에 섭취하여야 한다.

식품	칼슘	식품	칼슘
우유 1컵	226mg	우유 2컵	452mg
요구르트(호상) 1개	141mg	요구르트(호상) 1개	141mg
멸치 1/5컵(10g)	249mg	멸치 1/4컵(15g)	373mg
두부(80g)	51mg	치즈 1장	125mg
건미역(10g)	111mg	건미역(10g)	111mg
합계	778mg	합계	1,202mg

아니라 칼슘의 흡수를 촉진시키는 유당을 함유하고 있으므로 칼슘의 체내 이용률도 높다. 멸치, 미꾸라지와 같은 뼈째 먹는 생선과 굴과 같은 해산물도 칼슘의 좋은 급원식품이지만 우유보다는 칼슘 흡수율이 낮다. 녹색 채소류도 다량의 칼슘을 함유하고 있으나 흡수율이 좋지 못하며, 육류와 곡류는 칼슘의 함량이 비교적 낮은 식품이다. 한국인의 칼슘 급원식품과 함량은 표 9-5, 그림 9-8과 같다.

표 9-4 한국인의 1일 칼슘 섭취기준

성별	연령(세)	칼슘(mg/일)			
		평균필요량	권장섭취량	충분섭취량	상한섭취량
영아	0~5(개월)			250	1,000
	6~11			300	1,500
유아	1~2	400	500		2,500
	3~5	500	600		2,500
남자	6~8	600	700		2,500
	9~11	650	800		3,000
	12~14	800	1,000		3,000
	15~18	750	900		3,000
	19~29	650	800		2,500
	30~49	650	800		2,500
	50~64	600	750		2,000
	65~74	600	700		2,000
	75 이상	600	700		2,000
여자	6~8	600	700		2,500
	9~11	650	800		3,000
	12~14	750	900		3,000
	15~18	700	800		3,000
	19~29	550	700		2,500
	30~49	550	700		2,500
	50~64	600	800		2,000
	65~74	600	800		2,000
	75 이상	600	800		2,000
임신부		+0	+0		2,500
수유부		+0	+0		2,500

자료: 보건복지부, 한국영양학회. 2020 한국인 영양소 섭취기준

표 9-5 **칼슘 주요 급원식품(100g당 함량)[1]**

급원식품	함량 (mg/100g)	급원식품	함량 (mg/100g)
멸치	2,486	들깻잎	296
미꾸라지	1,200	요구르트	141
건미역	1,109	상추	122
치즈	626	우유	113
굴	428	두부	64
홍어	305	달걀	52

1) 2017년 국민건강영양조사의 식품별 섭취량과 식품별 칼슘 함량(국가표준식품성분표 DB 9.1, 2019) 자료를 활용하여 칼슘 주요 급원식품 12개 산출
자료: 보건복지부, 한국영양학회. 2020 한국인 영양소 섭취기준

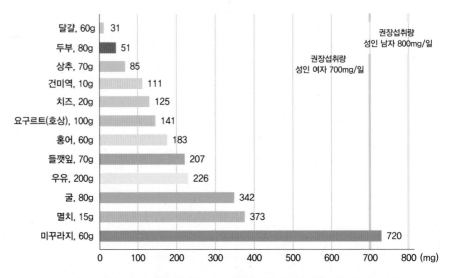

1) 2017년 국민건강영양조사의 식품별 섭취량과 식품별 칼슘 함량(국가표준식품성분표 DB 9.1, 2019) 자료를 활용하여 칼슘 주요 급원식품 12개 산출 후 1회 분량(2015 한국인 영양소 섭취기준)을 적용하여 1회 분량당 함량 산출, 19~29세 성인 권장섭취량 기준(2020 한국인 영양소 섭취기준)과 비교
자료: 보건복지부, 한국영양학회. 2020 한국인 영양소 섭취기준

그림 9-8 **칼슘 주요 급원식품(1회 분량당 함량)[1]**

인은 칼슘 다음으로 체내에 다량 존재하는 무기질로 체중의 약 0.8~1% 정도를 차지한다. 이 중 80%는 Ca과 불용성 결정인 하이드록시아파타이트를 이루어 뼈와 치아 조직을 형성하고, 나머지 20%는 근육과 장기, 체액 등에 분포한다. 인은 식품 중에 유기화합물의 인산염 형태로 존재하며, 효소, 인지질, 인을 포함한 당과 같은 화합물의 구성성분으로 체내 대사에 관여한다.

Note*
인(phosphorus ; p)

❶ 흡수와 대사

인은 소장에서 비교적 쉽게 흡수되나 흡수율은 인의 급원식품과 섭취량에 의해 결정된다. 성인의 경우 식사로 섭취하는 인의 약 60~70% 정도가 흡수되며, 섭취량이 적을 경우에는 90% 이상이 흡수된다. 일반적으로 섭취하는 칼슘과 인의 비율이 1 : 1일 때 골격 형성이 가장 효율적으로 이루어진다. 체내 인의 양은 흡수율에 의한 것보다는 주로 신장을 통한 배설로써 조절되는데, 부갑상선호르몬은 신장에서 인의 재흡수를 감소시키고 비타민 D는 인의 재흡수를 높여준다. 상으로 흡수되지 않은 인은 대변으로 배설되는데, 식사 중 칼슘과 인의 비율 중 하나가 과량이면 다른 하나는 대변으로 더 많이 배설된다. 인의 흡수는 여러 요인에 의해 증가되거나 저해되기도 한다(표 9-6).

(1) 인의 흡수를 증가시키는 요인들

인이 소장에서 흡수되려면 식품 내에 인산염의 형태로 존재하던 것이 분해되어야 한다. 알칼리 조건에서는 인산염이 용해되지 않으므로 인의 흡수는 산성조건을 유지하는 위와 소장 상부에서 이루어진다. 과량의 칼슘 섭취는 인의 흡수를 감소시

표 9-6 인의 흡수에 영향을 미치는 인자

흡수를 증진시키는 인자	흡수를 방해하는 인자
소장의 산성 환경 식사 내 칼슘과 인의 비슷한 비율	마그네슘, 알루미늄이 포함된 제산제

키고 과량의 인의 섭취는 칼슘 흡수를 감소시키므로 흡수율을 최적으로 하기 위해서는 칼슘과 인의 비율을 1:1로 하는 것이 적당하다.

(2) 인의 흡수를 방해하는 인자들

다른 무기질을 다량 섭취하면 인이 이들과 불용성염을 만들어 장에서의 인의 흡수가 방해된다. 그러므로 마그네슘, 알루미늄 등이 포함된 제산제는 장에서 인과 결합하여 인의 흡수를 감소시킬 수 있다. 부갑상선호르몬은 소변을 통한 칼슘 배설을 감소시키지만 소변을 통한 인의 배설은 증가시킨다.

② 생리적 기능

(1) 골격과 치아의 구성

인산칼슘
(calcium phosphate)

체내 인의 85%는 칼슘과 결합하여 하이드록시아파타이트(인산칼슘)의 형태로 골격과 치아를 구성한다. 골격에 존재하는 칼슘과 인의 비율은 일반적으로 2:1이며 칼슘과 인의 균형이 맞지 않으면 뼈의 석회화가 잘 일어나지 않는다.

(2) 에너지 대사

크레아틴 인산
(creatine phosphate)

체내 에너지의 생산 및 저장은 ATP와 크레아틴 인산 등의 인산화된 구성물에 의하여 이루어진다. 인은 ATP, 크레아틴 인산 등의 형태로 고에너지 인산 결합을 하며, 에너지가 필요할 때 인산이 ATP에서 이탈되어 ADP를 형성하여 에너지를 방출하게 된다(그림 9-9). 또한 에너지 전달에 관련된 조효소와 결합함으로써 에너지의 저장 및 이용에 관여한다.

(3) 비타민 및 효소의 활성화

체내에서 인은 인산염(PO_4)의 형태로 존재하는데, 효소들은 인산화(PO_4^{3-})에 의해 활성 또는 비활성의 형태로 전환된다. 또한 인은 산화환원 반응에 관여하는 니아신의 보조효소인 NAD, NADP와 탈탄산반응에 관여하는 티아민의 효소형태인 TPP의 구성요소이다. 즉, 인은 여러 비타민이 조효소로서 활성화되기 위해서도 필수적이다.

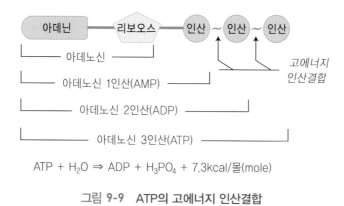

$$ATP + H_2O \Rightarrow ADP + H_3PO_4 + 7.3kcal/몰(mole)$$

그림 9-9   ATP의 고에너지 인산결합

(4) 신체 여러 물질의 구성성분

인은 유전정보의 저장과 전달을 담당하는 DNA, RNA 등 핵산의 구성성분이며, 인지질의 구성요소로 세포막과 지단백질의 형성에 필요한 물질이다.

(5) 완충작용

인은 혈액과 세포 내에서 인산과 인산염의 형태로 산과 알칼리의 평형을 조절하는 완충 작용을 한다. 체액이 산성화되면 수소이온과 결합하고 알칼리화되면 수소이온을 방출함으로써 체액의 산-알칼리 균형을 유지한다.

❸ 결핍증

인은 동·식물계에 널리 분포되어 있으므로 정상적인 식사를 하는 경우 결핍증은 거의 나타나지 않는다. 그러나 제산제의 남용, 신장투석으로 인해 인이 과다 배설될 경우 결핍증이 발생하기도 한다. 인이 결핍되면 ATP 등이 합성되지 않아 신경, 근육, 골격, 혈액 및 신장 기능의 이상이 나타날 수 있다. 특히 어린이의 경우에는 성장부진과 뼈의 기형이 나타날 수 있고 성인의 경우에는 골다공증을 일으킬 수 있다.

❹ 과잉증

신장은 혈액에 인이 과량 존재하는 경우 이를 충분히 제거할 수 있기 때문에 정상인의 경우 문제가 되지 않으나, 심각한 신부전 환자에게는 과잉증이 나타날 수 있다. 신장 기능이 떨어진 경우 식품으로 섭취하는 인도 고인산혈증을 유발하여 근육경련증이 나타날 수 있다.

또한 칼슘의 섭취량이 적고 인의 섭취량이 많은 식사를 계속하면 부갑상선호르몬 농도가 증가하고 뼈의 교체 속도가 증가하여 골질량과 골밀도가 감소함으로 골절이 생길 수 있다.

❺ 영양섭취기준과 급원식품

우리나라 성인남녀의 1일 권장량은 700mg으로 칼슘의 권장량과 비슷하다(표 9-7). 인의 상한 섭취량은 성인의 경우 최대무독성량인 3.5g으로 하였다. 인은 거의 모든 식품에 들어 있으며, 특히 단백질 함량이 풍부한 어육류와 난류, 우유 및 유제품, 곡류에 많이 함유되어 있다. 한국인의 인 급원식품과 함량은 표 9-8, 그림 9-10과 같다.

표 9-7 **한국인의 1일 인 섭취기준**

성별	연령(세)	인(mg/일)			
		평균필요량	권장섭취량	충분섭취량	상한섭취량
영아	0~5(개월)			100	
	6~11			300	
유아	1~2	380	450		3,000
	3~5	480	550		3,000
남자	6~8	500	600		3,000
	9~11	1,000	1,200		3,500
	12~14	1,000	1,200		3,500
	15~18	1,000	1,200		3,500
	19~29	580	700		3,500
	30~49	580	700		3,500
	50~64	580	700		3,500
	65~74	580	700		3,500
	75 이상	580	700		3,000
여자	6~8	480	550		3,000
	9~11	1,000	1,200		3,500
	12~14	1,000	1,200		3,500
	15~18	1,000	1,200		3,500
	19~29	580	700		3,500
	30~49	580	700		3,500
	50~64	580	700		3,500
	65~74	580	700		3,500
	75 이상	580	700		3,000
임신부		+0	+0		3,000
수유부		+0	+0		3,500

자료: 보건복지부, 한국영양학회. 2020 한국인 영양소 섭취기준

표 9-8 인 주요 급원식품(100g당 함량)[1]

급원식품	함량 (mg/100g)	급원식품	함량 (mg/100g)
멸치	1,867	달걀	191
치즈	857	보리	161
대두	570	두부	158
새우	390	소고기(살코기)	131
현미	275	우유	84
닭고기	251	감자	62

1) 2017년 국민건강영양조사의 식품별 섭취량과 식품별 인 함량(국가표준식품성분표 DB 9.1, 2019) 자료를 활용하여 인 주요 급원식품 12개 산출
자료: 보건복지부, 한국영양학회. 2020 한국인 영양소 섭취기준

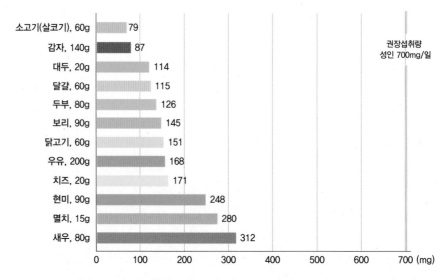

1) 2017년 국민건강영양조사의 식품별 섭취량과 식품별 인 함량(국가표준식품성분표 DB 9.1, 2019) 자료를 활용하여 인 주요 급원식품 12개 산출 후 1회 분량(2015 한국인 영양소 섭취기준)을 적용하여 1회 분량당 함량 산출, 19~29세 성인 권장섭취량 기준(2020 한국인 영양소 섭취기준)과 비교
자료: 보건복지부, 한국영양학회. 2020 한국인 영양소 섭취기준

그림 9-10 인 주요 급원식품의 1회 분량당 함량[1]

마그네슘

마그네슘은 동식물의 모든 체세포에 존재하는 양이온으로 체중이 60kg인 성인의 경우 체내에 약 20~28g 정도 함유되어 있으며, 대부분은 칼슘 및 인과 결합하여 뼈에 존재하고 나머지는 근육과 다른 연조직에 존재한다.

Note *
마그네슘
(magnesium ; Mg)

❶ 흡수와 대사

보통의 경우 식품 중 마그네슘의 30~40% 정도가 소장에서 흡수되는데, 마그네슘을 과잉 섭취하는 경우에는 흡수량이 감소하고 마그네슘의 섭취가 부족할 경우에는 80% 정도까지도 흡수된다. 흡수기전은 단순 확산 또는 능동수송에 의해 이루어진다.

혈중 마그네슘의 농도는 신장의 재흡수율을 조절함으로써 일정하게 유지된다. 배설은 대부분 담즙을 통해 일어나며 나머지는 소변과 땀으로 빠져나간다. 대변을 통해 배설되는 마그네슘의 대부분은 흡수되지 않은 식이 마그네슘이다.

❷ 생리적 기능

(1) 골격과 치아의 구성성분

마그네슘은 칼슘 및 인과 복합체를 형성하여 골격과 치아를 구성한다.

(2) 에너지 대사

마그네슘은 미토콘드리아에서 ATP를 생성하는 과정에서 마그네슘-ATP 복합체를 이루어 ATP의 구조식을 안정화시킨다.

(3) 세포의 신호 전달

마그네슘은 세포막을 통한 칼륨 및 칼슘 등의 이온 전달에 관여하여 신경의 흥분과 근육 수축, 심장의 정상적인 리듬에 영향을 준다. 마그네슘은 칼슘과 상반된 작용을 하는데, 마그네슘은 근육을 이완시키고 신경을 안정시키는 반면 칼슘은 근육을 긴장시키고 신경을 흥분시키는 효과가 있다.

(4) 신체 여러 물질의 구성성분

마그네슘은 핵산과 단백질을 합성하는 과정에도 필요하다. 탄수화물과 단백질을 만드는데 관여하는 많은 효소들의 활성화와 항산화제인 글루타티온의 합성에도 마그네슘이 필요하다.

❸ 결핍증

마그네슘은 식품에 널리 분포되어 있으므로, 균형 잡힌 식사를 하는 건강한 성인에게서 결핍 증상이 나타나는 경우는 드물다. 그러나 지속적인 설사, 흡수장애 증후군 등의 위, 장관의 질환을 앓고 있거나, 당뇨나 장기간의 이뇨제 복용으로 인해 소변으로 배설되는 마그네슘의 양이 증가한 경우 또는 알코올 중독자의 경우 마그네슘 결핍이 일어난다. 혈중 마그네슘 농도가 급격히 저하되어 세포외액의 다른 무기질과의 균형이 깨지면 신경자극전달과 근육의 수축 및 이완작용이 조절되지 않아 신경이나 근육에 심한 경련 증세가 나타난다. 마그네슘의 결핍이 심해지면 뼈의 성장장애와 골다공증이 초래된다.

❹ 과잉증

정상적인 식사를 통해 자연적으로 섭취하는 경우에는 과잉섭취에 의한 부작용이 보고된 바가 없으나, 과다한 양의 보충제를 복용하면 혈중 마그네슘의 농도가 증가하여 설사, 근력약화, 호흡곤란, 심장박동 이상 등의 증상이 나타난다.

❺ 영양섭취기준과 급원식품

우리나라 성인남녀의 1일 권장량은 남녀 각각 360mg과 280mg이고 식품 외 급원으로 섭취한 마그네슘의 상한섭취량은 350mg으로 정하였다(표 9-9). 마그네슘은 자연계에 널리 분포하며, 주요 급원식품은 전곡류, 두류, 채소류 등이다. 시금치와 같은 녹색 채소는 마그네슘을 많이 함유하고 있으나 그 속에 함유되어 있는 수산과 피틴산 성분에 의해 효율이 감소된다. 한국인의 마그네슘 급원식품과 함량은 표 9-10, 그림 9-11과 같다.

표 9-9 **한국인의 1일 마그네슘 섭취기준**

성별	연령(세)	마그네슘(mg/일)			
		평균필요량	권장섭취량	충분섭취량	상한섭취량[1]
영아	0~5(개월)			25	
	6~11			55	
유아	1~2	60	70		60
	3~5	90	110		90
남자	6~8	130	150		130
	9~11	190	220		190
	12~14	260	320		270
	15~18	340	410		350
	19~29	300	360		350
	30~49	310	370		350
	50~64	310	370		350
	65~74	310	370		350
	75 이상	310	370		350
여자	6~8	130	150		130
	9~11	180	220		190
	12~14	240	290		270
	15~18	290	340		350
	19~29	230	280		350
	30~49	240	280		350
	50~64	240	280		350
	65~74	240	280		350
	75 이상	240	280		350
임신부		+30	+40		350
수유부		+0	+0		350

1) 식품 외 급원의 마그네슘
자료: 보건복지부, 한국영양학회. 2020 한국인 영양소 섭취기준

표 9-10　마그네슘 주요 급원식품(100g당 함량)[1]

급원식품	함량 (mg/100g)	급원식품	함량 (mg/100g)
건미역	901	시금치	84
멸치	304	두부	80
대두	209	보리	54
고춧가루	155	바나나	28
들깻잎	151	고구마	27
현미	100	감자	20

1) 2017년 국민건강영양조사의 식품별 섭취량과 식품별 마그네슘 함량(국가표준식품성분표 DB 9.1, 2019) 자료를 활용하여 마그네슘 주요 급원식품 12개 산출
자료: 보건복지부, 한국영양학회. 2020 한국인 영양소 섭취기준

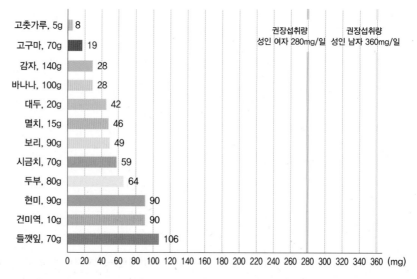

1) 2017년 국민건강영양조사의 식품별 섭취량과 식품별 마그네슘 함량(국가표준식품성분표 DB 9.1, 2019) 자료를 활용하여 마그네슘 주요 급원식품 12개 산출 후 1회 분량(2015 한국인 영양소 섭취기준)을 적용하여 1회 분량당 함량 산출, 19~29세 성인 권장섭취량(2020 한국인 영양소 섭취기준)과 비교
자료: 보건복지부, 한국영양학회. 2020 한국인 영양소 섭취기준

그림 9-11　마그네슘 주요 급원식품(1회 분량당 함량)[1]

나트륨

나트륨은 세포 외 액의 주된 양이온으로 약 50%는 세포 외 액에, 약 10%는 세포 내 액에 존재한다. 나머지 40%는 골격표면에 존재하며 저장고 역할을 한다.

Note *
나트륨(sodium ; Na)

❶ 흡수와 대사

섭취한 나트륨은 약 95%가 흡수되는데 위에서 소량 흡수되고 나머지 대부분은 소장에서 흡수된다. 나트륨의 주된 배설 경로는 신장이지만 레닌과 부신피질에서 분비되는 호르몬인 알도스테론은 신장의 세뇨관에서 나트륨의 재흡수를 증가시킴으로서 체내 나트륨 농도의 항상성과 체액량을 조절한다(그림 9-12).

레닌(renin)
알도스테론(aldosteron)

❷ 생리적 기능

(1) 세포막의 전위 유지

나트륨은 세포 외 액의 주요 양이온으로 세포 밖에서 높고, 칼륨은 세포 내 액의 주요 양이온으로 세포 안에서 농도가 높다(그림 9-13). 이러한 세포막 사이의 나트륨과 칼륨의 농도차이에 의해 막전위가 형성되어 신경자극의 전달, 근육 수축과 심

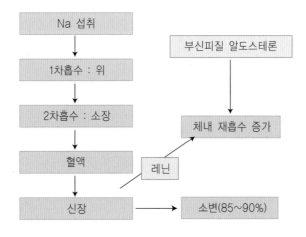

그림 9-12 나트륨의 흡수와 대사

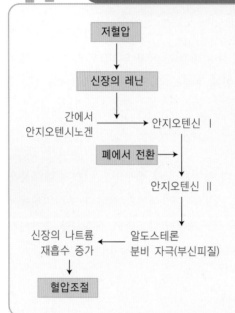

신장의 혈압 조절 기능은 다음과 같은 기전에 의해 이루어진다.

① 신장으로 유입되는 혈관의 혈압이 떨어지면 신장에서 레닌을 분비한다.

② 혈액으로 분비되는 레닌은 안지오텐시노겐을 안지오텐신 I 으로 활성화시키고 안지오텐신 I 은 폐에서 안지오텐신 II 로 된다.

③ 안지오텐신 II 는 강력한 혈관수축 물질이며 이는 부신피질에서 알도스테론의 분비를 촉진시켜 세뇨관에서 Na^+의 재흡수를 촉진시킨다.

④ Na^+의 재흡수가 증가되면 혈액량이 증가되므로 혈압을 상승시킬 수 있다.

알도스테론은 부신피질호르몬으로 레닌–안지오텐신계의 활성화에 의해 분비가 증가된다. 알도스테론은 원위세뇨관에서의 Na^+의 재흡수를 촉진시키고 K^+의 분비를 촉진시켜 혈액의 삼투압을 높인다. 이로써 수분의 재흡수가 증가되어 혈액량이 많아져 혈압이 높아진다.

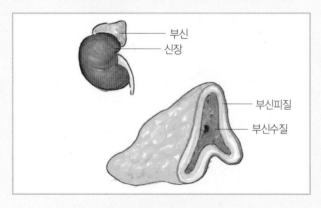

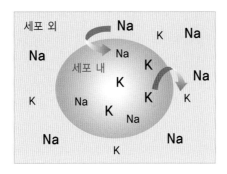

그림 9-13　세포 내외의 나트륨과 칼륨

장 기능 유지가 조절된다.

(2) 수분 및 산염기의 평형 조절

세포 내외 액 간의 칼륨과 나트륨의 농도에 따라 생성되는 삼투압에 의해 세포 내외의 수분 평형이 조절된다. 나트륨과 칼륨은 세포 외 액에서는 28 : 1의 비율로 유지되고, 세포 내 액에서는 1 : 10으로 유지될 때 세포 내외의 삼투압이 정상적으로 유지된다. 또한 나트륨은 양이온으로서 산·염기 평형에 관여하여 세포 외 액의 정상적인 pH 유지를 돕는다.

(3) 영양소의 흡수와 수송

나트륨은 능동수송을 통한 포도당과 아미노산의 흡수에서 중요한 역할을 한다. 나트륨이 이들 영양소와 함께 세포막의 운반체에 결합한 후 나트륨 농도 차에 의해 세포 안으로 들어갈 때 영양소가 함께 들어가게 된다.

Note＊
능동수송
(active transport)

③ 결핍증

나트륨은 대부분의 식품에 함유되어 있고 조리과정에서 첨가되며, 신장에서 재흡수되므로 결핍증은 거의 나타나지 않는다. 그러나 나트륨의 섭취를 심하게 제한하거나 심혈관계, 신장질환 치료를 받는 경우에는 결핍증이 나타나기도 한다. 또한 부신피질의 기능이 저하된 경우에는 세포 외 액의 나트륨 농도가 낮아져서 체액이 세포 내로 이동하고 혈액량이 감소되어 혈압이 낮아지게 된다. 나트륨이 결핍되면

저나트륨혈증
(hyponatremia)

무기력, 메스꺼움, 구토, 짜증, 어지러움 등의 증상이 나타나며, 저나트륨혈증이 심하면 혼수와 사망을 초래할 수 있다.

④ 과잉증

나트륨을 장기간 과잉으로 섭취하는 경우 고나트륨혈증과 고혈압을 일으키며 위암과 위궤양의 발병률을 증가시킬 수 있다.

잠깐! **고혈압**

고혈압은 혈압이 지속적으로 높아져 있는 상태를 말한다. 즉, 정상혈압이 120/80mmHg(최고/최저)인데 비하여 혈압이 140/90mmHg 이상으로 높은 상태가 계속되는 것이다. 고혈압 상태가 지속되면 심장병, 뇌졸중, 신장병이 유발될 수 있으므로 지속적인 식사조절과 행동수정을 통한 스트레스 조절, 규칙적인 운동 등이 필요하다.

고혈압의 식사원칙
- 정상체중을 유지한다.
- 술과 담배를 가급적 피한다.
- 콜레스테롤과 포화지방산 섭취를 줄인다.
- 염분 섭취를 줄인다.
- 식이섬유를 충분히 섭취한다.

⑤ 영양섭취기준과 급원식품

건강을 유지하는 데 필요한 성인의 1일 나트륨 최소 필요량은 500mg이지만 실제로는 나트륨의 결핍증보다는 과잉섭취가 문제가 된다. 나트륨의 과량섭취는 고혈압을 유발할 수 있으므로 우리나라에서는 하루 나트륨 충분섭취량을 1.5g으로 정하고 만성질환의 위험을 감소하기 위해 하루 섭취가 2.3g(소금으로는 5.75g)을 넘지 않도록 권장한다(표 9-11).

우리나라 사람들이 실제로 섭취하는 소금의 양은 15~25g이므로 섭취를 줄이는 것을 권장하고 있다. 나트륨의 주요 급원은 소금과 소금을 함유한 식품이며, 가정에서 사용하는 소금은 나트륨 40%, 염소 60%로 이루어져 있다. 육류에는 채소류나 과일류, 콩류에 비해 비교적 많은 나트륨이 함유되어 있고, 가공 식품과 된장, 간장, 고추장, 케첩, 감자칩 등도 나트륨의 함량이 높다.

또한 베이킹파우더와 화학조미료, 발색제로 사용되는 아질산나트륨 등에도 많이 함유되어 있다. 한국인의 나트륨 급원식품과 함량은 표 9-12, 그림 9-14와 같다.

표 9-11 한국인의 1일 나트륨과 염소 섭취기준

성별	연령(세)	나트륨(mg/일)				염소(mg/일)			
		평균 필요량	권장 섭취량	충분 섭취량	만성질환 위험감소 섭취량	평균 필요량	권장 섭취량	충분 섭취량	상한 섭취량
영아	0~5(개월)			110				170	
	6~11			370				560	
유아	1~2			810	1,200			1,200	
	3~5			1,000	1,600			1,600	
남자	6~8			1,200	1,900			1,900	
	9~11			1,500	2,300			2,300	
	12~14			1,500	2,300			2,300	
	15~18			1,500	2,300			2,300	
	19~29			1,500	2,300			2,300	
	30~49			1,500	2,300			2,300	
	50~64			1,500	2,300			2,300	
	65~74			1,300	2,100			2,100	
	75 이상			1,100	1,700			1,700	
여자	6~8			1,200	1,900			1,900	
	9~11			1,500	2,300			2,300	
	12~14			1,500	2,300			2,300	
	15~18			1,500	2,300			2,300	
	19~29			1,500	2,300			2,300	
	30~49			1,500	2,300			2,300	
	50~64			1,500	2,300			2,300	
	65~74			1,300	2,100			2,100	
	75 이상			1,100	1,700			1,700	
임신부				1,500	2,300			2,300	
수유부				1,500	2,300			2,300	

자료: 보건복지부, 한국영양학회. 2020 한국인 영양소 섭취기준

표 9-12 **나트륨의 주요 급원식품(100g당 함량)**

급원식품	함량 (mg/100g)	급원식품	함량 (mg/100g)
소금	33,417	고추장	2,486
분말조미료	15,836	불고기양념	1,964
어패류젓	11,826	라면(건면, 스프포함)	1,338
건미역	7,535	배추김치	548
된장	4,339	빵	516
짜장	3,227	국수	395

1) 2017년 국민건강영양조사의 식품별 섭취량과 식품별 나트륨 함량(국가표준식품성분표 DB 9.1, 2019) 자료를 활용하여 나트륨 주요 급원식품 12개 산출
자료: 보건복지부, 한국영양학회. 2020 한국인 영양소 섭취기준

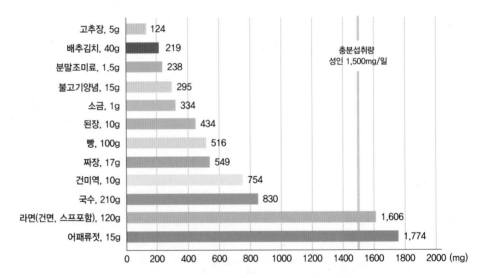

1) 2017년 국민건강영양조사의 식품별 섭취량과 식품별 나트륨 함량(국가표준식품성분표 DB 9.1, 2019) 자료를 활용하여 나트륨 주요 급원식품 20개 산출 후 1회 분량(2015 한국인 영양소 섭취기준)을 적용하여 1회 분량당 함량 산출
자료: 보건복지부, 한국영양학회. 2020 한국인 영양소 섭취기준

그림 9-14 **나트륨 주요 급원식품의 1회 분량당 함량[1]**

칼륨은 세포 내 액의 중요한 양이온으로 신체 총량의 약 95%가 세포 내에 존재한다. 또한 칼륨은 체내의 대표적인 전해질로써 60% 이상이 물로 구성된 인체가 정상적인 기능을 하기 위해서는 세포 내외의 칼륨농도 조절이 중요하다.

Note *
칼륨(potasium ; K)

❶ 흡수와 대사

칼륨은 소장 벽을 통하여 쉽게 흡수된다. 칼륨은 소화액의 성분으로 소장으로 배출되는데 대부분이 재흡수되고 소량만이 대변으로 배설된다. 나트륨-칼륨 펌프에 의해 나트륨이 세포 내에서 세포 외로 이동되면 칼륨이온은 세포 내로 이동되어 세포 외 액과 세포 내 액 간의 양이온의 평형을 유지하려고 한다. 체내 칼륨양이 상승되면 신장을 통하여 체외로 방출된다.

나트륨-칼륨 펌프
(sodium-potasium
pump)

❷ 생리적 기능

(1) 막 전위 유지

칼륨은 나트륨과 함께 막 전위를 형성하여 신경전도, 근육수축, 심장기능의 유지에 필수적인 역할을 한다. 칼륨은 근육을 이완시키므로 칼륨의 농도가 너무 높으면 심장근육이 지나치게 이완되어 심장마비를 일으킬 수 있다.

(2) 수분 및 산염기의 평형 조절

칼륨은 세포 내 삼투압에 영향을 준다. 혈압 조절에는 나트륨의 절대량보다도 나트륨/칼륨의 비율이 더욱 중요하여 칼륨과 나트륨을 1 : 1의 비율로 섭취하면 나트륨 과잉섭취에 의한 부작용을 줄일 수 있다. 또한 칼륨은 나트륨, 수소이온 등과 함께 산염기 평형에 영향을 미친다.

삼투압
(osmotic pressure)

(3) 탄수화물과 단백질 대사 관여

칼륨은 글리코겐과 단백질의 합성에 필요하다. 혈당이 글리코겐으로 전환될 때

칼륨을 함께 저장하므로, 글리코겐이 빠른 속도로 저장될 때 적정 양의 칼륨이 공급되지 못하면 저칼륨혈증이 초래될 수 있다. 또한 칼륨은 세포 단백질 내에 질소를 저장할 때도 필요하다.

③ 결핍증

건강한 상태에서는 칼륨의 결핍증이 나타나지 않지만, 지속적인 구토와 설사, 장기간의 칼륨 제한 식사, 알코올 중독증, 이뇨제 복용, 심각한 영양실조, 수술 등에 의해 칼륨이 결핍되면 저칼륨혈증과 칼륨 결핍증이 발생할 수 있다. 저칼륨혈증 시에는 근육 약화, 호흡기능 약화, 복부 팽창, 소화기능 약화, 심장 이상 등의 증세가 나타난다. 심한 저칼륨혈증은 근육 이완에 장애를 가져와 근육마비나 부정맥을 유발시킬 수 있다.

Note*

부정맥(arrhythmia)

④ 과잉증

신장기능이 정상이면 일상 식사에서 섭취하는 정도로는 칼륨의 과잉증이 나타나지 않으나 신장 질환 시에는 혈중 칼륨의 농도가 상승하여 고칼륨혈증이 나타날 수 있다. 고칼륨혈증 시 심장박동이 느려지므로 부정맥을 일으키게 되어 심부전을 일으킬 수 있다.

⑤ 영양섭취기준과 급원식품

칼륨에 대한 특별한 권장량은 정해져 있지 않으며 성인의 1일 충분섭취량은 3.5g 정도이다(표 9-13). 칼륨은 동·식물성 식품에 널리 분포되어 있으므로 여러 가지 식품을 섭취하는 경우 칼륨이 충분하게 공급된다. 대표적인 급원식품에는 고구마, 감자, 육류, 토마토, 시금치, 바나나 등이 있다. 한국인의 칼륨 급원식품과 함량은 표 9-14, 그림 9-15와 같다.

표 9-13 한국인의 1일 칼륨 섭취기준

성별	연령(세)	칼륨(mg/일)			
		평균필요량	권장섭취량	충분섭취량	상한섭취량
영아	0~5(개월)			400	
	6~11			700	
유아	1~2			1,900	
	3~5			2,400	
남자	6~8			2,900	
	9~11			3,400	
	12~14			3,500	
	15~18			3,500	
	19~29			3,500	
	30~49			3,500	
	50~64			3,500	
	65~74			3,500	
	75 이상			3,500	
여자	6~8			2,900	
	9~11			3,400	
	12~14			3,500	
	15~18			3,500	
	19~29			3,500	
	30~49			3,500	
	50~64			3,500	
	65~74			3,500	
	75 이상			3,500	
임신부				+0	
수유부				+400	

자료: 보건복지부, 한국영양학회. 2020 한국인 영양소 섭취기준

표 9-14 칼륨의 주요 급원식품(100g당 함량)[1]

급원식품	함량 (mg/100g)	급원식품	함량 (mg/100g)
대두	1,804	감자	335
시금치	790	배추	331
참외	450	돼지고기(살코기)	325
고구마	379	토마토	250
닭고기	371	복숭아	188
바나나	346	우유	143

1) 2017년 국민건강영양조사의 식품별 섭취량과 식품별 칼륨 함량(국가표준식품성분표 DB 9.1, 2019) 자료를 활용하여 칼륨 주요 급원식품 12개 산출
자료: 보건복지부, 한국영양학회. 2020 한국인 영양소 섭취기준

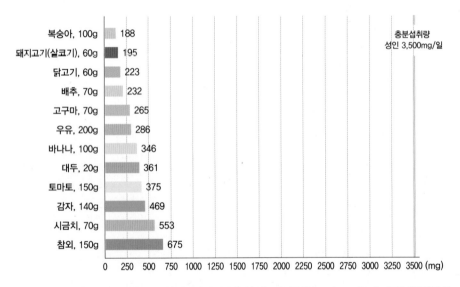

1) 2017년 국민건강영양조사의 식품별 섭취량과 식품별 칼륨 함량(국가표준식품성분표 DB 9.1, 2019) 자료를 활용하여 칼륨 주요 급원식품 12개 산출 후 1회 분량(2015 한국인 영양소 섭취기준)을 적용하여 1회 분량당 함량 산출, 19~29세 성인 충분섭취량 기준(2020 한국인 영양소 섭취기준)과 비교
자료: 보건복지부, 한국영양학회. 2020 한국인 영양소 섭취기준

그림 9-15 칼륨 주요 급원식품(1회 분량당 함량)[1]

염소는 세포 외 액의 중요한 음이온으로 주로 나트륨과 칼륨이온의 짝 이온으로 작용한다. 염소는 체내에 널리 분포되어 있으며 위액에 다량 존재하고, 나트륨과 결합하여 소금의 형태로 섭취하게 된다.

Note *
염소(chloride ; Cl)

❶ 흡수와 대사

염소는 나트륨, 칼륨과 함께 소장에서 흡수되며 주로 소변으로 배설되고, 소량이 땀으로 배설된다. 또한 염소는 나트륨과 함께 알도스테론의 작용으로 신장에서 재흡수된다.

❷ 생리적 기능

염소는 수소이온과 결합하여 염산을 형성하는데, 염산(HCl)은 위액의 중요 구성 성분으로 펩시노겐을 활성형인 펩신으로 전환시킨다. 염소이온은 나트륨과 함께 삼투압을 조절하고 체액의 pH를 조절한다.

❸ 결핍증

염소는 흔히 소금의 형태로 섭취하며 결핍증은 거의 일어나지 않으나 장기간의 잦은 구토 등으로 위액이 손실되면 결핍증세가 나타날 수 있다. 염소가 결핍되면 성장 지연, 식욕저하, 무기력, 쇠약 등의 증세가 나타난다.

❹ 과잉증

염소의 과잉 섭취로 체내의 염소 보유량이 증가하면 나트륨 이온의 보유량도 증가되어 고혈압을 일으킨다.

⑤ 영양섭취기준과 급원식품

염소의 권장량은 설정되어 있지 않으나 성인의 경우 하루 충분섭취량은 2.3g으로 대부분의 경우 염소는 나트륨과 함께 존재하므로 나트륨의 섭취가 적절하면 염소역시 충분히 공급된다(표 9-11).

08 황

대부분의 무기질은 체내에서 이온의 형태로 작용하지만 황은 체내에서 비타민이나 아미노산의 구성성분으로 존재한다.

❶ 흡수와 대사

식품 중의 황은 대부분이 유기물 상태(예: 황함유 아미노산)로 소장벽을 통해 흡수된다. 황 함유 아미노산이 대사되면 황산 음이온이 생성되는데, 이 물질은 신장에서 칼슘의 재흡수를 낮추는 역할을 한다. 그러므로 동물성 단백질을 과잉 섭취하면 소변으로의 칼슘 배설이 증가된다.

❷ 기능

황은 황 함유 아미노산인 메티오닌과 시스테인 등의 구성성분으로 결체조직, 손

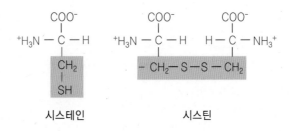

시스테인   시스틴

그림 9-16 시스테인과 시스틴 구조의 비교

톱, 모발 등에 다량 함유되어 있다. 또한 산과 알칼리 평형에 관여하고 약물 해독과정에도 중요한 역할을 한다.

황은 글루타티온의 구성성분으로써 생체 내에서 산화환원 반응에 관여한다. 그 밖에 황은 인슐린, 헤파린, 비타민 B_1, 비오틴, 코엔자임 A 등의 필수 구성성분이다.

③ 결핍증 및 과잉증

황의 결핍증과 과잉증에 관해서는 알려진 바 없으며, 메티오닌과 시스테인이 풍부한 식사를 하는 한 부족증상은 나타나지 않는다.

④ 영양섭취기준과 급원식품

황의 권장량은 정해져 있지 않으며, 육류, 가금류, 생선, 땅콩, 말린 콩 등 단백질 식품이 주요 급원식품이다. 황 급원식품과 함유량은 표 9-15, 그림 9-17과 같다.

표 9-15 **황 주요 급원식품(100g당 함량)**

식품명	100g당 함유량(mg)
콩가루	410
땅콩	380
돼지고기	300
소고기 로스용	270
닭고기	255
밀가루	190
통밀	160
보리	150
달걀	140

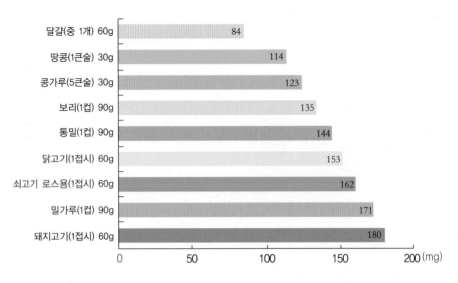

식품	mg
달걀(중 1개) 60g	84
땅콩(1큰술) 30g	114
콩가루(5큰술) 30g	123
보리(1컵) 90g	135
통밀(1컵) 90g	144
닭고기(1접시) 60g	153
쇠고기 로스용(1접시) 60g	162
밀가루(1컵) 90g	171
돼지고기(1접시) 60g	180

그림 9-17 황 주요 급원식품(mg 황/1인 1회 분량)

표 9-16 다량 무기질 요약

영양소	생화학적 기능	권장량(mg)	결핍증	과잉증	풍부한 식품
칼 슘	골격구성, 혈액응고, 신경전달, 근육수축, 세포대사	남자 800 여자 700	골다공증 및 골격손실의 위험도 증가	신결석	우유 및 유제품, 뼈째먹는 생선, 녹색채소, 칼슘강화식품
인	골격구성, 세포의 구성성분, 대사중간물질, 산·염기 평형	남녀 700	특별한 것은 없지만 골격 손상 가능성	신부전이 있는 사람에게서 골격의 손실 가능	유제품, 어육류, 제빵류, 탄산음료, 곡류
마그네슘	골격치아 및 효소의 구성성분, 신경과 심근에 작용	남자 360 여자 280	허약, 근육경련, 근육통, 심장기능약화, 신경장애	신장기능 이상일 경우, 허약 증세야기	전곡, 녹황색채소, 견과류, 초콜릿, 콩류
나트륨	세포 외 액의 양이온, 신경자극 전달, 삼투압 조절, 산·염기평형, 포도당 흡수	–	근육경련, 식욕감퇴	고혈압, 요중 칼슘 손실 증가	식탁염, 가공식품, 양념류, 스낵과자류, 베이킹파우더, 육류
칼 륨	세포 내 액의 양이온, 산·염기평형, 삼투압 조절, 신경자극전달, 글리코겐 형성에 관여	–	불규칙한 심장박동, 식욕상실, 근육경련	신장기능 이상 시 심장박동이 느려짐	시금치, 호박, 바나나, 오렌지주스, 토마토, 호박, 과일류, 우유, 육류, 콩류, 전곡, 감자
염 소	세포 외 액의 음이온, 신경자극전달, 위액형성	–	유아의 경우 혼수상태	나트륨과 결합하여 고혈압 발생	식탁염, 가공식품
황	세포단백질 및 비타민의 구성성분, 약물 해독, 산·염기평형	–	결핍증이 발견되지 않음	흔치 않음	단백질 식품

배우고나서

Question

자신이 얼마나 아는지 확인해 봅시다.

1. 체내 염소, 칼륨, 마그네슘, 황의 주요 기능을 설명하시오.

2. 혈압을 감소시키기 위한 생활습관을 쓰시오.

3. 칼슘의 흡수를 증진시키는 인자와 억제시키는 인자를 쓰시오

4. 골다공증을 설명하고, 주요 위험인자를 쓰시오.

5. 어린이와 임산부에게 칼슘과 인이 중요한 이유를 설명하시오.

6. 칼슘이 혈액응고에 작용하는 기전을 쓰시오.

7. 나트륨의 흡수와 대사에 관여하는 기관과 호르몬을 쓰시오.

배우고나서 Checkup Studying

Answer

1 체내 염소는 수소이온과 결합하여 염산을 형성하며, 타액의 아밀라제 활성화, 삼투압 조절, 산·알칼리 평형을 조절하는 작용을 한다. 또한 칼륨은 세포막 전위를 형성하며, 글리코겐과 단백질의 합성, Na^+, K^+ ATPase와 피루브산키나제의 활성을 위해서도 필요하다. 마그네슘은 산화적 인산화 반응을 촉매하며, 세포막을 통한 칼륨, 칼슘 등의 이온 전달, 골격과 치아구성, 핵산과 단백질 합성, 항산화제인 글루타티온의 합성에 필요하다. 황은 황 함유 아미노산인 메티오닌, 시스틴 등의 구성분이며, 산과 알칼리 평형, 약물 해독, 글루타티온의 구성성분, 인슐린, 헤파린, 비타민 B_1, 비오틴, 판토텐산과 같은 비타민의 필수 구성분이다.

2 정상체중을 유지하고, 염분의 섭취량을 줄이며 술과 담배를 가급적 피한다. 또한 식이섬유를 충분히 섭취하지만, 콜레스테롤과 포화지방산 섭취를 줄인다.

3 장내 산성 환경은 칼슘의 흡수를 용이하게 해주는데, 유당은 장을 산성화함으로써 칼슘의 흡수를 돕는다. 비타민 D, 비타민 C, 칼슘과 인의 비율이 동량(1:1)일 때 흡수가 증가한다. 그러나 수산, 피틴산은 칼슘과 결합하여 불용성 염을 형성함으로 칼슘의 흡수를 방해하며, 다량의 지방, 탄닌, 운동부족, 심리적 불안 등도 칼슘의 흡수를 저하시킨다.

4 골다공증은 뼈의 강도가 약화되어 골절의 위험이 증가하는 골격질환으로 뼈의 크기는 정상 골격과 비슷하나 칼슘이 혈중으로 방출되어 뼈의 무게가 감소한다. 위험인자로는 여성의 경우 폐경 후 에스트로겐의 급속한 손실, 노인의 경우는 칼슘 흡수율의 감소 등을 들 수 있다.

5 칼슘과 인의 체내 주요 기능은 골격과 치아를 구성하는 것인데 골격 내 칼슘과 인의 비율은 일반적으로 2:1이며, 칼슘과 인의 균형이 맞지 않으면 뼈의 석회화가 잘 일어나지 않는다. 그러므로 칼슘과 인이 결핍되면 골 성장 및 밀도가 정상적으로 이루어지지 않게 되므로 성장기인 어린이와 태아에게도 칼슘을 공급하는 임산부는 칼슘과 인의 섭취가 중요하다.

6 혈관이 손상되면 트롬보플라스틴이 생성되어, Ca^{++}과 함께 불활성형인 프로트롬빈을 트롬빈으로 전환시킨다. 트롬빈은 피브리노겐을 불용성인 피브린으로 전환시켜 혈액을 응고시키므로 칼슘은 혈액응고에 필수적이다.

7 섭취한 나트륨은 위에서 소량 흡수되고 대부분은 소장에서 흡수된다. 나트륨의 주된 배설 경로는 신장이지만 레닌과 부신피질에서 분비되는 호르몬인 알도스테론은 신장의 세뇨관에서 나트륨의 재흡수를 증가시킨다.

미량 무기질

배우기전에

Question

나는 미량 무기질에 대해 얼마나 알고 있나요?
다음 질문에 ○, ×로 답하시오.

1 철이 결핍될 때 가장 먼저 나타나는 증상이 빈혈이다.

2 철은 체내에 가장 많이 있는 무기질이다.

3 아연은 DNA나 RNA와 같은 핵산 합성에 관여한다.

4 요오드를 과량섭취하거나 극소량 섭취해도 갑상선 비대가 나타날 수 있다.

5 구리는 셀룰로플라스민의 형태로 혈액을 통해 필요한 조직으로 이동된다.

6 불소는 충치발생을 억제하므로 많이 섭취할수록 좋다.

7 비타민 C는 철의 흡수율을 높인다.

정답

1 × (빈혈은 철 결핍의 가장 마지막으로 나타나는 증세이다.)

2 × (체내에 가장 많이 함유되어 있는 무기질은 칼슘으로 체중의 1.5~2%를 차지한다.)

3 ○ (아연은 DNA나 RNA와 같은 핵산의 합성에 관여하여 단백질 대사와 합성을 조절한다.)

4 ○ (갑상선은 갑상선 호르몬의 합성에 필요한 요오드를 얻기 위해 혈액으로부터 요오드를 받아서 지속적으로 축적한다. 그러나 식사를 통한 요오드 섭취가 부족하여 혈중 요오드 농도가 낮아지면 갑상선은 요오드를 더 많이 얻기 위해 비대해진다. 또한 요오드 섭취량이 일일 2mg 이상 정도 되면 과잉증을 나타낼 수 있는데, 요오드를 과다하게 섭취하면 갑상선기능항진증이 생길 수 있다. 갑상선기능항진증은 갑상선 기능이 과다하게 활동하여 기초대사율이 높아져 자율신경계 장애를 유발하며 안구돌출이 일어난다.)

5 ○ (구리는 소장으로 흡수된 후에는 주로 알부민에 의해 이동되며, 대부분은 간으로 들어가 셀룰로플라스민을 합성한다. 구리는 셀룰로플라스민의 형태로 혈액을 통해 필요 조직으로 이동된다.)

6 × (불소 섭취량이 일일 6mg 이상 정도 되면 뼈나 치아에 불소가 과다하게 침착되어 반점 모양이 생기는 불소증이 생기며, 심하면 골격과 신장의 손상을 가져올 수 있다. 따라서 불소가 식수에 첨가된 지역에 사는 사람들은 의사에 의해 따로 처방되지 않는 한 불소 보충제를 섭취해서는 안 된다.)

7 ○ (비타민 C와 MFP(Meat, Fish, Poultry)는 식이내 철의 흡수를 높인다. 피틴산, 탄닌산, 섬유소는 철 흡수를 저해한다.)

01 철

철은 선진국을 포함하여 전 세계 인구의 절반 정도가 결핍증을 나타내고 있을 만큼 결핍되기 쉬운 무기질로 식사 섭취량이 적거나 철 함량이 낮은 식품위주로 식사를 하는 경우에 나타난다. 철은 체내에서 헤모글로빈과 미오글로빈의 구성성분으로서 산소를 운반하는 역할을 하며 그 외에도 열량생산을 위한 산화과정에 관여하는 효소들의 주요 구성체로 작용하며 페리틴 형태로 저장되어 있다.

Note＊
철(iron ; Fe)

1 흡수와 대사

(1) 흡 수

철은 소장 상부인 십이지장과 공장에서 주로 흡수된다. 철의 흡수율은 낮은 편으로 식사로 섭취한 철의 약 10%만이 체내로 흡수된다. 그러나 체내 요구량이 높아지거나 철이 부족한 경우 철 흡수율은 높아질 수 있으며 함께 섭취하는 음식물의 종류에 따라서도 흡수율이 달라질 수 있다(표 10-1).

표 10-1　철의 흡수에 영향을 미치는 인자

흡수를 증진시키는 인자	흡수를 방해하는 인자
헴철(육류, 가금류, 어류에 함유된 철)	분자량이 큰 식이성분
비타민 C	과량의 식이섬유
위나 소장의 산성 환경 신체의 요구증가	과량의 무기질 위액분비 감소 감염 및 위장질환

① 철 흡수를 증가시키는 요인

식품 중의 철은 헴철과 비헴철의 두 가지 형태로 존재하는데, 헴철의 흡수율은 20~25% 정도로 비헴철의 흡수율인 5%보다 높다. 헴철은 동물성 식품에서 헤모글로빈과 같은 철 운반 단백질에 결합되어 있는 철이다. 육류, 가금류, 어류와 같은 동물성 식품의 철분 중 40%는 헴에 결합되어 존재하는 헴철이고, 나머지 60%는 비헴철

비헴철(non-hemo iron)
헴철(hemo iron)

Note*
헴(heme)
MFP(meat, fish, poultry)

이다. 특히 육류, 생선 및 가금류는 함께 섭취된 식사 중의 다른 식품으로부터 공급되는 철의 흡수도 증가시키는 요인을 함유하고 있는데 이를 MFP 요소라고 한다. 반면 곡류, 채소 등의 식물성 식품의 철은 모두 비헴철의 형태로 존재한다.

비타민 C 섭취나 위산분비 등으로 위의 환경이 산성화되면 식품 중의 3가의 철이온(Fe^{3+}, ferric iron, 제2철)이 흡수되기 좋은 형태인 2가의 철이온(Fe^{2+}, ferrous iron, 제1철)으로 전환되어 철의 흡수율이 높아진다. 구연산이나 젖산과 같은 유기산도 철의 흡수율을 높인다. 성장기 어린이나 청소년, 임신부의 경우에는 체내 철 요구량이 높아지므로 철 흡수율이 높아진다.

② 철 흡수를 감소시키는 요인

철의 흡수를 감소시키는 요인 중 가장 많은 경우는 주로 철과 결합하여 불용성 분자로 만들거나 소장점막의 흡수세포막을 통과할 수 없는 분자량이 큰 식이성분들이다. 콩류와 곡류에 많이 함유된 피틴산, 시금치에 많이 함유된 수산, 차에 많이 함유된 탄닌 등이 그런 작용을 한다. 식이섬유소의 과다섭취도 영양소들의 장내 통과시간을 단축시켜 철의 흡수를 감소시킬 수 있으며, 다른 무기질의 섭취량이 많으면 흡수과정에서의 경쟁으로 인해 철 흡수가 감소될 수도 있다. 위절제수술이나 노화에 의한 위산분비 감소 등으로 인해 위액의 분비가 감소되면 철의 흡수율이 감소한다. 또한 감염 및 설사 등의 위장질환도 철의 흡수를 낮춘다.

(2) 대 사

트랜스페린(transferrin)
페리틴(ferritin)
헤모글로빈(hemoglobin)

흡수된 철은 혈액에서 철 운반 단백질인 트랜스페린에 결합되어 필요한 곳으로 이동되어 사용되고, 여분의 철은 페리틴의 형태로 간 등에 저장된다(그림 10-1). 저장된 철은 체내 필요에 따라 필요한 장소로 이동되어 사용된다. 철은 주로 적혈구

잠깐! 탄닌

차의 떫을 맛을 내는 폴리페놀로써 덜 익은 과일, 감, 쑥, 오미자 등에 다량 함유되어 있고, 수수와 같은 곡류에도 들어 있다. 대부분의 탄닌은 헴철의 이용을 떨어뜨리며 무기질과 결합하는 성질을 갖고 있기 때문에 체내 무기질의 흡수와 이용을 저해시킨다. 탄닌은 수렴작용이 있어 체내에서 점막 표면의 조직을 수축시켜 설사를 멎게 하는 효과가 있고 차에 들어 있는 탄닌은 지방 분해작용을 한다.

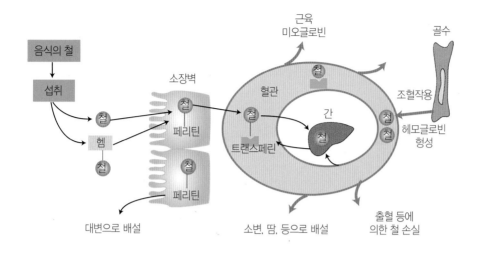

근육
미오글로빈

골수

음식의 철

섭취

소장벽

혈관

간

조혈작용

철

철
페리틴

철
트랜스페린

철

철
헤모글로빈
형성

철
페리틴

대변으로 배설

소변, 땀, 등으로 배설

출혈 등에
의한 철 손실

그림 10-1   철의 대사 과정

잠깐! 페리틴과 트랜스페린

페리틴은 체내 철의 저장형태로 주로 간, 비장, 골수, 혈청 등에 존재하는데, 철 섭취가 부족하면 체내 혈청 페리틴 농도가 감소한다. 트랜스페린은 혈액 내에서 철을 운반하는 단백질로 흡수된 철과 결합하여 간과 골수의 저장소로 운반된다.

의 혈색소인 헤모글로빈의 합성에 사용되어 체내에서 필요한 곳으로 산소를 운반하는 작용을 한다. 적혈구는 120일간의 생존 기간을 가진 후 간이나 비장에서 파괴되는데, 이때 빠져나온 철의 대부분은 새로운 적혈구를 만드는데 재사용된다. 흡수된 후 재사용되지 않은 철은 주로 담즙, 장점막세포의 탈락 등을 통해 대변으로 배설된다. 출혈이나 여성들의 생리 등을 통해 적혈구 형태로 철이 손실되는 경우도 있다.

② 생리적 기능

(1) 산소의 전달과 저장

철은 신체 내에서 산소를 운반하는 중요한 역할을 한다. 체내에 존재하는 철의 약 70%는 적혈구의 헤모글로빈에 결합되어(그림 10-2) 폐에서 조직으로의 산소 운반을 돕는다. 따라서 철 공급이 너무 낮으면 철결핍성 빈혈을 일으킨다. 체내 철의

Note*
철결핍성 빈혈
(iron deficiency anemia)
미오글로빈(myoglobin)

헤모글로빈과 미오글로빈

헤모글로빈은 적혈구 내의 산소 및 이산화탄소를 운반하는 혈색소이다. 헤모글로빈은 4개의 헴분자와 글로빈이라는 단백질로 이루어져 있으며 헴분자 내부의 철이 산소와 결합할 수 있는 능력이 있다.

미오글로빈은 철을 함유한 근육 단백질로 근육 내에서 산소운반 및 저장 기능을 한다.

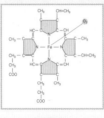

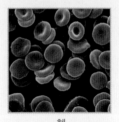

| 적혈구 | 헴
(산소와 헴분자의 철이 결합) |

5%는 근육의 미오글로빈 성분으로 존재하여 근육조직에 산소를 일시적으로 저장하는 역할을 담당한다.

(2) 효소와 조효소

철은 미토콘드리아의 전자전달계에 관여하는 효소의 구성성분으로 에너지 대사에 관여하며 지질대사에 관여하는 물질인 카르니틴과 세포막의 구성물질인 콜라겐의 합성 등에 관여한다. 이외에도 정상적인 면역기능을 유지하는데 필요하고 신경전달 물질의 합성에도 관여한다.

❸ 결핍증

철 결핍증은 체내 철 저장량이 부족한 상태로 세계적으로 가장 흔하게 나타나는 영양 결핍증이다. 주로 영유아, 사춘기 청소년, 임산부 등에서 결핍증세가 흔히 나타나는데, 체내 철 저장량이 고갈된 후에도 계속적으로 철 섭취가 부족한 경우 발생한다. 헤마토크리트 수치가 정상보다 낮으며 헤모글로빈 농도가 감소한다.

헤마토크리트치

헤마토크리트치는 혈액 100mL에 있는 적혈구 양을 %로 나타낸 것으로 빈혈의 판정에 이용된다. 이 수치는 혈액을 원심분리기로 고형성분인 혈구와 액체성분인 혈장으로 분리하여 측정한다. 정상수치는 남자의 경우 40~54%, 여자의 경우 37~47%로 다혈구혈증, 황달, 고산병, 폐기종의 경우에 수치가 증가하고 철결핍성 빈혈의 경우 수치가 감소한다.

철이 결핍되면 크기가 작고 혈색소의 농도가 낮은 적혈구가 생성되므로 소적혈구성, 저색소성 빈혈이 나타난다. 빈혈의 경우 피곤함, 두통, 짜증, 무기력, 창백한 안색, 추위에 대한 민감도 증가, 일 수행능력의 감소 등이 나타난다. 생화학적 검사 결과 빈혈로 판정이 되면 이미 체내 철 결핍이 상당히 진행된 후 이므로 평상시 철이 풍부한 식품의 섭취를 통해 결핍이 되는 것을 사전에 예방해야 한다.

Note *
소적혈구성, 저색소성 빈혈
(microcytic, hypochomic
anemia)

표 10-2 **철 영양판정의 지표**

지 표	정 의	정상범위
헤모글로빈 농도	혈액 내 헤모글로빈의 함량 혈액의 산소운반능력을 보는 지표	남자14~18g/100mL 여자12~16g/100mL
헤마토크리트 수치	총혈액에서 적혈구가 차지하는 %	남자40~54% 여자37~47%
혈청 페리틴	조직 내 철분 저장 정도를 보는 지표	100 ± 60 μg
혈청 철	혈청 중 총철함량 (주로 트랜스페린과 결합된 혈)	115 ± 50μg/100mL
트랜스페린 포화도	철과 포화된 트랜스페린 %	35 ± 15%

❹ 과잉증

철 과잉증은 영양 보충제나 철분제를 과잉 복용하여 인체의 저장 능력 이상으로 철이 체내에 축적되었을 때나 유전적 질환이 있을 때 나타나는데, 보통 여자보다 남자에게서 더 흔하다. 특히 간과 같이 철을 저장하는 기관들이 손상되며 심장질환도 야기된다. 혈액 철 농도가 너무 증가할 경우 박테리아의 성장에 좋은 조건이 되어 감염 위험도가 높아진다.

⑤ 영양섭취기준과 급원식품

우리나라의 철 권장량은 성인 남자는 1일 10mg, 성인 여자는 1일 14mg이며, 임신부는 임신기 전체 기간동안 24mg을 섭취하도록 권장하고 있다. 철은 보충제를 통하여 과잉 섭취하였을 때 위장장애를 유발하는 등 인체에 유해한 영향을 미치므로 상한섭취량을 45mg 으로 설정하여 임신 수유부를 포함한 모든 성인에게 적용하였다.

표 10-3 한국인의 1일 철 섭취기준

성별	연령(세)	철(mg/일)			
		평균필요량	권장섭취량	충분섭취량	상한섭취량
영아	0~5(개월)			0.3	40
	6~11	4	6		40
유아	1~2	4.5	6		40
	3~5	5	7		40
남자	6~8	7	9		40
	9~11	8	11		40
	12~14	11	14		40
	15~18	11	14		45
	19~29	8	10		45
	30~49	8	10		45
	50~64	8	10		45
	65~74	7	9		45
	75 이상	7	9		45
여자	6~8	7	9		40
	9~11	8	10		40
	12~14	12	16		40
	15~18	11	14		45
	19~29	11	14		45
	30~49	11	14		45
	50~64	6	8		45
	65~74	6	8		45
	75 이상	5	7		45
임신부		+8	+10		45
수유부		+0	+0		45

자료: 보건복지부, 한국영양학회. 2020 한국인 영양소 섭취기준

철의 가장 좋은 급원은 헴철을 가지고 있는 육류, 어패류, 가금류 식품들인데 이 식품들은 흡수율이 높기 때문이다. 곡류 및 그 제품, 콩류, 녹색채소 등도 철의 함량이 높지만 식물성 식품에 존재하는 철은 비헴철로 흡수율이 낮으므로 비타민 C가 풍부한 과일이나 육류 등과 함께 섭취하여 흡수를 증진시키도록 한다. 곡류는 우리나라의 주식으로 일일 섭취량이 많으므로 철의 주요 급원이 된다. 한국인의 철 급원식품과 함량은 표 10-4, 그림 10-2와 같다.

표 10-4　철 주요 급원식품(100g당 함량)[1]

급원식품	함량 (mg/100g)	급원식품	함량 (mg/100g)
돼지 부산물(간)	17.92	당면	4.69
멸치	12.00	시금치	2.73
시리얼	11.95	보리	2.40
굴	8.72	소고기(살코기)	2.12
대두	7.68	달걀	1.80
순대	7.10	두부	1.54

1) 2017년 국민건강영양조사의 식품별 섭취량과 식품별 철 함량(국가표준식품성분표 DB 9.1, 2019) 자료를 활용하여 철 주요 급원식품 12개 산출
자료: 보건복지부, 한국영양학회. 2020 한국인 영양소 섭취기준

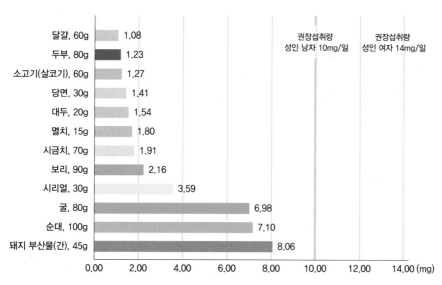

1) 2017년 국민건강영양조사의 식품별 섭취량과 식품별 철 함량(국가표준식품성분표 DB 9.1, 2019) 자료를 활용하여 철 주요 급원식품 12개 산출 후 1회 분량(2015 한국인 영양소 1섭취기준)을 적용하여 1회 분량당 함량 산출, 19~29세 성인 권장섭취량 기준(2020 한국인 영양소 섭취기준)과 비교
자료: 보건복지부, 한국영양학회. 2020 한국인 영양소 섭취기준

그림 10-2　철 주요 급원식품(1회 분량당 함량)[1]

02 아연

아연은 인체의 모든 세포에 존재하는데 특히 간, 췌장, 신장, 뼈, 근육에서 높은 농도로 발견된다. 세포의 증식과 성장, 탄수화물, 단백질, 지질 및 알코올의 정상적인 대사를 조절하는 200가지 이상의 효소 작용과 관련하여 중요한 역할을 한다.

❶ 흡수와 대사

아연은 대부분 소장에서 흡수되는데 소장 내 아연 농도가 높을 때는 확산에 의해 흡수되고 농도가 낮을 때는 능동수송에 의해 혈액으로 운반된다. 흡수된 아연 중 30~40%는 간으로 운반되어 저장되고 60~70%는 신체의 다른 조직에서 사용된다. 장세포 내에는 메탈로티오네인이라는 아연 흡수의 항상성을 조절하는 단백질이 있어 아연의 흡수를 돕는다. 혈액으로 이동되지 못한 아연은 소장 점막세포와 함께 대변으로 배설되며, 나머지는 소변, 피부, 땀 등을 통해 배설된다(그림 10-3).

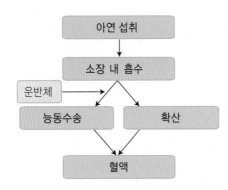

메탈로티오네인
(metallothionein)

- 장 세포 내 메탈로티오네인(아연 흡수의 항상성 조절 단백질)에 결합되어 아연이 장벽세포로부터 혈액으로 운반
- 확산 : 아연 섭취량이 많을 때
- 능동수송 : 운반체에 의한 것으로 아연 섭취량이 적을 때 작용하여 장의 아연 농도를 낮춤

그림 10-3　아연의 흡수 경로

잠깐!　메탈로티오네인

소장 점막세포 내에 존재하는 황을 함유한 단백질로 아연 또는 구리와 결합하여 이들의 흡수를 조절하는 작용을 한다. 과량의 아연 섭취 시 메탈로티오네인에 구리와 아연이 경쟁적으로 결합함에 따라 구리의 흡수율이 감소한다.

표 10-5 아연의 흡수에 영향을 미치는 인자

흡수를 증진시키는 인자	동물성 단백질 식품, 구연산
흡수를 방해하는 인자	식이섬유, 철, 구리, 칼슘, 인, 피틴산

일반적으로 식사로 섭취된 아연의 10~30% 정도가 흡수되어 이용되는데, 아연의 흡수율은 식사의 구성 요소나 개인의 건강상태에 따라 영향을 받는다(표 10-5). 육류나 어패류, 간 등의 동물성 단백질 식품은 아연의 흡수를 높이는 반면, 고식이섬유 식사나 아연과 불용성의 화합물을 형성하는 피틴산은 아연의 흡수를 낮춘다. 아연은 철이나 구리 등 다른 무기질과 경쟁적으로 흡수되므로 다른 무기질의 섭취량이 많으면 흡수가 저해된다.

❷ 기 능

(1) 효소의 구성성분

아연은 세포의 증식과 성장, 열량 영양소와 알코올의 정상적인 대사 그리고 체내에 유해한 유리기를 제거하는 과정에 관여하는 많은 효소들의 구성 성분으로 체내에서 주요한 대사 과정과 반응을 조절한다.

(2) 성장 및 면역 기능

아연은 DNA나 RNA와 같은 핵산의 합성에 관여하여 단백질 대사와 합성을 조절하는 작용을 하므로 아연의 결핍 시 성장이 지연된다. 또한 상처의 회복을 돕고 면역 기능을 증진시키는 역할을 하는 것이 알려졌다.

이외에도 인슐린과 복합체를 이루고 있어 탄수화물의 대사와도 관련이 있으며, 비타민 A의 이용, 미각, 갑상선 기능, 상처 치유, 정자 생성, 생식기관과 뼈의 발달 등에도 관여하는 등 여러 가지 필수적인 기능을 담당하고 있다.

❸ 결핍증과 과잉증

아연 결핍증은 1960년대 중동 지역에서 처음으로 보고가 되었다. 식이섬유와 피틴산을 많이 섭취하는 청소년기 아이들에서 나타난 심한 성장 부진과 성적 성숙의 지연이 식사 중의 아연 부족과 관련된 것으로 밝혀진 것이다. 아연 결핍은 동물성 섭취가 부족한 저소득층에서 주로 나타나는데 성장지연, 야맹증, 탈모, 식욕부진, 감염 증가 등을 일으킬 수 있다.

결핍증상을 일으키는 경우 아연을 보충하면 증상이 개선되고 어린이의 경우 정상적인 성장이 이루어진다. 아연은 비교적 독성이 없는 원소이지만 많은 양을 섭취할 경우 독성을 일으킬 수 있는데 구토, 설사, 피로감, 면역기능의 감소 등의 증상이

표 10-6 한국인의 1일 아연 섭취기준

성별	연령(세)	아연(mg/일)			
		평균필요량	권장섭취량	충분섭취량	상한섭취량
영아	0~5(개월)			2	
	6~11	2	3		
유아	1~2	2	3		6
	3~5	3	4		9
남자	6~8	5	5		13
	9~11	7	8		19
	12~14	7	8		27
	15~18	8	10		33
	19~29	9	10		35
	30~49	8	10		35
	50~64	8	10		35
	65~74	8	9		35
	75 이상	7	9		35
여자	6~8	4	5		13
	9~11	7	8		19
	12~14	6	8		27
	15~18	7	9		33
	19~29	7	8		35
	30~49	7	8		35
	50~64	6	8		35
	65~74	6	7		35
	75 이상	6	7		35
임신부		+2.0	+2.5		35
수유부		+4.0	+5.0		35

자료: 보건복지부, 한국영양학회. 2020 한국인 영양소 섭취기준

나타난다. 또한 아연의 과잉 공급은 다른 무기질, 특히 철과 구리의 흡수를 억제하여 빈혈 등의 증세를 나타낼 수 있다.

④ 영양섭취기준과 급원식품

아연은 매일 인체로부터 손실되기 때문에 항상 보충해 주어야 한다. 특히 영유아 및 청소년기 어린이들, 임산부와 같이 새로운 조직을 만들어야 하는 사람들의 아연 필요량이 가장 많다. 우리나라에서는 성인 남자 10mg, 성인 여자 8mg을 권장하고 있으며, 어린이의 경우 정상적인 성장발달에 필요하므로 체중에 비해 많은 양을 권장한다. 임신부와 수유부는 각각 10.5mg과 13mg을 권장하고 있다. 아연을 만성적으로 과다 섭취할 때 적혈구의 활성이 저하되거나 구리 영양상태가 저하되므로 한국인의 아연 상한섭취량을 35mg/일로 정하였다.

아연은 굴, 조개류, 육류, 간과 같은 고단백질 식품에 많이 들어 있다. 아연은 곡류의 배아와 외피에 함유되어 있으므로 전곡류 제품도 많은 양을 섭취할 경우 아연의 좋은 급원이 될 수 있다. 채소나 과일류, 정제된 식품에는 아연의 함량이 낮으며 우유 단백질인 카제인은 아연과 결합하여 아연의 흡수를 방해하므로, 유아의 경우 아연 흡수가 잘 되는 모유를 섭취하는 것이 권장된다. 한국인의 아연의 급원식품과 함량은 표 10-7, 그림 10-4와 같다.

표 10-7 아연 주요 급원식품(100g당 함량)[1]

급원식품	함량 (mg/100g)	급원식품	함량 (mg/100g)
굴	15.90	소고기(살코기)	4.40
시리얼	9.72	돼지고기(살코기)	2.13
돼지 부산물(간)	6.72	현미	2.05
소 부산물(간)	5.30	시금치	2.01
멸치	4.64	새우	1.80
대두	4.49	오징어	1.40

1) 2017년 국민건강영양조사의 식품별 섭취량과 식품별 아연 함량(국가표준식품성분표 DB 9.1, 2019) 자료를 활용하여 아연 주요 급원식품 12개 산출
자료: 보건복지부, 한국영양학회. 2020 한국인 영양소 섭취기준

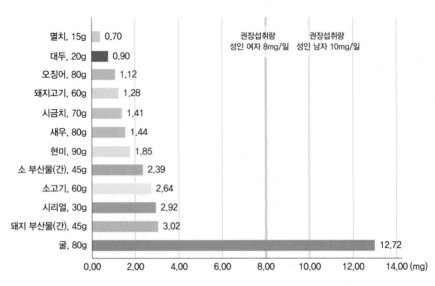

1) 2017년 국민건강영양조사의 식품별 섭취량과 식품별 아연 함량(국가표준식품성분표 DB 9.1, 2019) 자료를 활용하여 아연 주요 급원식품 12개 산출 후 1회 분량(2015 한국인 영양소 섭취기준)을 적용하여 1회 분량당 함량 산출, 19~29세 성인 권장섭취량 기준(2020 한국인 영양소 섭취기준)과 비교
자료: 보건복지부, 한국영양학회. 2020 한국인 영양소 섭취기준

그림 10-4 아연 주요 급원식품(1회 분량당 함량)[1]

03 요오드

Note*

요오드(iodine; I)

요오드는 체내에 극소량으로 존재하는 미량 무기질이지만, 갑상선 호르몬의 주성분으로 체내 대사를 조절하고, 체온 유지, 생식, 성장 등에 관여하는 중요한 역할을 수행한다.

① 흡수와 대사

요오드는 소장에서 요오드 이온의 형태로 흡수되어 갑상선에서 호르몬 합성에 이용되며, 나머지는 체내에 머물다가 소변으로 배설된다(그림 10-5).

② 생리적 기능

트리요오드티로닌
(triiodithyronine ; T3)
티록신(thyroxine ; T4)

요오드는 갑상선 호르몬인 트리요오드티로닌과 티록신의 합성에 사용된다(그

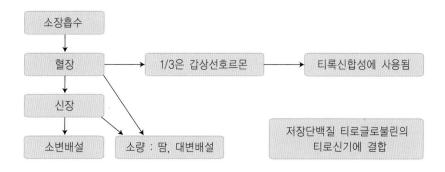

그림 10-5 요오드의 흡수 및 대사

림 10-6). 갑상선 호르몬은 티로신과 요오드가 구성성분인 아미노산계 호르몬으로서 신진대사를 촉진하는 역할을 한다. 갑상선 호르몬은 열 생산을 자극하고 단백질 합성을 촉진하며 뇌의 정상적인 발달에도 필수적이다. 따라서 갑상선 호르몬이 부족해지면 정상적인 신체 발달이 저하되고 뇌 발달의 손상으로 뇌기능에 장애가 초래될 수 있다.

Note*

갑상선 호르몬 부족증
(hypothyroidism)

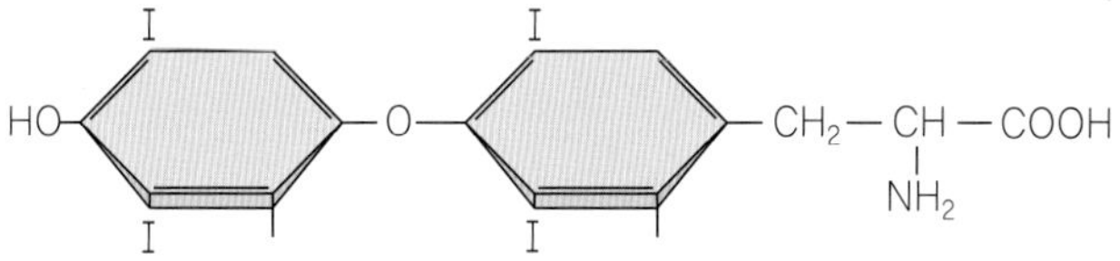

T3 : 트리요오드티로닌(요오드(I)가 3개인 경우)
T4 : 테트라요오드티로닌, 티록신(요오드(I)가 4개인 경우)

그림 10-6 갑상선 호르몬

③ 결핍증

갑상선은 갑상선 호르몬의 합성에 필요한 요오드를 얻기 위해 혈액으로부터 요오드를 받아서 지속적으로 축적한다. 그러나 식사를 통한 요오드 섭취가 부족하여 혈중 요오드 농도가 낮아지면 갑상선은 요오드를 더 많이 얻기 위해 비대해지는데 이러한 상태를 단순갑상선종이라고 한다(그림 10-7). 이 질병은 토양에 요오드 함량이 낮은 지역이나 바다로부터 멀리 떨어져서 해조류의 섭취가 저조한 지역에서 많

단순갑상선종(simple
goiter)
크레틴증(cretinism)

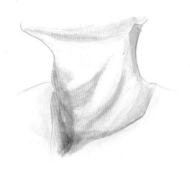

그림 10-7　단순갑상선종 　　　　　　　　　그림 10-8　크레틴증

이 발생하는 풍토병으로 인식되어 왔는데, 체내 요오드가 부족하여 갑상선 호르몬인 티록신이 제대로 생성히지 못해 갑싱신이 비대해시고 이섯이 기관지에 압박이 가해 호흡 곤란의 증세가 나타난다. 이 경우에 요오드를 공급해 주면 갑상선의 크기가 점점 감소하여 회복된다.

갑상선기능이 저하되는 갑상선기능부전증은 성인은 주로 여성에서 나타나는데 기초대사율이 감소하며 권태감, 무기력, 추위에 대한 민감증, 월경불순 등의 증상을 수반한다. 임신기간 중 요오드 섭취가 부족하면 태아의 뇌가 제대로 발달하지 못하고 출생 후 정신박약, 성장장애, 왜소증 등의 증상을 보이는 크레틴증이 나타날 수 있다(그림 10-8).

④ 과잉증

요오드 섭취량이 1일 2mg 이상이 되면 과잉증을 나타낼 수 있는데, 해조류를 아주 많이 섭취하는 경우를 제외하면 일반 식품으로 이 정도까지 섭취하게 되는 경우는 매우 드물다. 그러나 보충제 등을 이용하여 요오드를 과다하게 섭취하면 갑상선기능항진증이나 바세도우씨병이라고 하는 갑상선중독증이 생길 수 있다. 갑상선기

Note*
갑상선기능항진증
(hyperthyroidism)

그림 10-9 갑상선기능항진증

능항진증(그림 10-9)은 갑상선기능이 과다하게 활동하여 기초대사율이 높아져 자율신경계 장애를 유발하며 안구돌출이 일어난다. 보통 40세 이상의 연령층에서 발생하므로 주의가 필요하다.

⑤ 영양섭취기준과 급원식품

갑상선 결핍증을 예방하기 위해서는 하루에 체중 1kg당 1㎍의 요오드 섭취가 바람직하다. 우리나라 성인의 요오드 권장량은 하루 150㎍으로 설정되었고 임신부와 수유부의 하루 추가 권장량은 각각 90㎍, 190㎍이다. 안전 상한섭취범위는 성인의 경우 2,400㎍/day이다(표 10-8).

요오드는 미역, 김 등의 해조류나 해산물에 풍부하다. 식물성 식품의 요오드 함량은 낮은 편이나 토양 내 요오드 함량과 가공과정에 따라 함유량이 다르다. 한국인의 요오드의 급원식품과 함량은 표 10-9, 그림 10-10과 같다.

표 10-8 한국인의 1일 요오드 섭취기준

성별	연령(세)	요오드(μg/일)			
		평균필요량	권장섭취량	충분섭취량	상한섭취량
영아	0~5(개월)			130	250
	6~11			180	250
유아	1~2	55	80		300
	3~5	65	90		300
남자	6~8	75	100		500
	9~11	85	110		500
	12~14	90	130		1,900
	15~18	95	130		2,200
	19~29	95	150		2,400
	30~49	95	150		2,400
	50~64	95	150		2,400
	65~74	95	150		2,400
	75 이상	95	150		2,400
여자	6~8	75	100		500
	9~11	80	110		500
	12~14	90	130		1,900
	15~18	95	130		2,200
	19~29	95	150		2,400
	30~49	95	150		2,400
	50~64	95	150		2,400
	65~74	95	150		2,400
	75 이상	95	150		2,400
임신부		+65	+90		
수유부		+130	+190		

자료: 보건복지부, 한국영양학회. 2020 한국인 영양소 섭취기준

표 10-9 요오드의 주요 급원식품(100g당 함량)[1]

급원식품	함량 (μg/100g)	급원식품	함량 (μg/100g)
건미역	29,098	멸치	89
김	1,700	달걀	65
메추리알	240	아이스크림	22
분유	123	꽁치	25
쥐치포	123	우유	6

1) 2017년 국민건강영양조사의 식품별 섭취량과 식품별 요오드 함량(국가표준식품성분표 DB 9.1, 2019) 자료를 활용하여 요오드 주요 급원식품 10개 산출
자료: 보건복지부, 한국영양학회. 2020 한국인 영양소 섭취기준

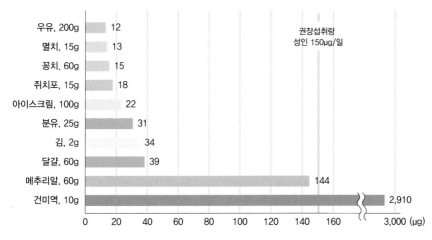

1) 2017년 국민건강영양조사의 식품별 섭취량과 식품별 요오드 함량(국가표준식품성분표 DB 9.1, 2019) 자료를 활용하여
요오드 주요 급원식품 10개 산출 후 1회 분량(2015 한국인 영양소 섭취기준)을 적용하여 1회 분량당 함량 산출, 19~29세
성인 권장섭취량 기준(2020 한국인 영양소 섭취기준)과 비교
자료: 보건복지부, 한국영양학회, 2020 한국인 영양소 섭취기준

그림 10-10   요오드 주요 급원식품(1회 분량당 함량)[1]

04 구리

Note *
구리(copper ; Cu)

구리는 체내 근육과 간, 심장 등에 주로 존재하며, 여러 효소의 성분으로 작용하여 그 기능이나 대사면에서 철분과 유사한 점이 많은 원소이다.

① 흡수와 대사

구리는 대부분이 소장에서 흡수된다(그림 10-11). 구리의 흡수는 아연과 마찬가지로 장벽에서 메탈로티오네인에 의해 조절된다. 식사로 섭취한 구리의 흡수율은 섭취량이나 체내 구리 필요량에 따라 다르다. 철, 비타민 C를 많이 섭취하는 경우 구리의 흡수율을 감소시킬 수 있으나, 식이섬유나 피틴산은 구리 흡수에 영향을 미치지 않는다. 흡수된 후에는 주로 알부민과 결합하여 이동되며, 대부분은 간으로 들어가 셀룰로플라스민을 합성한다. 구리는 필요시 셀룰로플라스민의 형태로 혈액을 통해 필요 조직으로 이동된다. 구리의 배설은 주로 담즙을 통해 대변으로 배설된다.

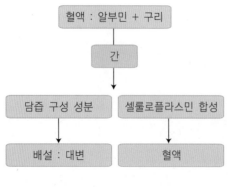

혈액 : 알부민 + 구리

↓

간

↓

담즙 구성 성분 　 셀룰로플라스민 합성

↓ 　 　 ↓

배설 : 대변 　 혈액

그림 10-11　구리의 대사

② 기능

(1) 빈혈 예방

구리가 주성분인 셀룰로플라스민은 철 이온을 2가에서 3가 이온으로 산화시켜 철이 쉽게 소장세포 내에서 이동하도록 함으로써 철의 흡수를 돕는다. 또한 구리는 헤모글로빈의 헴과 글로빈 부분의 합성에 관여하여 헤모글로빈의 합성을 돕고 간에서 저장철인 페리틴을 방출하는 것을 도움으로써 빈혈을 예방한다.

(2) 결합조직 합성

구리는 결합조직 단백질인 콜라겐과 엘라스틴이 교차 결합을 하는데 작용하는 효소의 일부분이다. 따라서 구리는 골격형성과 심장순환계의 결합조직을 정상으로 유지하는데 필수적이다.

(3) 여러 금속 효소의 구성성분

구리는 여러 다양한 효소들의 구성성분으로 중요한 역할을 한다. 미토콘드리아의 전자전달계에 관여하는 효소의 일부분으로 작용하여 ATP형성에 기여하고 항산화 효소인 수퍼옥사이드디스뮤테이즈 등의 반응을 촉매함으로써 세포의 산화적 손상을 방지하는 기능도 있다.

③ 결핍증

구리 결핍증은 드문 편이나 우유를 먹는 영아, 조산아, 영양불량에서 회복되는 상태의 영유아나 환자들에게서 발생할 수 있다. 결핍증세로는 빈혈, 백혈구 감소증, 무기질이 빠져나옴으로 인한 골격의 비정상화, 머리카락과 피부 탈색, 엘라스틴 형성 손상 등이 있으며, 조혈 작용 부전과 뇌손상이 나타나면 사망을 초래하기도 한다. 백혈구 감소증은 유아에게 나타나는 구리 결핍의 초기 지표이다.

④ 과잉증

구리의 과잉 섭취에 의한 과잉증으로는 적혈구 파괴로 인한 빈혈, 신장 세뇨관의 손상, 간 손상, 메스꺼움, 구토 등이 나타난다. 윌슨병은 유전성 질환으로 구리의 대사가 되지 않아 구리가 정상적으로 담즙으로 배설되지 못하고 간, 뇌, 신장, 각막에 축적되어 이들 장기에 갈색이나 녹색이 나타나는 질환으로 보통 어린이에게 발병하기 쉽다.

Note *
윌슨병(wilson's disease)

⑤ 영양섭취기준과 급원식품

우리나라는 성인의 하루 구리 권장량은 남자 850μg, 여자 650μg, 임신부와 수유부 추가 권장량은 각각 130μg과 480μg이다. 하루 10mg을 간 상해를 일으키지 않는 성인의 상한섭취량으로 정하였다(표 10-10).

구리가 풍부한 식품은 내장고기인 간과 굴, 새우 등의 해산물이고, 두류와 곡류 등에도 함유되어 있으나 과일이나 채소, 우유에는 구리 함량이 적다. 한국인의 구리의 급원식품과 함량은 표 10-11, 그림 10-12와 같다.

표 10-10 한국인의 1일 구리 섭취기준

성별	연령(세)	구리(μg/일)			
		평균필요량	권장섭취량	충분섭취량	상한섭취량
영아	0~5(개월)			240	
	6~11			330	
유아	1~2	220	290		1,700
	3~5	270	350		2,600
남자	6~8	360	470		3,700
	9~11	470	600		5,500
	12~14	600	800		7,500
	15~18	700	900		9,500
	19~29	650	850		10,000
	30~49	650	850		10,000
	50~64	650	850		10,000
	65~74	600	800		10,000
	75 이상	600	800		10,000
여자	6~8	310	400		3,700
	9~11	420	550		5,500
	12~14	500	650		7,500
	15~18	550	700		9,500
	19~29	500	650		10,000
	30~49	500	650		10,000
	50~64	500	650		10,000
	65~74	460	600		10,000
	75 이상	460	600		10,000
임신부		+100	+130		10,000
수유부		+370	+480		10,000

자료: 보건복지부, 한국영양학회, 2020 한국인 영양소 섭취기준

표 10-11 표 10-11   구리의 주요 급원식품(100g당 함량)[1]

급원식품	함량 (µg/100g)	급원식품	함량 (µg/100g)
소 부산물(간)	14,283	새우	620
굴	1,300	오징어	530
대두	1,147	고사리	399
게	1,080	보리	306
낙지	1,000	두유	114

1) 2017년 국민건강영양조사의 식품별 섭취량과 식품별 구리 함량(국가표준식품성분표 DB 9.1, 2019) 자료를 활용하여 구리 주요 급원식품 10개 산출
자료: 보건복지부, 한국영양학회. 2020 한국인 영양소 섭취기준

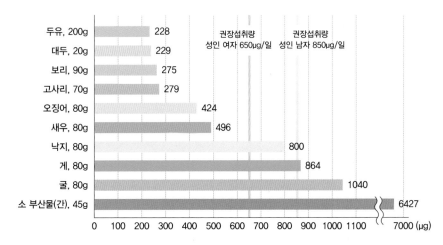

1) 2017년 국민건강영양조사의 식품별 섭취량과 식품별 구리 함량(국가표준식품성분표 DB 9.1, 2019) 자료를 활용하여 구리 주요 급원식품 10개 산출 후 1회 분량(2015 한국인 영양소 섭취기준)을 적용하여 1회 분량당 함량 산출, 19~29세 성인 권장섭취량 기준(2020 한국인 영양소 섭취기준)과 비교
자료: 보건복지부, 한국영양학회. 2020 한국인 영양소 섭취기준

그림 10-12   구리 주요 급원식품(1회 분량당 함량)[1]

Note*
불소(fluoride ; F)

인체에 존재하는 불소의 양은 아주 미량이지만 뼈와 치아의 건강에 매우 중요하다. 체내에 존재하는 불소의 95% 정도가 뼈와 치아에 존재하는데, 불소는 아이들의 치아를 충치로부터 예방해 줄 뿐만 아니라 노인들의 골 손실을 지연시키는 역할을 한다.

① 흡수와 대사

불소는 주로 소장에서 흡수되고, 흡수율이 좋아 섭취된 불소의 80~90%가 흡수된다. 배설은 주로 소변을 통해서 이루어지며 연령이 증가함에 따라 배설량이 많아진다.

② 기능

플루오르아파타이트
(fluoroapatite)

불소는 뼈나 치아가 발달하는 과정에서 칼슘, 인과 함께 결합하여 산에 대한 저항력이 강한 플루오르아파타이트 결정을 형성한다. 이 성분이 치아에 많이 함유되어 있으면 충치에 대한 저항성이 높다. 그러므로 수돗물에 미량의 불소를 첨가하거나 치과에서 치아표면에 불소를 도포하여 충치를 예방하는데 이를 이용한다. 또한 불소는 뼈에서 무기질이 빠져 나오는 것을 막아 노년기의 골다공증을 지연시키는 기능이 있는 것으로 알려져 있다.

③ 결핍증과 과잉증

불소증(fluorosis)

불소가 결핍되면 충치 발생률이 증가하고 노년기에 골다공증의 위험이 높아진다. 불소가 첨가된 식수나 음료수, 불소가 함유된 치약의 사용은 결핍증을 예방하는데 효과가 있다. 반면 불소 섭취량이 일일 6mg 이상 정도 되면 뼈나 치아에 불소가 과다하게 침착되어 반점 모양이 생기는 불소증이 생기며 심하면 골격과 신장의 손상을 가져올 수 있다. 따라서 불소가 식수에 첨가된 지역에 사는 사람들은 의사에 의해 따로 처방되지 않는 한 불소 보충제를 섭취하지 않도록 주의하여야 한다.

❹ 영양섭취기준과 급원식품

우리나라 성인을 위한 불소의 권장량은 설정되어 있지 않고 충분섭취량은 성인 남녀 각각 3.4mg, 2.8mg이다. 한편, 식사나 식수, 영양보충제 등을 통해 섭취되는 불소량이 하루 10mg을 넘지 않도록 상한섭취량을 정하였다(표 10-12). 불소가 함유된 식품으로는 육류, 어류, 차 등이 있으며, 불소가 첨가되어 있는 식수, 불소를 첨가

표 10-12 한국인의 1일 불소 섭취기준

성별	연령(세)	불소(mg/일)			
		평균필요량	권장섭취량	충분섭취량	상한섭취량
영아	0~5(개월)			0.01	0.6
	6~11			0.4	0.8
유아	1~2			0.6	1.2
	3~5			0.9	1.8
남자	6~8			1.3	2.5
	9~11			1.9	10.0
	12~14			2.6	10.0
	15~18			3.2	10.0
	19~29			3.4	10.0
	30~49			3.4	10.0
	50~64			3.2	10.0
	65~74			3.1	10.0
	75 이상			3.0	10.0
여자	6~8			1.3	2.5
	9~11			1.8	10.0
	12~14			2.4	10.0
	15~18			2.7	10.0
	19~29			2.8	10.0
	30~49			2.7	10.0
	50~64			2.6	10.0
	65~74			2.5	10.0
	75 이상			2.3	10.0
임신부				+0	10.0
수유부				+0	10.0

자료: 보건복지부, 한국영양학회. 2020 한국인 영양소 섭취기준

표 10-13 불소 고함량 식품(100g당 함량)[1)]

급원식품	함량 (mg/100g)	급원식품	함량 (mg/100g)
홍차(차)	0.373	백미	0.041
녹차(차)	0.115	체다 치즈	0.035
적포도주	0.105	참치통조림	0.031
커피	0.091	초콜릿 아이스크림	0.023
콜라	0.078	케이크	0.022
옥수수전분	0.051	소고기(등심)	0.022

1) 2017년 국민건강영양조사의 식품별 섭취량과 식품별 불소 함량(국가표준식품성분표 DB 9.1, 2019) 자료를 활용하여 불소 주요 급원식품 12개 산출
자료: 보건복지부, 한국영양학회. 2020 한국인 영양소 섭취기준

한 치약이나 구강청정제 등으로부터 불소가 공급될 수 있다. 불소의 급원식품과 함량은 표 10-13과 같다.

06 셀레늄

Note*

셀레늄(selenium ; Se)
항산화(anti oxidation)

셀레늄은 인체 내에서 주로 간, 신장, 심장, 비장에 분포되어 있는 미량 원소이다. 셀레늄의 체내 중요성이 인식된 것은 1970년대 후반이며, 최근 셀레늄의 항산화효과 및 항암효과가 보고되면서 일반인들의 주목을 받기 시작했다. 셀레늄은 정상적인 산소 대사 과정에서 생기는 자유기로부터 세포를 지키는 항산화효소의 중요한 구성성분이며, 면역체계와 갑상선의 정상적인 기능을 위해서 필수적인 영양소이다. 식품 중의 셀레늄은 대부분이 아미노산인 메티오닌과 시스테인의 유도체와 결합되어 존재하는데, 이 물질들은 쉽게 흡수되므로 다른 미량 무기질보다 생체 이용률이 높다. 영양보충제인 무기 셀레늄의 형태로 공급되면 공급형태에 따라 흡수율이 50~100%의 범위로 차이가 난다.

① 기능

셀레늄은 글루타티온 과산화효소라는 항산화 효소의 필수 구성성분으로 작용한다. 글루타티온 과산화효소는 환원형의 글루타티온을 이용하여 독성의 과산화물을 수용성 물질로 전환시켜서 중화시킴으로써 과산화물에 의한 세포막이나 세포 파괴를 방지하는 역할을 한다. 그러므로 이 효소는 세포를 산화적 손상으로부터 보호하는 역할을 한다. 또한 셀레늄은 비타민 E와 마찬가지로 유리라디칼의 작용을 억제하는 기능이 있어 셀레늄이 충분한 경우 항산화작용에 요구되는 비타민 E를 절약할 수 있다. 이외에도 셀레늄은 갑상선 호르몬을 활성화시키는데 관여하고 유리라디칼의 생성을 억제함으로써 암 예방에도 도움이 된다.

Note *
글루타티온 과산화효소
(glutathione peroxidase)
유리라디칼(free radical)

② 결핍증과 과잉증

셀레늄이 결핍되면 근육이 손실되거나 약해지고 성장저하, 심근장애가 발생한다. 중국의 케샨 지방에서 처음 보고된 케샨병은 주로 어린이와 가임 여성들에게 나타나는 풍토성 심장근육질환으로 셀레늄의 섭취가 낮을 때 일어나며 혈액과 머리카락의 셀레늄 함량도 낮아지고 비타민 E 부족상태에 이르게 된다. 셀레늄 만성 중독은 머리카락과 손톱에 변화를 가져오고, 피부병, 신경장애, 치아손상을 일으킬 수 있다.

케샨병(Keshan disease)
셀레늄 만성 중독
(selenosis)

③ 영양섭취기준과 급원식품

한국 성인을 위한 셀레늄의 권장섭취량은 $60\mu g$이고 임신부와 수유부의 추가 권장량은 각각 $4\mu g$, $10\mu g$이다. 식품과 보충제를 통하여 섭취하는 총 섭취량이 $400\mu g$을 넘지 않도록 상한섭취량을 정하였다(표 10-14). 육류의 내장과 해산물에 풍부하고, 육류, 곡류, 버섯류 등에 많다(표 10-15). 시리얼이나 곡류의 경우 셀레늄 함량이 다양한데 이는 식물이 자란 토양에 따라 그 함량이 다르기 때문이다.

표 10-14　한국인의 1일 셀레늄 섭취기준

성별	연령(세)	셀레늄(μg/일)			
		평균필요량	권장섭취량	충분섭취량	상한섭취량
영아	0~5(개월)			9	40
	6~11			12	65
유아	1~2	19	23		70
	3~5	22	25		100
남자	6~8	30	35		150
	9~11	40	45		200
	12~14	50	60		300
	15~18	55	65		300
	19~29	50	60		400
	30~49	50	60		400
	50~64	50	60		400
	65~74	50	60		400
	75 이상	50	60		400
여자	6~8	30	35		150
	9~11	40	45		200
	12~14	50	60		300
	15~18	55	65		300
	19~29	50	60		400
	30~49	50	60		400
	50~64	50	60		400
	65~74	50	60		400
	75 이상	50	60		400
임신부		+3	+4		400
수유부		+9	+10		400

자료: 보건복지부, 한국영양학회. 2020 한국인 영양소 섭취기준

표 10-15 셀레늄 주요 급원식품(100g당 함량)[1]

급원식품	함량 (mg/100g)	급원식품	함량 (mg/100g)
송이버섯	159.9	석이버섯	91.6
쥐치포	137.0	닭 부산물(간)	82.4
렌즈콩(렌틸콩)	117.2	전갱이	78.0
멸치	102.7	메추리알	56.2
미역	96.8	국수	56.2
해바라기씨	95.0	피스타치오넛	45.8

1) 2017년 국민건강영양조사의 식품별 섭취량과 식품별 셀레늄 함량(국가표준식품성분표 DB 9.1, 2019) 자료를 활용하여
셀레늄 주요 급원식품 12개 산출
자료: 보건복지부, 한국영양학회. 2020 한국인 영양소 섭취기준

07 극미량 무기질

① 망간

　망간은 여러 금속 효소 또는 조효소의 구성성분으로 미토콘드리아에서 에너지 방출, 지방산과 콜레스테롤 합성, 탄수화물 대사, 간에서의 지방 방출 등에 관여 한다. 결핍 증상으로는 체중감소, 일시적인 피부염, 저콜레스테롤혈증, 구토, 메스꺼움, 모발 탈색, 모발과 수염이 늦게 자라는 것 등의 증세가 나타난다. 그러나 망간은 식물성 식품에 널리 존재하고 필요량은 매우 소량이므로 일반인들에게서 망간 결핍증은 잘 나타나지 않는다. 반면 망간의 과다 섭취는 근육 조절의 손상, 심리적 장애 등의 증상을 보이며, 간과 중추신경계에 많이 축적되면 파킨슨병과 같은 신경근육계 증상을 보인다. 망간은 식사를 통해 과다 섭취되는 경우는 드물고 탄광에서 일하는 근로자나 공해물질의 과다 흡입으로 발생한다.

　우리나라 성인의 하루 망간 충분섭취량은 남여 각각 4.0mg과 3.5mg이고 상한섭취량을 11mg으로 정하여 식품과 보충제, 식수 등을 통하여 섭취하는 총량이 이를 넘지 않도록 설정하였다(표 10-16). 망간은 식물성 식품에 많이 함유되어 있는데 도정하지 않은 곡류 및 그 제품, 녹색채소, 과일류가 주요 급원식품이다. 한국인의 망간의 급원식품과 함량은 표 10-17, 그림 10-13과 같다.

Note*

망간(manganese ; Mn)
파킨슨병
(parkinson's disease)

표 10-16   한국인의 1일 망간 섭취기준

성별	연령(세)	망간(mg/일)			
		평균필요량	권장섭취량	충분섭취량	상한섭취량
영아	0~5(개월)			0.01	
	6~11			0.8	
유아	1~2			1.5	2.0
	3~5			2.0	3.0
남자	6~8			2.5	4.0
	9~11			3.0	6.0
	12~14			4.0	8.0
	15~18			4.0	10.0
	19~29			4.0	11.0
	30~49			4.0	11.0
	50~64			4.0	11.0
	65~74			4.0	11.0
	75 이상			4.0	11.0
여자	6~8			2.5	4.0
	9~11			3.0	6.0
	12~14			3.5	8.0
	15~18			3.5	10.0
	19~29			3.5	11.0
	30~49			3.5	11.0
	50~64			3.5	11.0
	65~74			3.5	11.0
	75 이상			3.5	11.0
임신부				+0	11.0
수유부				+0	11.0

자료: 보건복지부, 한국영양학회. 2020 한국인 영양소 섭취기준

표 10-17　망간 주요 급원식품(100g당 함량)[1]

급원식품	함량 (mg/100g)	급원식품	함량 (mg/100g)
현미	2.53	시금치	0.92
감	0.69	파인애플	3.63
미숫가루	17.98	밤	4.45
보리	1.36	메밀 국수	0.44
대두	2.69	고사리	1.05

1) 2017년 국민건강영양조사의 식품별 섭취량과 식품별 망간 함량(국가표준식품성분표 DB 9.1, 2019) 자료를 활용하여 망간 주요 급원식품 10개 산출
자료: 보건복지부, 한국영양학회. 2020 한국인 영양소 섭취기준

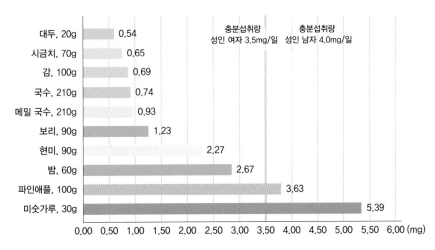

1) 2017년 국민건강영양조사의 식품별 섭취량과 식품별 망간 함량(국가표준식품성분표 DB 9.1, 2019) 자료를 활용하여 망간 주요 급원식품 10개 산출 후 1회 분량(2015 한국인 영양소 섭취기준)을 적용하여 1회 분량당 함량 산출, 19~29세 성인 충분섭취량 기준(2020 한국인 영양소 섭취기준)과 비교
자료: 보건복지부, 한국영양학회. 2020 한국인 영양소 섭취기준

그림 10-13　망간 주요 급원식품(1회 분량당 함량)[1]

잠깐!　파킨슨병

파킨슨병은 손발이 떨리고 행동이 느려지면서 근육이 굳어지는 것이 주 증상인 만성 퇴행성 뇌질환이다. 중뇌의 뇌세포가 서서히 죽어가면서 신경전달물질인 도파민이 부족해지고 이로 인해 신경세포 사이의 정보전달에 이상이 생겨 몸의 움직임에 문제가 생기게 되는 질환이다. 과거 미국의 유명한 헤비급 권투선수인 무하마드알리가 파킨슨병에 걸려 이 병이 일반인에게 널리 알려지게 되었다.

Note*

몰리브덴
(molybdenum ; Mo)
알데하이드 산화효소
(aldehyde oxidase)
아황산염 산화효소
(sulfide oxidase)

② 몰리브덴

몰리브덴은 산화 환원 과정에 관여하는 효소인 잔틴 산화효소, 알데하이드 산화효소, 아황산염 산화효소 등의 조효소로 작용한다. 유전적으로 이 원소가 결핍되면 대사 이상이 생긴다는 연구 결과에 따라 이를 필수 원소로 인식하게 되었다.

결핍 증상으로 정신적 변화와 황과 퓨린 대사이상, 허약증세와 혼수 등이 나타날

표 10-18　한국인의 1일 몰리브덴 섭취기준

성별	연령(세)	몰리브덴(µg/일)			
		평균필요량	권장섭취량	충분섭취량	상한섭취량
영아	0~5(개월)				
	6~11				
유아	1~2	8	10		100
	3~5	10	12		150
남자	6~8	15	18		200
	9~11	15	18		300
	12~14	25	30		450
	15~18	25	30		550
	19~29	25	30		600
	30~49	25	30		600
	50~64	25	30		550
	65~74	23	28		550
	75 이상	23	28		550
여자	6~8	15	18		200
	9~11	15	18		300
	12~14	20	25		400
	15~18	20	25		500
	19~29	20	25		500
	30~49	20	25		500
	50~64	20	25		450
	65~74	18	22		450
	75 이상	18	22		450
임신부		+0	+0		500
수유부		+3	+3		500

자료: 보건복지부, 한국영양학회. 2020 한국인 영양소 섭취기준

표 10-19　몰리브덴 주요 급원식품(100g당 함량)[1]

급원식품	함량 (μg/100g)	급원식품	함량 (μg/100g)
팥	295.1	상추	38.3
땅콩	249.2	대두	38.0
강낭콩	239.9	현미	32.7
옥수수	73.0	빵	13.7
두부	44.1	국수	6.5

1) 2017년 국민건강영양조사의 식품별 섭취량과 식품별 몰리브덴 함량(국가표준식품성분표 DB 9.1, 2019) 자료를 활용하여 몰리브덴 주요 급원식품 10개 산출
자료: 보건복지부, 한국영양학회. 2020 한국인 영양소 섭취기준

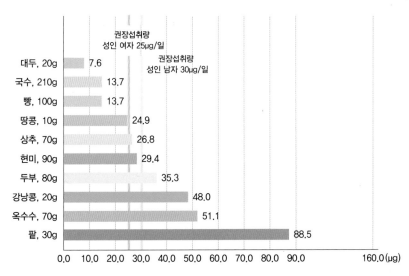

1) 2017년 국민건강영양조사의 식품별 섭취량과 식품별 몰리브덴 함량(국가표준식품성분표 DB 9.1, 2019) 자료를 활용하여 몰리브덴 주요 급원식품 10개 산출 후 1회 분량(2015 한국인 영양소 섭취기준)을 적용하여 1회 분량당 함량 산출, 19~29세 성인 권장섭취량 기준(2020 한국인 영양소 섭취기준)과 비교
자료: 보건복지부, 한국영양학회. 2020 한국인 영양소 섭취기준

그림 10-14　몰리브덴 주요 급원식품(1회 분량당 함량)[1]

수 있으나 정상적인 식사를 하는 사람에게서는 몰리브덴 결핍이 드물다. 몰리브덴은 비교적 독성이 적은 원소이므로 과잉증이 잘 나타나지는 않지만 설사, 느린 성장 속도, 빈혈, 통풍 등과 같은 증상이 보고된 바 있다. 급원식품은 전곡류, 견과류, 콩류 등으로 동·식물성 식품에 널리 분포되어 있다. 우리나라 성인을 위한 몰리브덴의 권장섭취량은 남녀 각각 $30\,\mu g$, $25\,\mu g$이고, 상한섭취량은 각각 $600\,\mu g$과 $500\,\mu g$이다(표 10-18). 한국인의 몰리브덴의 급원식품과 함량은 표 10-19, 그림 10-14와 같다.

③ 크롬

Note*
크롬(Chromium ; Cr)
인슐린(insulin)

동물실험을 통해 크롬의 주요 역할들이 보고되긴 했지만 인체 내에서 크롬의 중요성이 인식된 것은 비교적 최근의 일이다. 크롬은 인슐린 작용을 원활하게 해서 탄수화물, 지질, 단백질 대사에 영향을 주는데, 결핍 시 포도당 내성 감소 및 당뇨병 위험성 증가와 관련이 있다. 그 외에도 혈청콜레스테롤을 감소시키고 유전자 변이를

표 10-20 한국인의 1일 크롬 섭취기준

성별	연령(세)	크롬(μg/일)			
		평균필요량	권장섭취량	충분섭취량	상한섭취량
영아	0~5(개월)			0.2	
	6~11			4.0	
유아	1~2			10	
	3~5			10	
남자	6~8			15	
	9~11			20	
	12~14			30	
	15~18			35	
	19~29			30	
	30~49			30	
	50~64			30	
	65~74			25	
	75 이상			25	
여자	6~8			15	
	9~11			20	
	12~14			20	
	15~18			20	
	19~29			20	
	30~49			20	
	50~64			20	
	65~74			20	
	75 이상			20	
임신부				+5	
수유부				+20	

자료: 보건복지부, 한국영양학회. 2020 한국인 영양소 섭취기준

표 10-21　크롬 주요 급원식품(100g당 함량)

급원식품	함량 (μg/100g)	급원식품	함량 (μg/100g)
치즈	75	전밀	29
달걀	52	감자	24
간	50	굴	20
소고기	32	바나나	11

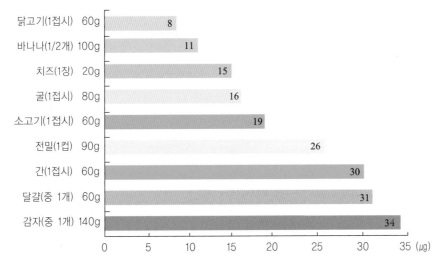

그림 10-15　크롬 주요 급원식품(1회 분량당 함량)

억제함으로써 암 발생을 낮추는 역할도 알려져 있다.

　수분오염, 산업공해 산물에 과다노출로 인해 알레르기성 피부염, 피부 궤양증 등이 발생할 수 있으나 중독이 나타나는 경우는 드물다. 크롬의 급원식품으로는 육류와 도정 안 된 곡류 등이므로 도정된 곡류보다 전곡류를 먹는 것이 좋다. 크롬의 우리나라 성인 남녀 충분섭취량은 각각 $30\,\mu$g, $20\,\mu$g이다(표 10-20). 크롬 급원식품과 함량은 표 10-21, 그림 10-15와 같다.

표 10-22 **미량 무기질 요약**

영양소	생화학적 기능	권장량(mg)	결핍증	과잉증	풍부한 식품
철	헤모글로빈·미오글로빈 성분, 골수에서 조혈작용을 도움, 효소의 구성성분, 면역기능 유지에 관여	남자 10mg 여자 14mg	체내 철 감소, 철 결핍성 빈혈(피부창백, 피로, 허약, 호흡곤란, 식욕부진 유발, 어린이의 경우 성장장애)	혈색소증(심장, 췌장 등에 철 축적되며 심부전, 당뇨병 등 유발 가능)	육류(소간), 어패류, 가금류, 콩류
아 연	200여 개 효소의 구성요소, 성장·면역·생체막 구조와 기능의 정상 유지에 기여, 핵산의 합성에 관여	남자 10mg 여자 8mg	성장지연, 왜소증, 상처회복 지연, 식욕부진, 미각·후각 감퇴, 장성말단 피부염	철, 구리 흡수 저하, 설사, 구토, 면역기능 억제	어패류(굴, 게 등), 육류, 곡류
구 리	철의 흡수·이용을 도움, 결합조직의 건강에 기여, 금속계 효소의 성분	남자 850μg 여자 650μg	빈혈증, 뼈의 손실, 성장장애, 심장질환	복통, 오심, 구토, 혼수, 간질환, 윌슨병	육류(간, 내장), 어패류(굴, 가재, 게), 곡류
요오드	갑상선 호르몬의 성분 및 합성	남자 850μg 여자 650μg	갑상선기능부전증(권태감, 기초대사율 저하, 추위에 민감증 등), 갑상선종, 크레틴증(성장지연)	갑상선기능항진증	해조류(미역, 김 등), 해산물, 요오드 강화 식염
셀레늄	글루타티온 과산화효소의 성분, 항산화작용(비타민 E 절약)	60μg	근육약화, 성장장애, 심근장애, 심장기능 저하	구토, 설사, 피부손상, 신경계손상	새우, 어패류, 육류, 전밀
불 소	충치예방 및 억제, 골다공증 방지에 기여권장량	-	충치유발, 골다공증	불소증, 위장장애, 치아반점	육류, 어류, 자연수
망 간	금속계 효소의 구성 요소, 효소의 활성화시킴(당질, 지질, 단백질 대사에 관여), 뼈와 연골 조직이 형성	-	체중감소, 동물의 경우 성장장애, 생식장애, 지질 및 당질 대사 이상	신경근육계 증세(파킨슨병과 유사, 정신장애)	귀리, 전곡류, 녹색채소, 과일류
몰리브덴	효소의 구성성분(잔틴 탈수소효소, 잔틴 산화효소)	남자 30μg 여자 25μg	사람에 잘 알려져 있지 않음, 정맥영양시 호흡, 심장박동 빨라짐, 부종, 혼수 동반	요산증가, 통풍유발	전곡류, 간, 우유, 시금치, 완두콩
크 롬	당내성인자의 성분으로 인슐린 작용 및 당질 대사에 관여	-	장기간 TPN시 당뇨 유발, 성장지연, 콜레스테롤, 지질대사에 이상	산업체에서 크롬에 과다 노출되면 피부염, 기관지암 등 발생	달걀, 간, 전곡

① 체내분포

물은 인체의 구성성분 중 가장 많은 부분을 차지한다. 성인의 신체는 약 60%가 물로 구성되어 있다. 인체에서 물이 차지하는 비율은 성별, 연령, 체조직의 구성에 따라 다르며 일반적으로 연령이 증가할수록 수분의 함량은 감소한다. 또한 근육조직은 지방조직에 비하여 수분의 함량이 높으므로 같은 체중이라도 근육질의 사람이 지방조직의 함량이 높은 사람보다 수분의 함량이 높다. 표 10-23에 성별과 연령에 따른 수분 함량을 제시하였다.

또한 인체에 함유된 수분은 그 분포에 따라 세포 내 액과 세포 외 액으로 구분되며 세포 외 액은 다시 혈액과 세포간질액으로 구분된다. 그러나 세포내외액, 혈관내외액은 수분의 통과가 용이한 반투과성의 막으로 구분되어 있어 무기질 균형에 따라 수분이 자유롭게 통과할 수 있다. 이들 수분통과의 정도는 주로 전해질이라 일컬어지는 나트륨, 칼륨, 염소 등의 농도에 따라 조절된다. 표 10-24에 체내 수분분포를 제시하였다.

표 10-23 **체내 수분의 함량**

나 이(세)		수분량(%)
유아와 어린이 출생		75
1세		58
6~7세		62
성인남자	16~30	58.9
	31~60	54.7
	61~90	51.6
성인여자	16~30	50.9
	31~91	45.2

표 10-24 **체내 수분의 분포**

총 체액량(45L)		
세포 외 액 (15L) (Na : K = 28 : 1)		
혈액 (혈관 내 액 3L)	세포간질 (혈관 외 액 12L)	세포 내 액 (30L) (Na : K = 1 : 10)
모세혈관벽	세포막	

② 수분 요구량

Note*

물의 기능
• 영양소와 대사물질 운반
• 노폐물 배출
• 상피조직의 건강유지
• 체조직 구성 및 체액량 유지
• 체내 화학 반응에 관여
• 체온 유지
• 윤활제 역할
• 충격으로부터 보호

인체의 건강을 유지하기 위해서는 소변, 땀, 호흡, 대변으로 손실되는 수분을 계속 보충해주어야 한다. 만약에 수분 섭취와 배설의 균형이 깨어지면 인체는 갈증을 느끼거나 부종을 일으키게 되고 그 정도가 심해지면 사망하게 된다. 사람의 단위 체중 당 일일 수분 필요량은 표 10-25에 제시된 바와 같이 연령이 증가할수록 지속적으로 감소한다.

표 10-25 연령에 따른 단위 체중 당 일일 수분 필요량

연령(세)	수분필요량(mL/kg/d)
1~6	90~100
7~10	70~85
11~18	40~50
성인	30~35

③ 체내 기능

물은 두 개의 수소 원자와 한 개의 산소 원자로 구성되어 있으며 에너지를 내지 않지만 생명을 유지하는데 필수적이어서 6대 영양소에 포함되기도 한다. 물의 체내 기능을 요약하면 다음과 같다.

(1) 영양소와 대사물질의 운반

수분은 각종 영양소와 대사물질을 필요에 따라 세포 안으로 또는 혈액을 통하여 운반하여 세포 안에서 사용되거나 저장되도록 돕는다. 또한 물은 세포 내에서 대사작용이 일어나는 동안 생성되는 반응물질이기도 하다.

(2) 노폐물의 배출

대사과정에서 생성된 질소 혼합물 등의 노폐물은 물을 매개로 하여 세포 밖으로 배출되며 혈액을 통하여 운반되어 신장이나 폐를 통하여 몸 밖으로 배출된다. 또한 극히 소량은 땀성분에 섞여서 배출되기도 한다.

(3) 눈, 입, 코, 피부의 촉촉함 유지

눈, 코, 입, 피부 등의 상피세포 조직은 수분이 부족하면 점액의 분비가 원만하지 못하고 표면에 균열이 생기며 세균의 침입에 쉽게 노출되고 이는 면역력의 저하로 연결된다. 특히 인체의 피부는 가장 기본적인 면역기능을 담당하는 조직이며 이 일에 물이 중요한 역할을 담당한다.

(4) 체액의 구성 및 적절한 체액의 양 유지

물은 혈액을 포함하여 세포외액과 내액을 구성하며 그 속에 포함된 전해질의 농도에 따라 반투과막을 통하여 이동함으로써 각 부위 마다 적절한 양의 체액을 유지한다.

(5) 체내 화학반응에 관여

체내에서 이루어지는 각종 화학반응은 모두 물을 매개로 하여 이루어진다. 예를 들면 가수분해라고 일컬어지는 영양소의 소화과정은 각각의 반응마다 물 한 분자가 더해지거나 떨어져 나오는 과정이다.

(6) 정상체온의 유지

인체는 열이 날 때 체표면을 통하여 땀의 형태로 수분을 증발시키며 이때 빼앗기는 기화열이 체온을 낮춰주는 역할을 담당한다. 더운 여름에 겨울에 비하여 갈증이 더 자주 나는 이유도 피부에서 체온 조절을 위하여 땀이 더 많이 증발되는 때문이다.

(7) 윤활제 역할

관절의 움직임을 원활하게 하여 연골과 뼈의 마모를 완화시킨다. 그 외에 타액, 소화기관, 호흡기관의 점액도 일종의 윤활작용을 한다고 볼 수 있다.

(8) 외부 쇼크로부터 충격 흡수

척수는 척추 속에 분포되어 있으며 척수의 주변은 척수액이 둘러싸고 있어서 외부의 충격으로부터 보호해준다. 양수 역시 태아를 보호하는 역할을 담당한다.

④ 수분 균형

Note✳

체수분의 균형
• 체내 수분 생성 경로
– 음료나 물로 섭취된 수분
– 식품 속에 함유된 수분
– 대사 과정에서 생성된 수분
• 체내 수분 배출 경로
– 소변 배출
– 대변으로 배출(흡수되지 않은 수분)
– 호흡을 통한 배출
– 피부를 통한 증발

체내 수분은 그림 10-16에 제시된 바와 같이 투입되는 양과 배출되는 양의 균형을 필요로 한다. 체내 수분이 증가되는 경로를 보면 음료나 물 등의 액체 형태로 섭취하는 것, 체내 대사과정에서 생성되는 것, 그리고 식품 속에 함유되어 섭취되는 것으로 분류된다. 반면에 배출되는 경로는 소변 배출, 장에서 흡수되지 않고 대변에 섞인 것, 호흡할 때 내뿜는 공기에 포함된 수증기의 양, 그리고 피부표면을 통해 증발되는 양이 모두 포함된다.

이들 섭취와 배설의 총량은 각각 1,450~2,800mL의 범위 안에서 균형을 이루게 되며 보통 소비되는 1kcal 당 1.0mL, 어린이는 1.5mL 정도의 수분을 섭취하도록 권고하고 있다. 노인들은 수분 섭취량이 부족될 수 있고 갈증감각이 둔해지며 신체의 수분 보유능력 저하되므로 특히 수분섭취에 유의해야 한다. 미국에서는 노인을 위한 식품피라미드의 맨 아래 칸에 수분섭취량을 제시하고 있다.

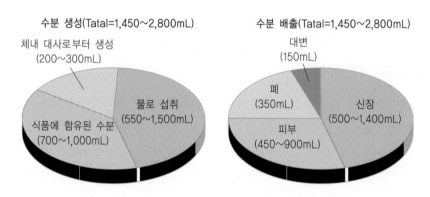

그림 10-16 체내 수분의 생성과 배출량

(1) 탈 수

신체의 수분이 지나치게 손실되는 것을 의미하며 수분량이 감소하면 혈액량이 적어지고 혈압이 떨어진다. 수분이 10% 이상 감소하면 혈압 저하로 심부전 및 심박수 증가 등의 탈수 증상이 나타나고 20% 이상 감소하면 신체가 심각한 상태에 이르게 된다. 체내 수분 공급이 부족했던 사람은 회복이 되어도 신장에 쌓였던 대사산물

때문에 신장기능이 손상되기도 한다.

(2) 수분 과잉

수분이 과잉되면 세포 외 액의 전해질 농도가 낮아져서 물이 세포 내 액으로 들어가거나 칼륨이 세포 외 액으로 이동하게 된다. 결과적으로 근육의 경련이 오고 세포 외액의 감소로 혈압이 낮아져서 쇠약함을 느끼게 된다.

(3) 수분 균형의 조절

체수분의 균형은 그림 10-17과 같이 신장에서 알도스테론이 나트륨을 재흡수하고 항이뇨호르몬이 소변의 배출량을 조절하며 또한 갈증을 유발하여 수분을 섭취하도록 함으로써 이루어진다.

Note *

항이뇨호르몬
(antidiuretic hormone
; ADH)

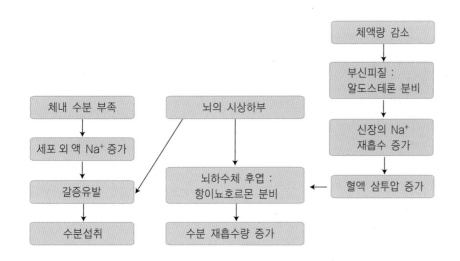

그림 10-17 체내 수분 균형 조절 과정

배우고나서

자신이 얼마나 아는지 확인해 봅시다.

1 임산부에게 철을 처방하는 이유를 쓰시오.

2 헴철과 비헴철을 구분하고 각각을 많이 함유하는 식품을 5가지씩 쓰시오.

3 철의 흡수를 증진시키는 인자와 억제시키는 인자를 쓰시오.

4 어린이에게 아연 결핍증이란 무엇인가?

5 체내에서 요오드의 역할은 무엇인가?

6 셀레늄이 비타민 E를 절약하는 이유를 쓰시오.

7 아연의 흡수를 증진시키는 인자와 억제시키는 인자를 쓰시오.

Answer

1 임신 중에는 태아의 성장에 필요한 철이 더 필요하다. 임신부(24mg)는 일반 가임기 여성(14mg)보다 많은 양의 철이 권장되며, 필요한 철의 양을 식사로 섭취하기가 힘드므로 철분제를 처방한다.

2 헴철은 동물성 식품에 헤모글로빈과 같은 철 운반 단백질에 결합되어 있으며, 비헴철은 식물성 및 동물성 식품의 비헴 효소와 페리틴에 들어 있다. 육류, 가금류, 어류와 같은 동물성 식품의 철 중 40%가 헴에 결합되어 존재하므로 소간, 맛조개, 소고기, 굴, 닭고기 등에 헴철이 풍부하다. 반면 곡류, 채소 등의 식물성 식품에는 비헴철의 형태로 존재하므로 쑥, 시리얼, 서리태, 현미, 근대 등이 비헴철의 함유식품이다.

3 비타민 C와 위산은 철의 흡수율을 높이나, 식이섬유소와 다른 무기질의 섭취량이 많으면 철 흡수가 감소될 수도 있다.

4 아연은 DNA나 RNA와 같은 핵산의 합성에 관여하여 단백질 대사와 합성을 조절하므로 아연의 결핍시 성장이 지연된다. 선천적인 질병으로 아연의 흡수장애가 일어나는 장성선단피부염 또는 장성말단피부염이 나타나기도 한다.

5 요오드는 갑상선 호르몬의 합성에 사용되는데 갑상선 호르몬은 대사속도를 증가시켜서 산소의 소비 속도와 열 생산량을 증가시키며, 뇌의 정상적인 발달에도 필수적이다.

6 셀레늄은 유리라디칼의 작용을 억제하는 기능이 있는데, 비타민 E와는 작용 기작이 다르므로 셀레늄이 충분한 경우 항산화작용에 요구되는 비타민 E를 절약할 수 있다.

7 육류나 패류, 간 등의 단백질 식품은 아연의 흡수를 높이는 반면, 고섬유 식사, 피틴산과 다른 무기질의 섭취량이 많으면 아연 흡수가 방해 받는다.

1. 세계 각국의 기초식품군 모형

영국

미국

일본

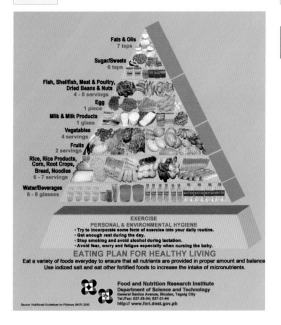

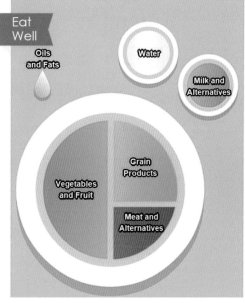

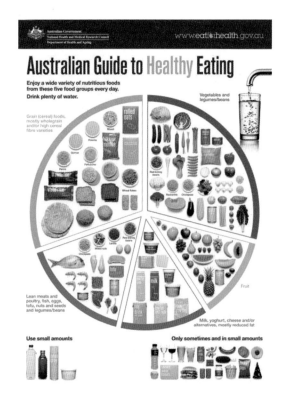

2. 한국인 영양소 섭취기준(KDRls, Dietary Refenence Intakes for Koreans)

① 2020 한국인 영양소 섭취기준 – 에너지와 다량영양소

보건복지부, 2020

성별	연령	에너지(kcal/일) 필요추정량	권장섭취량	충분섭취량	상한섭취량	탄수화물(g/일) 평균필요량	권장섭취량	충분섭취량	상한섭취량	식이섬유(g/일) 평균필요량	권장섭취량	충분섭취량	상한섭취량
영아	0–5(개월)	500						60					
	6–11	600						90					
유아	1–2(세)	900				100	130					15	
	3–5	1,400				100	130					20	
남자	6–8(세)	1,700				100	130					25	
	9–11	2,000				100	130					25	
	12–14	2,500				100	130					30	
	15–18	2,700				100	130					30	
	19–29	2,600				100	130					30	
	30–49	2,500				100	130					30	
	50–64	2,200				100	130					30	
	65–74	2,000				100	130					25	
	75 이상	1,900				100	130					25	
여자	6–8(세)	1,500				100	130					20	
	9–11	1,800				100	130					25	
	12–14	2,000				100	130					25	
	15–18	2,000				100	130					25	
	19–29	2,000				100	130					20	
	30–49	1,900				100	130					20	
	50–64	1,700				100	130					20	
	65–74	1,600				100	130					20	
	75 이상	1,500				100	130					20	
임신부[1]		+0 / +340 / +450				+35	+45					+5	
수유부		+340				+60	+80					+5	

성별	연령	지방(g/일) 평균필요량	권장섭취량	충분섭취량	상한섭취량	리놀레산(g/일) 평균필요량	권장섭취량	충분섭취량	상한섭취량	알파-리놀렌산(g/일) 평균필요량	권장섭취량	충분섭취량	상한섭취량	EPA+DHA(mg/일) 평균필요량	권장섭취량	충분섭취량	상한섭취량
영아	0–5(개월)			25				5.0				0.6				200[2]	
	6–11			25				7.0				0.8				300[2]	
유아	1–2(세)							4.5				0.6					
	3–5							7.0				0.9					
남자	6–8(세)							9.0				1.1				200	
	9–11							9.5				1.3				220	
	12–14							12.0				1.5				230	
	15–18							14.0				1.7				230	
	19–29							13.0				1.6				210	
	30–49							11.5				1.4				400	
	50–64							9.0				1.4				500	
	65–74							7.0				1.2				310	
	75 이상							5.0				0.9				280	
여자	6–8(세)							7.0				0.8				200	
	9–11							9.0				1.1				150	
	12–14							9.0				1.2				210	
	15–18							10.0				1.1				100	
	19–29							10.0				1.2				150	
	30–49							8.5				1.2				260	
	50–64							7.0				1.2				240	
	65–74							4.5				1.0				150	
	75 이상							3.0				0.4				140	
임신부								+0				+0				+0	
수유부								+0				+0				+0	

[1] 1,2,3 분기별 부가량
[2] DHA

성별	연령	단백질(g/일)				메티오닌(g/일)				류신(g/일)			
		평균 필요량	권장 섭취량	충분 섭취량	상한 섭취량	평균 필요량	권장 섭취량	충분 섭취량	상한 섭취량	평균 필요량	권장 섭취량	충분 섭취량	상한 섭취량
영아	0–5(개월)			10				0.4				1.0	
	6–11	12	15			0.3	0.4			0.6	0.8		
유아	1–2(세)	15	20			0.3	0.4			0.6	0.8		
	3–5	20	25			0.3	0.4			0.7	1.0		
남자	6–8(세)	30	35			0.5	0.6			1.1	1.3		
	9–11	40	50			0.7	0.8			1.5	1.9		
	12–14	50	60			1.0	1.2			2.2	2.7		
	15–18	55	65			1.2	1.4			2.6	3.2		
	19–29	50	65			1.0	1.4			2.4	3.1		
	30–49	50	65			1.1	1.3			2.4	3.1		
	50–64	50	60			1.1	1.3			2.3	2.8		
	65–74	50	60			1.0	1.3			2.2	2.8		
	75 이상	50	60			0.9	1.1			2.1	2.7		
여자	6–8(세)	30	35			0.5	0.6			1.0	1.3		
	9–11	40	45			0.6	0.7			1.5	1.8		
	12–14	45	55			0.8	1.0			1.9	2.4		
	15–18	45	55			0.8	1.1			2.0	2.4		
	19–29	45	55			0.8	1.0			2.0	2.5		
	30–49	40	50			0.8	1.0			1.9	2.4		
	50–64	40	50			0.8	1.1			1.9	2.3		
	65–74	40	50			0.7	0.9			1.8	2.2		
	75 이상	40	50			0.7	0.9			1.7	2.1		
임신부[1]		+12 +25	+15 +30			1.1	1.4			2.5	3.1		
수유부		+20	+25			1.1	1.5			2.8	3.5		

성별	연령	이소류신(g/일)				발린(g/일)				라이신(g/일)			
		평균 필요량	권장 섭취량	충분 섭취량	상한 섭취량	평균 필요량	권장 섭취량	충분 섭취량	상한 섭취량	평균 필요량	권장 섭취량	충분 섭취량	상한 섭취량
영아	0–5(개월)			0.6				0.6				0.7	
	6–11	0.3	0.4			0.3	0.5			0.6	0.8		
유아	1–2(세)	0.3	0.4			0.4	0.5			0.6	0.7		
	3–5	0.3	0.4			0.4	0.5			0.6	0.8		
남자	6–8(세)	0.5	0.6			0.6	0.7			1.0	1.2		
	9–11	0.7	0.8			0.9	1.1			1.4	1.8		
	12–14	1.0	1.2			1.2	1.6			2.1	2.5		
	15–18	1.2	1.4			1.5	1.8			2.3	2.9		
	19–29	1.0	1.4			1.4	1.7			2.5	3.1		
	30–49	1.1	1.4			1.4	1.7			2.4	3.1		
	50–64	1.1	1.3			1.3	1.6			2.3	2.9		
	65–74	1.0	1.3			1.3	1.6			2.2	2.9		
	75 이상	0.9	1.1			1.1	1.5			2.2	2.7		
여자	6–8(세)	0.5	0.6			0.6	0.7			0.9	1.3		
	9–11	0.6	0.7			0.9	1.1			1.3	1.6		
	12–14	0.8	1.0			1.2	1.4			1.8	2.2		
	15–18	0.8	1.1			1.2	1.4			1.8	2.2		
	19–29	0.8	1.1			1.1	1.3			2.1	2.6		
	30–49	0.8	1.0			1.0	1.4			2.0	2.5		
	50–64	0.8	1.1			1.1	1.3			1.9	2.4		
	65–74	0.7	0.9			0.9	1.3			1.8	2.3		
	75 이상	0.7	0.9			0.9	1.1			1.7	2.1		
임신부		1.1	1.4			1.4	1.7			2.3	2.9		
수유부		1.3	1.7			1.6	1.9			2.5	3.1		

[1] 2,3 분기별 부가량

성별	연령	페닐알라닌+티로신(g/일)				트레오닌(g/일)				트립토판(g/일)			
		평균필요량	권장섭취량	충분섭취량	상한섭취량	평균필요량	권장섭취량	충분섭취량	상한섭취량	평균필요량	권장섭취량	충분섭취량	상한섭취량
영아	0-5(개월)			0.9				0.5				0.2	
	6-11	0.5	0.7			0.3	0.4			0.1	0.1		
유아	1-2(세)	0.5	0.7			0.3	0.4			0.1	0.1		
	3-5	0.6	0.7			0.3	0.4			0.1	0.1		
남자	6-8(세)	0.9	1.0			0.5	0.6			0.1	0.2		
	9-11	1.3	1.6			0.7	0.9			0.2	0.2		
	12-14	1.8	2.3			1.0	1.3			0.3	0.3		
	15-18	2.1	2.6			1.2	1.5			0.3	0.4		
	19-29	2.8	3.6			1.1	1.5			0.3	0.3		
	30-49	2.9	3.5			1.2	1.5			0.3	0.3		
	50-64	2.7	3.4			1.1	1.4			0.3	0.3		
	65-74	2.5	3.3			1.1	1.3			0.2	0.3		
	75 이상	2.5	3.1			1.0	1.3			0.2	0.3		
여자	6-8(세)	0.8	1.0			0.5	0.6			0.1	0.2		
	9-11	1.2	1.5			0.6	0.9			0.2	0.3		
	12-14	1.6	1.9			0.9	1.2			0.2	0.3		
	15-18	1.6	2.0			0.9	1.2			0.2	0.3		
	19-29	2.3	2.9			0.9	1.1			0.2	0.3		
	30-49	2.3	2.8			0.9	1.2			0.2	0.3		
	50-64	2.2	2.7			0.8	1.1			0.2	0.3		
	65-74	2.1	2.6			0.8	1.0			0.2	0.2		
	75 이상	2.0	2.4			0.7	0.9			0.2	0.2		
임신부		0.8	1.0			3.0	3.8			0.3	0.4		
수유부		0.8	1.1			3.7	4.7			0.4	0.5		

성별	연령	히스티딘(g/일)				수분(mL/일)					
		평균필요량	권장섭취량	충분섭취량	상한섭취량	음식	물	음료	충분섭취량 액체	충분섭취량 총수분	상한섭취량
영아	0-5(개월)			0.1					700	700	
	6-11	0.2	0.3			300			500	800	
유아	1-2(세)	0.2	0.3			300	362	0	700	1,000	
	3-5	0.2	0.3			400	491	0	1,100	1,500	
남자	6-8(세)	0.3	0.4			900	589	0	800	1,700	
	9-11	0.5	0.6			1,100	686	1.2	900	2,000	
	12-14	0.7	0.9			1,300	911	1.9	1,100	2,400	
	15-18	0.9	1.0			1,400	920	6.4	1,200	2,600	
	19-29	0.8	1.0			1,400	981	262	1,200	2,600	
	30-49	0.7	1.0			1,300	957	289	1,200	2,500	
	50-64	0.7	0.9			1,200	940	75	1,000	2,200	
	65-74	0.7	1.0			1,100	904	20	1,000	2,100	
	75 이상	0.7	0.8			1,000	662	12	1,100	2,100	
여자	6-8(세)	0.3	0.4			800	514	0	800	1,600	
	9-11	0.4	0.5			1,000	643	0	900	1,900	
	12-14	0.6	0.7			1,100	610	0	900	2,000	
	15-18	0.6	0.7			1,100	659	7.3	900	2,000	
	19-29	0.6	0.8			1,100	709	126	1,000	2,100	
	30-49	0.6	0.8			1,000	772	124	1,000	2,000	
	50-64	0.6	0.7			900	784	27	1,000	1,900	
	65-74	0.5	0.7			900	624	9	900	1,800	
	75 이상	0.5	0.7			800	552	5	1,000	1,800	
임신부		1.2	1.5							+200	
수유부		1.3	1.7						+500	+700	

성별	연령	비타민 A(μg RAE/일)				비타민 D(μg/일)			
		평균 필요량	권장 섭취량	충분 섭취량	상한 섭취량	평균 필요량	권장 섭취량	충분 섭취량	상한 섭취량
영아	0–5(개월)			350	600			5	25
	6–11			450	600			5	25
유아	1–2(세)	190	250		600			5	30
	3–5	230	300		750			5	35
남자	6–8(세)	310	450		1,100			5	40
	9–11	410	600		1,600			5	60
	12–14	530	750		2,300			10	100
	15–18	620	850		2,800			10	100
	19–29	570	800		3,000			10	100
	30–49	560	800		3,000			10	100
	50–64	530	750		3,000			10	100
	65–74	510	700		3,000			15	100
	75 이상	500	700		3,000			15	100
여자	6–8(세)	290	400		1,100			5	40
	9–11	390	550		1,600			5	60
	12–14	480	650		2,300			10	100
	15–18	450	650		2,800			10	100
	19–29	460	650		3,000			10	100
	30–49	450	650		3,000			10	100
	50–64	430	600		3,000			10	100
	65–74	410	600		3,000			15	100
	75 이상	410	600		3,000			15	100
임신부		+50	+70		3,000			+0	100
수유부		+350	+490		3,000			+0	100

성별	연령	비타민 E(mg α–TE/일)				비타민 K(μg/일)			
		평균 필요량	권장 섭취량	충분 섭취량	상한 섭취량	평균 필요량	권장 섭취량	충분 섭취량	상한 섭취량
영아	0–5(개월)			3				4	
	6–11			4				6	
유아	1–2(세)			5	100			25	
	3–5			6	150			30	
남자	6–8(세)			7	200			40	
	9–11			9	300			55	
	12–14			11	400			70	
	15–18			12	500			80	
	19–29			12	540			75	
	30–49			12	540			75	
	50–64			12	540			75	
	65–74			12	540			75	
	75 이상			12	540			75	
여자	6–8(세)			7	200			40	
	9–11			9	300			55	
	12–14			11	400			65	
	15–18			12	500			65	
	19–29			12	540			65	
	30–49			12	540			65	
	50–64			12	540			65	
	65–74			12	540			65	
	75 이상			12	540			65	
임신부				+0	540			+0	
수유부				+3	540			+0	

③ 2020 한국인 영양소 섭취기준 – 수용성 비타민

성별	연령	비타민 C(mg/일)				티아민(mg/일)			
		평균 필요량	권장 섭취량	충분 섭취량	상한 섭취량	평균 필요량	권장 섭취량	충분 섭취량	상한 섭취량
영아	0–5(개월)			40				0.2	
	6–11			55				0.3	
유아	1–2(세)	30	40		340	0.4	0.4		
	3–5	35	45		510	0.4	0.5		
남자	6–8(세)	40	50		750	0.5	0.7		
	9–11	55	70		1,100	0.7	0.9		
	12–14	70	90		1,400	0.9	1.1		
	15–18	80	100		1,600	1.1	1.3		
	19–29	75	100		2,000	1.0	1.2		
	30–49	75	100		2,000	1.0	1.2		
	50–64	75	100		2,000	1.0	1.2		
	65–74	75	100		2,000	0.9	1.1		
	75 이상	75	100		2,000	0.9	1.1		
여자	6–8(세)	40	50		750	0.6	0.7		
	9–11	55	70		1,100	0.8	0.9		
	12–14	70	90		1,400	0.9	1.1		
	15–18	80	100		1,600	0.9	1.1		
	19–29	75	100		2,000	0.9	1.1		
	30–49	75	100		2,000	0.9	1.1		
	50–64	75	100		2,000	0.9	1.1		
	65–74	75	100		2,000	0.8	1.0		
	75 이상	75	100		2,000	0.7	0.8		
임신부		+10	+10		2,000	+0.4	+0.4		
수유부		+35	+40		2,000	+0.3	+0.4		

성별	연령	리보플라빈(mg/일)				니아신(mg NE/일)[1]			
		평균 필요량	권장 섭취량	충분 섭취량	상한 섭취량	평균 필요량	권장 섭취량	충분 섭취량	상한섭취량 니코틴산/니코틴아미드
영아	0–5(개월)			0.3				2	
	6–11			0.4				3	
유아	1–2(세)	0.4	0.5			4	6		10/180
	3–5	0.5	0.6			5	7		10/250
남자	6–8(세)	0.7	0.9			7	9		15/350
	9–11	0.9	1.1			9	11		20/500
	12–14	1.2	1.5			11	15		25/700
	15–18	1.4	1.7			13	17		30/800
	19–29	1.3	1.5			12	16		35/1000
	30–49	1.3	1.5			12	16		35/1000
	50–64	1.3	1.5			12	16		35/1000
	65–74	1.2	1.4			11	14		35/1000
	75 이상	1.1	1.3			10	13		35/1000
여자	6–8(세)	0.6	0.8			7	9		15/350
	9–11	0.8	1.0			9	12		20/500
	12–14	1.0	1.2			11	15		25/700
	15–18	1.0	1.2			11	14		30/800
	19–29	1.0	1.2			11	14		35/1000
	30–49	1.0	1.2			11	14		35/1000
	50–64	1.0	1.2			11	14		35/1000
	65–74	0.9	1.1			10	13		35/1000
	75 이상	0.8	1.0			9	12		35/1000
임신부		+0.3	+0.4			+3	+4		35/1000
수유부		+0.4	+0.5			+2	+3		35/1000

[1] 1 mg NE(니아신 당량)=1 mg 니아신=60 mg 트립토판

성별	연령	비타민 B$_6$(mg/일)				엽산(μg DFE/일)[1]			
		평균 필요량	권장 섭취량	충분 섭취량	상한 섭취량	평균 필요량	권장 섭취량	충분 섭취량	상한 섭취량[2]
영아	0-5(개월)			0.1				65	
	6-11			0.3				90	
유아	1-2(세)	0.5	0.6		20	120	150		300
	3-5	0.6	0.7		30	150	180		400
남자	6-8(세)	0.7	0.9		45	180	220		500
	9-11	0.9	1.1		60	250	300		600
	12-14	1.3	1.5		80	300	360		800
	15-18	1.3	1.5		95	330	400		900
	19-29	1.3	1.5		100	320	400		1,000
	30-49	1.3	1.5		100	320	400		1,000
	50-64	1.3	1.5		100	320	400		1,000
	65-74	1.3	1.5		100	320	400		1,000
	75 이상	1.3	1.5		100	320	400		1,000
여자	6-8(세)	0.7	0.9		45	180	220		500
	9-11	0.9	1.1		60	250	300		600
	12-14	1.2	1.4		80	300	360		800
	15-18	1.2	1.4		95	330	400		900
	19-29	1.2	1.4		100	320	400		1,000
	30-49	1.2	1.4		100	320	400		1,000
	50-64	1.2	1.4		100	320	400		1,000
	65-74	1.2	1.4		100	320	400		1,000
	75 이상	1.2	1.4		100	320	400		1,000
임신부		+0.7	+0.8		100	+200	+220		1,000
수유부		+0.7	+0.8		100	+130	+150		1,000

성별	연령	비타민 B$_{12}$(μg/일)				판토텐산(mg/일)				비오틴(μg/일)			
		평균 필요량	권장 섭취량	충분 섭취량	상한 섭취량	평균 필요량	권장 섭취량	충분 섭취량	상한 섭취량	평균 필요량	권장 섭취량	충분 섭취량	상한 섭취량
영아	0-5(개월)			0.3				1.7				5	
	6-11			0.5				1.9				7	
유아	1-2(세)	0.8	0.9					2				9	
	3-5	0.9	1.1					2				12	
남자	6-8(세)	1.1	1.3					3				15	
	9-11	1.5	1.7					4				20	
	12-14	1.9	2.3					5				25	
	15-18	2.0	2.4					5				30	
	19-29	2.0	2.4					5				30	
	30-49	2.0	2.4					5				30	
	50-64	2.0	2.4					5				30	
	65-74	2.0	2.4					5				30	
	75 이상	2.0	2.4					5				30	
여자	6-8(세)	1.1	1.3					3				15	
	9-11	1.5	1.7					4				20	
	12-14	1.9	2.3					5				25	
	15-18	2.0	2.4					5				30	
	19-29	2.0	2.4					5				30	
	30-49	2.0	2.4					5				30	
	50-64	2.0	2.4					5				30	
	65-74	2.0	2.4					5				30	
	75 이상	2.0	2.4					5				30	
임신부		+0.2	+0.2					+1.0				+0	
수유부		+0.3	+0.4					+2.0				+5	

[1] Dietary Folate Equivalents, 가임기 여성의 경우 400 μg/일의 엽산보충제 섭취를 권장함.
[2] 엽산의 상한섭취량은 보충제 또는 강화식품의 형태로 섭취한 μg/일에 해당됨.

④ 2020 한국인 영양소 섭취기준 – 다량 무기질

성별	연령	칼슘(mg/일)				인(mg/일)				나트륨(mg/일)			
		평균필요량	권장섭취량	충분섭취량	상한섭취량	평균필요량	권장섭취량	충분섭취량	상한섭취량	필요추정량	권장섭취량	충분섭취량	만성질환위험감소섭취량
영아	0–5(개월)			250	1,000			100				110	
	6–11			300	1,500			300				370	
유아	1–2(세)	400	500		2,500	380	450		3,000			810	1,200
	3–5	500	600		2,500	480	550		3,000			1,000	1,600
남자	6–8(세)	600	700		2,500	500	600		3,000			1,200	1,900
	9–11	650	800		3,000	1,000	1,200		3,500			1,500	2,300
	12–14	800	1,000		3,000	1,000	1,200		3,500			1,500	2,300
	15–18	750	900		3,000	1,000	1,200		3,500			1,500	2,300
	19–29	650	800		2,500	580	700		3,500			1,500	2,300
	30–49	650	800		2,500	580	700		3,500			1,500	2,300
	50–64	600	750		2,000	580	700		3,500			1,500	2,300
	65–74	600	700		2,000	580	700		3,500			1,300	2,100
	75 이상	600	700		2,000	580	700		3,000			1,100	1,700
여자	6–8(세)	600	700		2,500	480	550		3,000			1,200	1,900
	9–11	650	800		3,000	1,000	1,200		3,500			1,500	2,300
	12–14	750	900		3,000	1,000	1,200		3,500			1,500	2,300
	15–18	700	800		3,000	1,000	1,200		3,500			1,500	2,300
	19–29	550	700		2,500	580	700		3,500			1,500	2,300
	30–49	550	700		2,500	580	700		3,500			1,500	2,300
	50–64	600	800		2,000	580	700		3,500			1,500	2,300
	65–74	600	800		2,000	580	700		3,500			1,300	2,100
	75 이상	600	800		2,000	580	700		3,000			1,100	1,700
임신부		+0	+0		2,500	+0	+0		3,000			1,500	2,300
수유부		+0	+0		2,500	+0	+0		3,500			1,500	2,300

성별	연령	염소(mg/일)				칼륨(mg/일)				마그네슘(mg/일)			
		평균필요량	권장섭취량	충분섭취량	상한섭취량	평균필요량	권장섭취량	충분섭취량	상한섭취량	평균필요량	권장섭취량	충분섭취량	상한섭취량[1]
영아	0–5(개월)			170				400				25	
	6–11			560				700				55	
유아	1–2(세)			1,200				1,900		60	70		60
	3–5			1,600				2,400		90	110		90
남자	6–8(세)			1,900				2,900		130	150		130
	9–11			2,300				3,400		190	220		190
	12–14			2,300				3,500		260	320		270
	15–18			2,300				3,500		340	410		350
	19–29			2,300				3,500		300	360		350
	30–49			2,300				3,500		310	370		350
	50–64			2,300				3,500		310	370		350
	65–74			2,100				3,500		310	370		350
	75 이상			1,700				3,500		310	370		350
여자	6–8(세)			1,900				2,900		130	150		130
	9–11			2,300				3,400		180	220		190
	12–14			2,300				3,500		240	290		270
	15–18			2,300				3,500		290	340		350
	19–29			2,300				3,500		230	280		350
	30–49			2,300				3,500		240	280		350
	50–64			2,300				3,500		240	280		350
	65–74			2,100				3,500		240	280		350
	75 이상			1,700				3,500		240	280		350
임신부				2,300				+0		+30	+40		350
수유부				2,300				+400		+0	+0		350

[1] 식품외 급원의 마그네슘에만 해당

성별	연령	철(mg/일)				아연(mg/일)				구리(μg/일)			
		평균필요량	권장섭취량	충분섭취량	상한섭취량	평균필요량	권장섭취량	충분섭취량	상한섭취량	평균필요량	권장섭취량	충분섭취량	상한섭취량
영아	0-5(개월)			0.3	40				2			240	
	6-11	4	6		40	2	3					330	
유아	1-2(세)	4.5	6		40	2	3		6	220	290		1,700
	3-5	5	7		40	3	4		9	270	350		2,600
남자	6-8(세)	7	9		40	5	5		13	360	470		3,700
	9-11	8	11		40	7	8		19	470	600		5,500
	12-14	11	14		40	7	8		27	600	800		7,500
	15-18	11	14		45	8	10		33	700	900		9,500
	19-29	8	10		45	9	10		35	650	850		10,000
	30-49	8	10		45	8	10		35	650	850		10,000
	50-64	8	10		45	8	10		35	650	850		10,000
	65-74	7	9		45	8	9		35	600	800		10,000
	75 이상	7	9		45	7	9		35	600	800		10,000
여자	6-8(세)	7	9		40	4	5		13	310	400		3,700
	9-11	8	10		40	7	8		19	420	550		5,500
	12-14	12	16		40	6	8		27	500	650		7,500
	15-18	11	14		45	7	9		33	550	700		9,500
	19-29	11	14		45	7	8		35	500	650		10,000
	30-49	11	14		45	7	8		35	500	650		10,000
	50-64	6	8		45	6	8		35	500	650		10,000
	65-74	6	8		45	6	7		35	460	600		10,000
	75 이상	5	7		45	6	7		35	460	600		10,000
임신부		+8	+10		45	+2.0	+2.5		35	+100	+130		10,000
수유부		+0	+0		45	+4.0	+5.0		35	+370	+480		10,000

성별	연령	불소(mg/일)				망간(mg/일)				요오드(μg/일)			
		평균필요량	권장섭취량	충분섭취량	상한섭취량	평균필요량	권장섭취량	충분섭취량	상한섭취량	평균필요량	권장섭취량	충분섭취량	상한섭취량
영아	0-5(개월)			0.01	0.6			0.01				130	250
	6-11			0.4	0.8			0.8				180	250
유아	1-2(세)			0.6	1.2			1.5	2.0	55	80		300
	3-5			0.9	1.8			2.0	3.0	65	90		300
남자	6-8(세)			1.3	2.6			2.5	4.0	75	100		500
	9-11			1.9	10.0			3.0	6.0	85	110		500
	12-14			2.6	10.0			4.0	8.0	90	130		1,900
	15-18			3.2	10.0			4.0	10.0	95	130		2,200
	19-29			3.4	10.0			4.0	11.0	95	150		2,400
	30-49			3.4	10.0			4.0	11.0	95	150		2,400
	50-64			3.2	10.0			4.0	11.0	95	150		2,400
	65-74			3.1	10.0			4.0	11.0	95	150		2,400
	75 이상			3.0	10.0			4.0	11.0	95	150		2,400
여자	6-8(세)			1.3	2.5			2.5	4.0	75	100		500
	9-11			1.8	10.0			3.0	6.0	80	110		500
	12-14			2.4	10.0			3.5	8.0	90	130		1,900
	15-18			2.7	10.0			3.5	10.0	95	130		2,200
	19-29			2.8	10.0			3.5	11.0	95	150		2,400
	30-49			2.7	10.0			3.5	11.0	95	150		2,400
	50-64			2.6	10.0			3.5	11.0	95	150		2,400
	65-74			2.5	10.0			3.5	11.0	95	150		2,400
	75 이상			2.3	10.0			3.5	11.0	95	150		2,400
임신부				+0	10.0			+0	11.0	+65	+90		
수유부				+0	10.0			+0	11.0	+130	+190		

성별	연령	셀레늄(µg/일)				몰리브덴(µg/일)				크롬(µg/일)			
		평균필요량	권장섭취량	충분섭취량	상한섭취량	평균필요량	권장섭취량	충분섭취량	상한섭취량	평균필요량	권장섭취량	충분섭취량	상한섭취량
영아	0–5(개월)			9	40							0.2	
	6–11			12	65							4.0	
유아	1–2(세)	19	23		70	8	10		100			10	
	3–5	22	25		100	10	12		150			10	
남자	6–8(세)	30	35		150	15	18		200			15	
	9–11	40	45		200	15	18		300			20	
	12–14	50	60		300	25	30		450			30	
	15–18	55	65		300	25	30		550			35	
	19–29	50	60		400	25	30		600			30	
	30–49	50	60		400	25	30		600			30	
	50–64	50	60		400	25	30		550			30	
	65–74	50	60		400	23	28		550			25	
	75 이상	50	60		400	23	28		550			25	
여자	6–8(세)	30	35		150	15	18		200			15	
	9–11	40	45		200	15	18		300			20	
	12–14	50	60		300	20	25		400			20	
	15–18	55	65		300	20	25		500			20	
	19–29	50	60		400	20	25		500			20	
	30–49	50	60		400	20	25		500			20	
	50–64	50	60		400	20	25		450			20	
	65–74	50	60		400	18	22		450			20	
	75 이상	50	60		400	18	22		450			20	
임신부		+3	+4		400	+0	+0		500			+5	
수유부		+9	+10		400	+3	+3		500			+20	

{참고문헌}

국내서적

고지혈증 치료지침 제정위원회. 고지혈증과 동맥경화증. 신광출판사, 1998

김대진 외. 영양과 건강. 유한문화사, 2000

김대진 외. 생활속의 영양학. 라이프사이언스, 2005

김숙희 외. 기초영양학. 신광출판사, 2004

농촌진흥청, 국립농업과학원, 국가표준식품성분표, 2019

박인국 역. 생리학. 라이프 사이언스, 2004

박태선 · 김은경. 현대인의 생활영양. 교문사, 2000

변기원 외. 영양소대사의 이해를 돕는 고급영양학. 교문사, 2021

보건복지부, 한국영양학회, 2020 한국인 영양소 섭취기준, 2020

이혜성 외. 최신 영양학. 도서출판 효일, 2004

질병관리본부, 2019 국민건강통계, 2020

질병관리본부, 대한소아과학회, 2017 소아청소년 성장도표, 2017

최혜미 외. 21세기 영양학 원리. 교문사, 2021

최혜미 외. 21세기 영양학. 교문사, 2021

한국보건산업진흥원. 2014 국민영양통계 : 국민건강영양조사 제6기 2차년도 영양조사부문, 2017

국외서적

Boyle MA. Personal Nutrition. 4th ed., Wadsworth, 2001

Castro GA, Johnson LR. Gastrointestinal Physiology, Digestion and Absorption. 4th ed., St. Louis, Mosby, 1991

Dawson-Hughes B. Osteoporosis. in Bowman BA, Russell RM, Present Knowledge in Nutrition. Washington, DC: ILSI Press, 2001

Gropper SS, Smith JL, Groff JL. Advanced Nutrition and Human Metabolism. 4th ed., Thomason learning, 2005

Kaufman M. Nutrition in Public Health. Aspen Publication Rockville Maryland, 1990

Lee DL, Nieman DC. Nutritional Assessment. 2nd ed., Mosby St Louis, 1996

Leeds MJ. Nutirion for Healthy Living, McGraw-Hill, 1998

Mahan LK, Escott-Syump S. Krause's Food, Nutrition and Diet Therapy. 11th ed., Saunders, 2004

Martorell R. Child growth retardation: a discussion of its changes and its relationship to health In: Blaxter XL, Waterlow JC eds., Nutrition Adaption in Man, John Libbey London Paris, 1985. p.13~29

National Academy of Science. Recommended Dietary Allowances. 10th ed., National Academy Press, 1990

Preuss H. Sodium, Chloride and Potassium. in Bowman BA, Present Knowledge in Nutrition.

Washington, DC: ILSI Press, 2001

Roth RA, Townsend CE. Nutrition and Diet Therapy. 8th ed., Thomason learning, 2003

Sahn DE, Lockwood R, Scrimshaw NS(eds). Methods for the Evaluation of the Impact of Food and Nutrition Programes. United Nations University, 1984

Shils ME, Olson JA, Shike M. Modern Nutrition in Health and Disease. 8th ed., Lea & Febiger, 1994

Sizer F, Whitney EN. Nutrition-concepts and Controversies. 9th ed., Thomason learning, 2003

Vander A. Human physiology. McGraw-Hill, 2001

Wardlaw GM & Insel PM. Contemporary Nutrition: Issues &Insights, 5th Ed., Mosby, 2002

Wardlaw GM, Hampl JS, Disilvestro RA. Perspectives in Nutrition. McGraw-Hill, 2004

Wardlaw GM, Insel PM. Contemporary Nutrition 2nd ed., Mosby St Louis, 1992

Whiney EN, Rolfes SR. Understanding Nutrition. 9th ed., Wadsworth, 2002

Widmaier EP, Raff H, Strang KT. Vander, Sherman, Luciano' s Human Physiology: The Mechanisms of Body Function. 9th ed., McGrawHill, 2004

Williams SR. Basic Nutrition and Diet Therapy. 11th ed., Mosby, 2001

{찾아보기}

ㄱ

가수소 과정(hydrogenation) 93

가스트린(gastrin) 35

각막연화증(keratomalacia) 270

각질화(keratinization) 269

간(liver) 33

간성혼수(hepatic coma) 156

간접 열량측정법(indirect calorimetry) 179

갈락토오스(galactose) 47

갑상선기능 항진증(hyperthyroidism) 352

갑상선호르몬(thyroxine) 66

갑상선 호르몬 부족증(hypothyroidism) 351

건강기능식품 27

건성각기(dry beriberi) 212

경계결핍(marginal deficiency) 7

고나트륨혈증(hypernatremia) 351

고밀도 지단백질(high density lipoprotein ; HDL) 101

고카로틴증(hypercarotenosis ; carotenosis) 271

고칼슘혈증(hypercalcemia) 279, 308

고혈압(Hypernatremia) 324

골감소증(osteopenia) 307

골다공증(osteoporosis) 278, 305

골연화증(osteomalacia) 278, 307

공장(jejunum) 33

과당(fructose) 47

과당 1,6-이인산(fructose 1,6-diphosphate) 59

과체중(overweight) 193

관강 33

구루병(rickets) 278

구리(copper ; Cu) 355

구연산(citrate) 57

구형 단백질(globular protein) 142

굴로노락톤 산화효소(gulonolactone oxidase) 253

권장섭취량(recommended intake ; RI) 19

균형(balance) 11

근육경련(tetany) 278

글루카곤(glucagon) 66

글루쿠론산 회로(glucuronic acid cycle) 64

글루타티온 과산화효소(glutathione peroxidase) 363

글리세르알데히드(glyceraldehyde) 59

글리신(glycine) 110

글리코겐(glycogen) 174

글리코겐 분해(glycogenolysis) 62

글리코겐 합성(glycogenesis) 57, 63

글리코겐 합성효소(glycogen synthetase) 61

글리코사이드 결합(glycosidic bond) 48

기록법(diet record method) 10

기초대사량(basal energy expenditure ; BEE) 175

기초식품군 13

긴 사슬지방(long chain triglyceride ; LCT) 89, 96

긴 사슬 지방산(long-chain fatty acid) 89

ㄴ

나트륨(sodium ; Na) 321

나트륨-칼륨펌프(sodium-potasium pump) 327

내적인자(intrinsic factor ; IF) 247

네오탐(neotame) 69

능동수송(active transport) 323

니아신(Niacin) 220

니아신 등가(Niacin Equivalent ; NE) 222

니아신 홍조(niacin flush) 221

니코틴산(nicotinic acid) 220

니코틴아미드(nicotinamide) 220

ㄷ

다가불포화지방산(polyunsaturated fatty acid ; PUFA) 135

다당류(polysaccharide) 47, 50

다량 무기질(macrominerals) 297

다양성(variety) 11

다이글리세라이드(diglyceride ; DG) 87, 96

다이케토굴론산(diketogulonic acid) 253

다이펩티드(dipeptide) 142

단당류(monosaccharide) 47

단백질(protein) 139

단백질 실이용율(net protein utilization : NPU) 161

단백질 함량 166

단백질 효율비(protein efficiency ratio ; PER) 161

단순갑상선종(simple goiter) 351

단순단백질(simple protein) 139

단일 탄소 운반체(one carbon transfer) 241

단일불포화지방산(monounsaturated fatty acid ; MUFA) 121

담낭(gallbladder) 33

담즙산(cholic acid) 97, 110

당생성 아미노산(glucogenic amino acid) 154

당질코르티코이드(glucocorticoid) 66

대장(large intestine) 33

덱스트란(dextran) 72

도코사헥사에노산(docosahexaenoic acid) 91

DNA(deoxyribonucleic acid) 48, 152

디옥시리보오스(deoxyribose) 47, 48

DFE(dietary folate equivalent) 242

디쿠마롤(dicumarol) 289

디하이드로아스코르브산(dehydroascorbic acid, 산화형) 253

ㄹ

라이소인지질(lysopholipid) 97

라이신(lysine) 230

리파아제(lipase) 96, 106

라피노오스(raffinose) 50
락타아제(lactase) 48, 54
레닌(renin) 321
레시틴(lecithin) 94
레티날(retinal) 267
레티노이드(retinoid) 267
레티노인산(retinoic acid) 267
레티놀(Retinol) 208
레티놀 활성당량(RAE) 272
렙틴(leptin) 199
로돕신(rhodopsin) 269
루코트리엔(leucotriene) 115
리그닌(lignin) 51
리놀레산(linoleic acid) 91
리보오스(ribose) 47
리보좀(ribosome) 152
리보플라빈(Riboflavin) 208, 216
리비톨(ribitol) 216

ㅁ

마그네슘(magnesium ; Mg) 317
마라스무스(marasmus) 165
마이엘린(myelin) 248
만니톨(mannitol) 69
말로닐(malonyl) 109
말산(malate) 60
말타아제(maltase) 53
망간(manganese ; Mn) 365
맥아당(maltose) 48
메발론산(mevalonic acid) 111
메탈로티오네인(metallothionein) 346, 355
메티오닌 332

면역작용 147
모낭각화증(folliculosis) 270
모노글루타메이트(monoglutamate) 240
모노글리세라이드(monoglyceride ; MG) 87, 97
몰리브덴(molybdenum ; Mo) 368
물의 기능 374
뮤신(mucin) 36
미량 무기질(microminerals) 297
미세융모(microvilli) 37
미셀(micelle) 95
미오글로빈(myoglobin) 341
미오신(myosin) 305

ㅂ

발육 표준치 10
β-산화(β-oxidation) 106
베타-카로틴(beta-carotene ; β-carotene) 267
베타-카로틴혈증(beta carotenemia) 271
β-하이드록시뷰티르산(β-hydroxybutyric acid) 68
베타인(betaine) 261
벽세포(parietal cell) 247
복합단백질(complex potein) 139
봄 열량계(bomb caloriemeter) 177
부갑상선호르몬(parathyroid hormone ; PTH) 277, 302
부정맥(arrhythmia) 328
부티르산(butyric acid) 109
불소(fluoride ; F) 360
불완전단백질(incomplete protein) 157

불포화지방산(unsaturated fatty acid) 90

불필수아미노산(nonessential amino acid) 140

브로카지수(broca 지수) 194

비만(obesity) 193

BHA(butylated hydroxyanisole) 94

BHT(butylated hydroxytoluene) 94

비오시틴(biocytin) 230

비오틴(Biotin) 109, 230

비장(spleen) 33

비타민 전구체(provitamins) 209

비타민 A(retinol) 267

비타민 B_6(pyridoxine) 234

비타민 B_{12}(cobalamin) 246

비타민 C(ascorbic acid) 252

비타민 D(cholecalciferol) 275

비타민 D의 전구체(7-dehydrocholesrerol) 114

비타민 E(tocopherol) 282

비타민 K(phylloquinone) 287

비타민 K_1(phylloquinone) 287

비타민 K_2(menaquinone) 287

비타민 K_3(menadione) 287

비토반점(bitot's spot) 270

비헴철(non-hemo iron) 339

빈 칼로리(empty calorie) 72

빛 과민증(photophobia) 217

뼈의 기질(bone matrix) 304

뼈의 재구성(bone remodeling) 269

사카린(saccharine) 69

산, 알칼리 평형(acid-alkali balance) 298

산화적 탈탄산반응(oxidative decarboxyla-tion) 212

삼투압(osmotic pressure) 327

상완위(mid-upper-arm circumference) 10

상한섭취량(tolerable upper intake level ; UL) 19

생난백상해(egg white injury) 231

생리적 에너지(physiological energy) 178

생물가(biological value ; BV) 161

생화학적 평가법(biochemical assessment) 9

서당(sucrose) 48

석회화(calcification) 279

섬유형 단백질(fibrous protein) 142

성장호르몬(growth hormone) 66

세린(serine) 94

세크레틴(secretin) 35, 97

세포간질액 373

세포 내 액 327, 373

세포 외 액 331, 373

셀레늄(selenium ; Se) 362

셀레늄 만성 중독(selenosis) 363

셀룰로오스(cellulose) 51

셀룰로플라스민(ceruloplasmin) 356

소장(small intestine) 33

소적혈구성, 저색소성 빈혈(microcytic, hypochomic anemia) 343

소화가능 에너지(digestible energy) 178

솔비톨(solbitol) 69

수산(oxalic acid) 301, 339

수산기(hydroxyl group) 87

수산화 반응(hydroxylation) 254

수용성 비타민(water-soluble vitamin) 207

수크랄로오스(sucralose) 69

수크라아제(sucrase) 54

숙시닐 Co A(succinyl Co A) 60

숙신산(succinate) 60, 217

스타키오스(stachyose) 50

스테로이드 호르몬(steroid hormone) 64, 114

스테아르산(stearic acid, 18 : 0) 89

습성각기(wet beriberi) 212

시스(cis) 92

시스테인 333

식도(esophagus) 33

식사력 조사법(diet history) 10

식사지침(dietary guidelines) 17

식생활 조사법(dietary assessment) 9

식이섬유(dietary fiber) 50

식이성 발열효과(thermic effect of food ; TEF) 176

식품교환표(food exchange) 21

식품구성자전거(food pagoda) 13

식품섭취 빈도법(food frequency method) 10

식품성분표 22

식품영양가표 22

신경성 식욕부진(anorexia nervosa) 192

신경성 폭식증(bulimia nervosa) 192

신체 계측법(anthropometric measurement) 9

산체활동 수준(physical activity level ; PAL) 188

실측법(weighing method) 10

십이지장(duodenum) 33

○

아라키돈산(arachidonic acid) 91

아미노기 전이반응(transamination) 152, 235

아미노기 전이효소(Transaminase ; GOT, GPT) 156

아미노산(amino acid) 140

아미노산가(amino acid score) 160

아밀로오스(amylose) 50

아밀로펙틴(amylopectin) 50

아비딘(avidin) 231

아세토아세트산(acetoacetic acid) 68

아세톤(acetone) 68

아세틸콜린(acetylcholine) 212

아스코르브산(Ascorbic acid) 208

아스파탐(aspartame) 69

아실(acyl) 106

아실 운반단백질(acyl carrier protein, ACP) 226

아실기(acyl group) 88

아연(zinc ; Zn) 346

아이코사노이드(eicosanoid) 115

아이코사펜타에노산(eicosapentaenoic acid) 91

아포단백질(apoprotein) 100

아황산염 산화효소(sulfide oxidase) 268

악성빈혈(pernicious anemia) 248

안구건조증(xerophthalmia) 270

α-리놀렌산(α-linolenic acid) 91

α-케토글루타르산(α-ketoglutarate) 60, 211

α-케토산(α-keto acid) 152

알데하이드 산화효소(aldehyde oxidase) 368

알도스테론(aldosteron) 321, 331

RNA(ribo nucleic acid) 48, 152

알팔파(alfalfa) 287

액틴(actin) 305

야맹증(night blindness) 270

에너지(energy) 173

에너지 적정비율 4

에너지 필요량 189

에르고스테롤(ergosterol) 209

ADP(adenosine diphosphate) 173

ATP(adenosine triphosphate) 41, 173

에스테르(ester) 87

에탄올아민(ethanolamine) 94

FAD(flavinadenindinucleotide) 60

에피네프린(epinephrine) 66

MFP(meat, fish, poultry) 340

N(newton) 177

NAD(nicothine adenine dinucleotide) 58

NADPH 64

염소(chloride ; Cl) 331

엽산(folic Acid ; folacin) 240

영양강조표시 18

영양보충제 27

영양소 기준치 19

영양소 섭취기준(dietary reference intakes ; DRIs) 19

영양표시제도(nutrition labeling) 18

오메가(omega, ω) 87

오스테오칼신(osteocalcin) 289

오탄당 인산회로(pentose phosphate pathway) 64

옥살로아세트산(oxaloacetate) 60, 111

올레산(oleic acid) 90

올리고당류(oligosaccharide) 47, 50

와파린(wafarin) 289

완전단백질(complete protein) 157

요돕신(Iodopsin) 269

요소회로(urea cycle) 156

요오드(iodine ; I) 350

요요현상(yo yo dieting) 199

용혈성 빈혈(hemolytic anemia) 284

우유-알칼리증(milk-alkali syndrome) 308

월경전증후군(premenstrual syndrome ; PMS) 237

위(stomach) 36

윌슨병(wilson's disease) 357

유기농식품(organic faddism) 28

유당(lactose) 48

유당분해효소(lactase) 73

유리라디칼(free radical) 363

유리지방산 97

유미즙(chyme) 38

유전적인 요소 5

유행식품(food faddism) 28

6탄당(hexose) 47

UDP-포도당(uridyl diphosphate-glucose) 62

UTP(uridyl triphosphate) 62

융모(villi) 40

이노시톨(inositol) 94

이당류(disaccharide) 47, 48

이소말타아제(isomaltase) 54

이소맥아당(isomaltose) 53

24시간 회상법(24-hour dietary recall method) 10

이중표시 수분방법 (doubly labeled water technique ; DLW) 182

이황화결합(disulfide bond ; S-S bond) 142

인(phosphorus ; p) 311

인산분해효소(phosphorylase) 62

인산칼슘 (calcium phosphate) 312

인슐린(insulin) 370

인지질(phospholipid) 87

인지질 가수분해 효소(포스포라이페이즈 ; phospholipase) 97

1인 1회 분량(serving size) 12

1일 수준(Daily Values ; DV) 19

1,3-이인산 글리세레이트 (1, 3-diphosphoglycerate) 59

임상 평가법(clinical assessment) 9

ㅈ

자연식품(natural foods) 28

자일리톨(xylitol) 69, 72

장간순환(enterohepatic circulation) 110

저나트륨혈증(hyponatremia) 323

저밀도 지단백질(low density lipoprotein ; LDL) 101

저칼슘혈증(hypocalcemia) 307

적응대사량(adaptive thermogenesis ; AT) 176

적혈구 용혈(erythrocyte hemolysis) 284

전기저항법(bioelectrical impedence analysis ; BIA) 196

전분(starch) 50

전해질(electrolyte) 300

절제/적절한 양(moderation) 11

젖산(lactic acid) 63

제한아미노산(limiting amino acid) 159

제1철(환원형, Fe^{2+} ; ferrous iron) 255

제2철(산화형, Fe^{3+} ; ferric iron) 255

조골세포(osteoblast) 304

조효소(coenzyme) 109

줄(joule) 177

중간 사슬 지방산(medium-chain fatty acid) 89

중간 사슬지방(medium chain triglyceride ; MCT) 89

중성지방(triglyceride) 87

중성지방합성(lipogenesis) 64

중탄산염($NaHCO_3$) 35

지단백질 분해효소(lipoprotein lipase) 103

지방산 합성효소(fatty acid synthetase, FAS) 109

지방세포 비대형 비만(hypertropic obesity) 197

지방세포 증식형 비만(hyperplastic obesity) 197

지용성 비타민(fat-soluble vitamin) 207

지질(lipid) 87

지질 분해(lipolysis) 106

지질 합성(lipogenesis) 108

GTP(guanosine triphosphate) 60

직접 열량측정법(direct calorimetry) 178

질소평형(positive nitrogen balance) 162

짧은 사슬 지방산(short-chain fatty acid) 89

짧은 사슬지방(short chain triglyceride ; SCT) 89

ㅊ

철(iron ; Fe) 339

철결핍성 빈혈(iron deficiency anemia) 341

체내 수분 배출 경로 376

체내 수분 생성 경로 376

체수분의 균형 376

체중관리 199

체질량지수(BMI ; Body Mass Index) 10, 194

초저밀도 지단백질(very low density
　lipoprotein ; VLDL) 101

충분섭취량(adequate intake ; AI) 19

췌장(pancreas) 33

췌장 리파아제(pancreatic lipase) 97

췌장 아밀라아제(pancreatic amylase) 53

7-디하이드로콜레스테롤
　(7-dehydrocholesterol) 209, 275

ㅋ

카로티노이드(carotinoid) 267

카르니틴(carnitine) 106, 256, 342

카르복실기(carboxyl group) 87

카르복실화 효소(carboxylase) 109

카일로마이크론(chylomicron) 100, 101

칼로리(calorie) 177

칼륨(potassium ; K) 327

칼슘(calcium ; Ca) 300

칼슘결합단백질 운반체(ca binding protein
　carrier ; CaBP) 301

칼시토닌(calcitonin) 278, 302

캘리퍼(caliper) 10, 196

케샨병(kechan disease) 363

케톤증(ketosis) 69, 111

케톤체(ketone body) 68

케톨기 전이효소(transketolase) 212

코리회로(cori cycle) 73

코발아민(Cobalamin) 208

코엔자임 A(coenzyme A ; CoA) 225

콜라겐(collagen) 254

콜라겐 전구체(protocollagen) 254

콜레스테롤(cholesterol) 87

콜레스테롤 에스테르(cholesterol ester) 96

콜레스테롤 에스테르 가수분해 효소
　(콜레스테롤 에스터레이즈 ; cholesterol
　esterase) 97

콜레시스토키닌(cholecystokinin ; CCK) 35, 97

콜레칼시페롤(Cholecalciferol) 208

콜린(choline) 94

콜린산(cholic acid) 110

콰시오커(kwashiokor) 165

퀴논(quinone) 287

크레아틴 인산(creatine phosphate) 312

크레틴증(cretinism) 351

크롬(Chromium ; Cr) 370

kcal(kilocalorie) 177

ㅌ

타액 아밀라아제(salivary amylase) 52

타액선(salivery glands) 33

타우린(taurine) 110, 262

탄닌 340

탄수화물(carbohydrate) 47

탈아미노반응(deamination) 154, 235

탈탄산반응(decarboxylation) 60, 235

테타니(tetany) 307

테트라하이드로엽산(tetrahydrofolic acid;
　THF; THFA) 240

토코트리에놀(tocotrienol) 282

토코페롤(Tocopherol) 208, 282

토코페롤 등가(tocopherol equivalent, α-TE)
　284